华东交通大学教材（专著）基金资助项目

普通高等教育规划教材

材料科学与工程实践教程

▶ 赵明娟 李德英 赵龙志 主 编

▶ 王少会 胡 勇 刘德佳 副主编

CAILIAO KEXUE YU GONGCHENG
SHIJIAN JIAOCHENG

U0254240

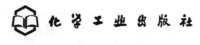

化学工业出版社

·北京·

本书以工程教育认证思想为指导，配合材料相关专业培养方案，设计了配合理论教学的实践环节教学内容，具有很强的针对性、时代性和行业特征。内容主要包括材料微观结构表征、材料性能测试、材料表面强化、材料成型加工、材料成型加工设计及实训、专业实习、专业毕业设计等，同时引入了近年来全国组织的相关专业竞赛的典型案例，时代感很强。每个部分分别设计了有代表性的实践环节，目的是通过这些实践环节使学生加深对理论知识的理解，熟悉相关设备的操作，加强实践和动手能力的培养，培养学生综合运用所学知识解决复杂工程问题的能力，培养具有创新能力的高素质应用型人才。

　　本书可作为高等院校材料成型及控制工程、高分子材料与工程、无机非金属材料工程等专业的教材，也可供相关技术人员参考。

图书在版编目（CIP）数据

　　材料科学与工程实践教程/赵明娟，李德英，赵龙志主编 . —北京：化学工业出版社，2020.1
　　普通高等教育规划教材
　　ISBN 978-7-122-35848-6

　　Ⅰ.①材… Ⅱ.①赵… ②李… ③赵… Ⅲ.①材料科学-高等学校-教材 Ⅳ.①TB3

　　中国版本图书馆 CIP 数据核字（2019）第 278308 号

责任编辑：韩庆利	文字编辑：张绪瑞
责任校对：宋　夏	装帧设计：史利平

出版发行：化学工业出版社（北京市东城区青年湖南街 13 号　邮政编码 100011）
印　　刷：三河市航远印刷有限公司
装　　订：三河市宇新装订厂
787mm×1092mm　1/16　印张 15½　字数 401 千字　2020 年 5 月北京第 1 版第 1 次印刷

购书咨询：010-64518888　　　　　　售后服务：010-64518899
网　　址：http://www.cip.com.cn
凡购买本书，如有缺损质量问题，本社销售中心负责调换。

定　　价：48.00 元

前言

　　材料类专业实践性很强，要求培养的学生既要有扎实的基础理论知识，同时又要具备一定的实践能力。材料科学与工程实践环节不仅是对材料科学理论知识的验证、补充和扩展，还是培养该专业学生创新能力、实践动手能力和发现并解决实际问题能力的重要途径。通过实践环节的学习，对于激发学生学习兴趣、促进学生将知识转化为能力、逐步完成由学习者到实践者的转化具有重要的作用。

　　本实践教程是根据华东交通大学材料科学与工程学院多年来开设的与材料科学有关的实践内容进行编写的。本书以工程教育认证思想为指导，配合材料相关专业培养方案，设计了配合理论教学的实践环节教学内容，内容具有很强的针对性、时代性和行业特征，具有很强的操作可行性。主要包括材料微观结构表征、材料性能测试、材料表面强化、材料成型加工、材料成型加工设计及实训、专业实习、专业毕业设计等内容，同时引入了近年来全国组织的相关专业竞赛的典型案例，时代感很强。每个部分分别设计了有代表性的实践环节，目的是通过这些实践环节使学生加深对理论知识的理解，熟悉相关设备的操作，加强实践和动手能力的培养，培养学生综合运用所学知识解决复杂工程问题的能力，培养具有创新能力的高素质应用型人才。

　　本书由华东交通大学材料科学与工程学院赵明娟、李德英和赵龙志主编，王少会、胡勇、刘德佳副主编，本书第一、四章由李德英编写，第二章由王少会编写，第三、五、六章由赵明娟编写，第七、九、十章由赵龙志编写，第八章由胡勇编写，附录由刘德佳编写。在编写过程中，材料工程系和高分子材料系教师提出了大量中肯的修改意见，同时杨海超、刘学林、周颖、皮黎飞、黄阳和王怀等多名研究生对本书的图表加工做了大量工作，在此向他们表示衷心感谢。本书中参考和引用了一些学者的书籍资料，列于参考文献，在此向他们表示最诚挚的感谢。

　　由于编者水平有限，书中难免存在不当之处，敬请读者批评指正。

编　者

目录

第一篇 实 验 篇

第三篇　综　合　篇

第 一 篇

实验篇

第一章 ▶▶
材料微观结构分析

材料是人类进步的阶梯，是人类发展的里程碑。材料的存在使得各种设计、构造和图纸转化为客观存在的现实，因此研究材料具有重要的意义。材料是用来制造构件、器件、工具的物质，它是通过物理或化学方法加工成金属、无机非金属、有机高分子和复合材料的固体物质。无论什么材料在使用过程中都应用到材料的某种性能，材料的性能主要取决于材料自身的微观结构，因此对材料的微观结构进行分析具有重要的应用价值。

实验一 ⊙ 金相显微镜的构造及使用

材料的性能决定于材料内部的组织结构，要研究材料的内部结构必须借助于金相显微镜。金相显微镜是用于观察金属内部组织结构的重要工具，将制备好的金属试样放在金相显微镜下进行观察，可以研究金属化学成分、组织、性能之间的关系；确定各类金属经不同加工和热处理后的显微组织；鉴别金属材料质量的优劣等。因此利用金相显微镜来观察金属的内部组织与缺陷是研究金属材料的一种基本实验技术。

一、实验目的

（1）了解金相显微镜的基本原理和构造。
（2）掌握金相显微镜维护的基本知识。
（3）初步掌握金相显微镜的使用方法。

二、实验设备及材料

（1）金相显微镜。
（2）制备好的金相样品若干。

三、实验原理

金相显微镜是利用光线的反射将金属材料放大后进行观察的，其基本原理、构造及使用方法如下所述。

1. 金相显微镜的基本原理

（1）金相显微镜的放大倍数　金相显微镜是基于光学的反射原理而设计的。它装有两组放大透镜，靠近物体的一组透镜为物镜，靠近观察的一组透镜为目镜，借助物镜和目镜的两次放大，从而得到较高的放大倍数。

金相显微镜及放大成像原理如图 1-1 所示。被观察物体 AB 置于物镜前焦点 F_1 略远处，形成一个倒立、放大的实像 $A'B'$，位于目镜焦点 F_2 之内；当实像 $A'B'$ 通过目镜放大后成为一个正立放大的虚像 $A''B''$。因此最后的映像 $A''B''$ 是经过物镜、目镜两次放大后所得到的，其放大倍数应为物镜放大倍数和目镜放大倍数的乘积。

经物镜放大倍数为：

$$M_{物}=A'B'/AB=(\Delta+f_1')/f_1 \tag{1-1}$$

式中，f_1、f_1' 分别为物镜前焦距与后焦距；Δ 为显微镜的光学镜筒长。

与 Δ 相比，物镜的焦距 f_1' 很短，可忽略，所以

$$M_{物}\approx\Delta/f_1 \tag{1-2}$$

经目镜放大倍数为：

$$M_{目}=A''B''/A'B'\approx D/f_2 \tag{1-3}$$

式中，f_2 为目镜的前焦距；D 为人眼明视距离，$D\approx250\text{mm}$。

显微镜总放大倍数为：

$$M=M_{物}\,M_{目}=(\Delta/f_1)\times(D/f_2) \tag{1-4}$$

有的显微镜为避免镜筒过长，从而缩短了物镜与目镜间的距离。因此，显微镜的放大倍数应乘以一个镜筒系数 C，即 $M=M_{物}\,M_{目}C$，C 值一般标注在金相显微镜上。例如德国的 Zeiss 公司的立式显微镜，其镜筒系数 C 为 0.63。

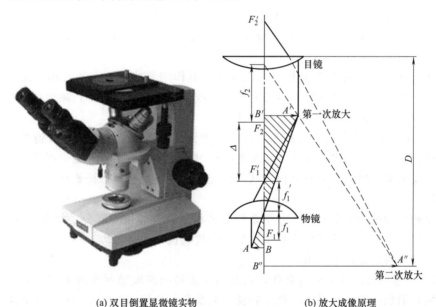

(a) 双目倒置显微镜实物   (b) 放大成像原理

图 1-1 金相显微镜及放大成像原理

（2）显微镜的鉴别率 显微镜的鉴别率是指它能清晰地分辨试样上两点间最小距离 d 的能力，d 值越小，鉴别率越高，鉴别率可由下式计算：

$$d=\frac{\lambda}{2A}=\frac{\lambda}{2n\sin\varphi} \tag{1-5}$$

式中，λ 为入射光线的波长；A 为物镜的数值孔径，它表示物镜的聚光能力；n 为物镜与试样之间介质的折射率；φ 为物镜孔径角的一半，如图 1-2 所示。

由式（1-5）可见，显微镜的鉴别率取决于使用光线的波长和物镜的数值孔径，波长越短，数值孔径越大，则显微镜的鉴别率越高。对于一定波长的入射光，可通过变化数值孔径 A 来调节显微镜的鉴别率。

（3）放大倍数、数值孔径、鉴别率之间的关系 显微镜的同一放大倍数可以由不同倍数的物镜和目镜来组合。对于同一放大倍数，应先确定物镜。在选用物镜时，必须使显微镜的

放大倍数处于有效放大倍数范围之内，即 $M = 500A \sim 1000A$。若 $M < 500A$，则不能充分发挥物镜的鉴别率；假如 $M > 1000A$，将会造成"虚放大"，仍不能显示超出物镜鉴别能力的微细结构。待物镜确定后，再根据所需的放大倍数选用目镜。

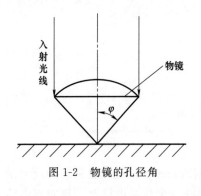

图 1-2　物镜的孔径角

2. 金相显微镜的构造

金相显微镜的种类和形式很多，但较为常见的分为台式、立式及卧式三种类型。虽然型号很多，但基本构造类似，通常由照明系统、光学系统和机械系统三大部分组成。

（1）金相显微镜的照明系统　照明系统由光源、聚光镜、滤光片、光栏、毛玻璃和垂直照明器等组成。

① 光源。金相显微镜一般采用人工光源装置，要求光的强度不仅大而且均匀，并在一定范围内可任意调节，发热程度不宜过高，常用的光源有钨丝灯泡、碳弧灯、碘弧灯、钨弧灯、水银灯、氙灯等。使用时一般要将 220V 电源通过变压器降至 $6 \sim 8V$ 的电压，发出白色光。

② 聚光镜。其作用是使来自光源的散射光变为平行光束。

③ 滤光片。其作用是降低色差，增加组织衬度，考虑到人眼的舒适反应，观察时一般选择黄、绿色滤光片。

④ 光栏。孔径光栏相当于照相机上的光圈，其作用是控制光束的大小，减少光线在镜筒内漫反射，提高映像的清晰度。视场光栏用来改变观察视域的大小，减少镜筒的反射与眩光以提高映像的衬度而不影响物镜的分辨能力。

⑤ 垂直照明器。其作用是把光源的光束反射到试样表面上。金相显微镜的光源，一般装在镜筒的侧面，与主光轴呈正交。要使光线经过主光轴到达试样表面，必须在两光轴交点处安装一个反射面，使光束垂直转向，从而使光源的光束反射到试样表面上，这种结构称为垂直照明器。

（2）金相显微镜的光学系统　光学系统是金相显微镜的核心部分，主要是物镜和目镜。照明系统入射的光束在金相试样表面反射后，经过物镜、目镜等即可将试样表面的显微组织放大，并在目镜内成像以供观察。

① 物镜。是显微镜最主要的部件，它是由许多种类的玻璃制成的不同形状的透镜所构成的。物镜有消色差物镜、平面消色差物镜、复消色差物镜和平面复消色差物镜等几种，有多种不同放大倍数的物镜可更换使用。

② 目镜。由两个凸透镜组成，主要用来对物镜已放大的图像进行再次放大。常用的目镜有普通目镜、补偿目镜、投影目镜和测微目镜等，其类型及放大倍数等均刻在目镜的金属外壳上。目镜也有多种不同放大倍数的镜头，可更换使用。例如：XJB-1 型金相显微镜备有 $5\times$、$10\times$、$15\times$ 三个目镜。金相显微镜使用时，可根据所需放大倍数选择合适的物镜和目镜（见表 1-1）。

表 1-1　金相显微镜放大倍数

目镜	物镜		
	8×（干系）	45×（干系）	100×（油系）
5×	40×	225×	500×
10×	80×	450×	1000×
15×	120×	675×	1500×

3. 金相显微镜使用步骤及注意事项

金相显微镜属于精密光学仪器，使用时必须细心谨慎，严格遵守操作规程和必要的规定。

（1）金相显微镜的使用步骤

① 根据观察要求选择适当放大倍数的物镜和目镜，并安装到位。

② 将试样放在载物台中心，观察面朝下，如需固定，应使用载物台上的固定装置进行固定。

③ 观察样品，要进行聚焦。调焦时先转动粗调螺旋，使物镜上升，保证样品尽量靠近物镜但不能接触，然后从目镜中观察，用手缓慢调节粗调螺旋，待看到组织后，再调节微调螺旋进一步精确调焦，直到图像清晰为止。

④ 使用完毕后，试样放回原处，立即关闭电源并盖好防护罩。

（2）使用金相显微镜时的注意事项

① 金相试样要保持干净并且不能含有水和酒精，金相试样的观察面严禁用手抚摸，同时为防止划伤观察面，也不要随意挪动试样。

② 镜头擦拭一定要用擦镜头试纸，严禁用任何异物进行清理。

③ 旋转调焦手轮时一定要缓慢进行，碰到极限位置时应立即停止操作，不得强行转动。

④ 使用过程中操作要细心，动作不能粗暴和剧烈，更不能随便拆卸显微镜部件，以免影响显微镜的使用精度或损坏显微镜。

⑤ 使用过程中若出现故障，应向指导老师报告，不得自行拆修。

四、实验内容

（1）理解金相显微镜的基本光学原理图。

（2）明确金相显微镜的构造及使用方法，要求学会利用机械系统来调整焦距，利用照明系统来调节和控制光线等。

（3）实际操作金相显微镜，并绘出所观察金相样品的显微组织示意图，标明相应的放大倍数。

五、实验报告要求

（1）简述金相显微镜的操作过程和注意事项。

（2）简述金相显微镜的基本原理和主要结构。

（3）简要说明金相显微镜的使用方法和注意事项。

（4）画出所观察的显微组织示意图，并注明放大倍数。

实验二 ◗ 金相试样制备

在科研和实验中，人们经常借助于金相显微镜对金属材料进行显微分析和检测，从而控制金属材料的组织和性能。为了在金相显微镜下能够正确有效地观察试样显微组织，首先必须制备金相试样，如果试样制备不当，就不能看到真实的组织，影响分析结果。

一、实验目的

（1）掌握金相试样制备的基本方法。

（2）了解侵蚀的基本原理，并熟悉其基本操作。

（3）学会利用金相显微镜进行显微组织观察。

二、实验设备及材料

（1）不同粗细的金相砂纸一套（200♯、400♯、600♯、800♯、1000♯）。

（2）砂轮机。

（3）平板玻璃、吹风机。

（4）抛光机、Al_2O_3 抛光粉。

（5）侵蚀剂（4%硝酸酒精溶液）、镊子。

（6）金相显微镜。

（7）待制备的金相试样。

三、实验原理

金相试样的制备过程包括取样、研磨、抛光和侵蚀四个步骤。

1. 取样

取样是金相试样制备的第一道工序，其截取部位取决于研究的目的和要求，应选取具有代表性的部位。例如研究零件的失效原因，应在失效的部位截取，并在完好部位取样，以便比较和分析；对于一般热处理后的零件，由于金相组织比较均匀，因而可在任一截面上截取试样。

材料性能不同，取样方法也不一样。对于软材料，可用锯、车、铣或刨等来截取；对于硬材料可用金相切割机或线切割机截取，取样时应避免或减轻试样受热或变形引起的金属组织变化，对于金相组织受热敏感的材料一般选择冷却辅助的取样方法。

截取的试样尺寸应便于握持和磨制，通常一般为 $\phi(10\sim15)mm\times15mm$ 的圆柱体或 $12mm\times12mm\times12mm$ 的正方体；对于那些尺寸过小、形状不规则以及需要保护边缘的试样，可以采取镶嵌的方法制成一定的形状和大小。在金相分析样品制备过程中，观测面在被磨抛前的方向，一般是使用镶嵌树脂对样品方向进行固定，同时镶嵌可以使不规则的样品变成方便手持的形状，从而便于控制磨抛过程，这个样品方向固定和形状规范的过程叫做金相样品的镶嵌。常用的镶嵌方法有机械镶嵌法、热镶嵌法、冷镶嵌法等方法，如图1-3所示。

机械镶嵌法主要是利用机械夹具来固定试样，便于研磨和抛光。机械夹具的形状主要由被夹试样的外形、大小以及夹持保护的要求决定。常用的夹具有平板夹具、环状夹具和专用夹具。制作夹具用的材料通常为低碳钢、

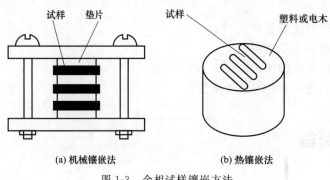

(a) 机械镶嵌法　　(b) 热镶嵌法

图1-3　金相试样镶嵌方法

不锈钢、铜合金及铝合金等既具有一定强度又有一定韧性的材料。机械夹持法的优点在于使用方便，无需专业的工具设备，但是其缺点也较明显，只能适用于形状比较规则的试样，而且对于体积太小的试样也无能为力。

热镶嵌法是将试样检测面朝下装入圆形模具中，再加入适量的热镶嵌粉，在加热加压的条件下使之固化成形。这是一种广泛使用的镶嵌方法，但该方法不适用于因受热或受压而发

生组织变化的试样。热镶嵌法需要用镶嵌机来完成，镶嵌材料通常为聚氯乙烯、聚苯乙烯和电木粉。镶样时，将所要检验的试样磨面清除油渍后，向下放在下模上，套筒空隙间填入热固性材料，放入上模，样品在镶嵌温度 150℃ 左右、压力 30MPa 下约 10min 后镶嵌成形，样品成形 5min 后去掉压力，即可取出镶嵌试样。热镶嵌一般采用金相试样镶嵌机（见图 1-4）进行，图 1-4 中为机械式镶嵌机，旋转机体外手轮，通过一对锥齿轮带动机体内丝杆使压制试样的下模在钢模套内上下移动，热固性塑料连同镶嵌的试样在加热条件下成形。试样制备过程中的成形压力由固定在机体内的弹簧自动补偿，试样压制的压力可由信号灯给以指示。

图 1-4 金相试样镶嵌机

图 1-5 是几种热镶嵌试样宏观形貌，试样镶嵌后要及时在背面的树脂材料上进行标记，多个试样同时镶嵌时也要进行标记以示区别。对特别薄的带材进行截面观察、厚度测量镶嵌时，可采用专用试样夹以固定试样，保证观察面与轧制方向垂直。

(a) 同时镶嵌3个样

(b) 不易直接研磨的小样品

(c) 试样夹的使用

图 1-5 几种热镶嵌试样宏观形貌

冷镶嵌法是先将试样的观察面朝下放入专用模具中，再将按一定比例混合的树脂制成糊状，倒入模具中，在室温静置一段时间后使之固化成形。有时为了提高镶嵌质量或缩短镶嵌时间，也可以将未固化的试样放入密闭容器中进行抽真空处理。冷镶嵌不需要加压，无需专用的镶嵌机，所用设施简单，并容易满足各种试样的制样要求，比较适宜不宜加热加压、形状复杂、多孔、多缝隙以及较脆试样的制备。冷镶嵌特别适用于热敏感、压敏感的材料；用于大批量简单试样的镶嵌；固化时间短，收缩率低，黏附性强，边角保护好，抗磨性好；适用于微电子工业的超高速镶嵌，以及脆性材料的真空浸渍。冷镶嵌工具如图 1-6 所示，冷镶嵌试样一般呈规则的透明状（图 1-7）。

图 1-6 冷镶嵌工具

图 1-7 冷镶嵌试样

2. 研磨

研磨的目的是为了得到平整光滑的表面，为抛光做准备。一般研磨过程分为粗磨和细磨两步。粗磨主要是为了使试样的被检测面磨成初步平整光滑的表面，去除由于取样时造成的被检测表面的变形层或热影响层。细磨是消除粗磨时产生的磨痕，为试样磨面的抛光做好准备。

（1）粗磨　粗磨一般在砂轮机上进行，尽量选择有水冷却的砂轮机或砂带机。粗磨前首先要磨去试样上尖锐的毛边，以免磨样人员受到伤害。砂轮粗磨应利用砂轮的侧面，并使试样沿砂轮径向作往复缓慢运动，施加压力要适度、均匀，以保证试样磨平。粗磨时试样要不断用水冷却，以防温度升高造成内部组织发生变化。同时要将试样进行倒角，防止细磨时划破砂纸，但对需要观察脱碳、渗碳等表层组织的试样不能倒角，对此可以采用镶嵌方法解决。粗磨后需将试样和双手洗净，以免将粗砂粒带到细磨用的砂纸上，造成难以消除的深磨痕。砂轮或砂带要始终保持锋利的磨削状态，砂轮还要注意磨面平整，出现凹槽时要及时修整或更换。砂轮的型号、硬度和砂轮粒度的选择应与被磨的试样相适应。砂轮磨平过程中不可用力过大，要不断沿砂轮半径方向移动试样并及时冷却，不要把试样一直放在同一个位置，磨削量以得到平整的实验面为原则，磨平过程中试样温度不能太高，以不烫手为原则。

（2）细磨　细磨的目的是消除粗磨留下的划痕，以得到平整而光滑的表面，为下一步抛光做准备。细磨可分为手工细磨和机械细磨两种方法。

① 手工细磨　手工细磨是用手握持试样，直接在金相砂纸上不断地磨削。砂纸打磨选用由粗到细的顺序打磨，一般可从200号砂纸起磨，手法有推磨和拉磨两种，推磨的手法和力度较难控制，相比之下拉磨较易掌握（具体可根据个体情况确定）。拉磨时先将砂纸放在干净的玻璃板上，再将试样放在砂纸上，轻轻垂直下压并将试样匀速拉向自己胸前，数次后观察磨面，待磨痕方向一致时再将试样转动约90°继续打磨，直至观察不到上道磨痕为止，反复1~2次后即可更换细一号的砂纸。砂纸要注意经常清理，避免较粗砂纸上的砂粒掉落在较细的砂纸上。对于奥氏体或铁素体基体的材料可磨至800号水磨砂纸，对于钛合金、铝合金等可磨至1000号水磨砂纸。除手工砂纸打磨外，还可以采用金相预磨实验机辅助打磨，打磨过程中要注意用水冷却，避免磨面过热。

② 机械细磨　由于手工细磨速度慢、效率低、劳动强度比较大，故现在多采用机械磨光的方法。机械细磨是在专用的机械预磨机上进行，将不同型号的砂纸剪成圆形，置于预磨机圆盘上，便可进行磨光，其方法与手工细磨一样。用干砂纸时，转速应较低（150r/min左右）。用水砂纸时，转速可以高点（300~400r/min），因为采用水砂纸磨制时必须用水冷却，避免磨面过热。因转盘转速较快，磨制时用力要小且均匀。

3. 抛光

抛光的目的在于去除金相磨面上由砂纸打磨留下的细微磨痕及表面变形层，使磨面成为无划痕的光滑表面。常用的抛光方法有机械抛光和电解抛光两种，其中以机械抛光应用最广。

（1）机械抛光　机械抛光是靠磨料的磨削和滚压作用，把金相试样抛成光滑的镜面。抛光时磨料嵌入抛光织物的间隙内，起着相当于磨光砂纸的切削作用。机械抛光是在专用的抛光机上进行的，抛光时应将试样磨面均匀地压在旋转的抛光盘上，并沿盘的边缘到中心不断作径向往复运动。抛光时间一般为3~5min。其转盘转速一般为200~600r/min。粗抛时转速要高些，精抛或抛软材料时转速要低些。抛光操作前，应先对试样边缘进行打磨倒圆，避免刮伤抛光织物或引起试样脱手。对试样所施加的压力要均衡，应先重后轻。在抛光初期，试样上的磨痕方向应与抛光盘转动的方向垂直，以利于较快地抛除磨痕。在抛光后期，需将试样缓缓转动，这样有利于获得光亮平整的磨面，同时能防止夹杂物及硬性相产生拖尾现象。抛光后的试样，其磨面应光亮无痕，并用清水冲洗后用吹风机吹干。抛光织物对金相试样的抛光具有重要的作用，依靠织物与磨面间的摩擦使磨面光亮。在抛光过程中，织物的纤维间隙能储存和支承抛光粉，从而产生磨削作用。抛光布要求有一定的致密度，回弹力小。如弹力过大，易导致试样表面的磨削效率差、边缘易倒圆，会降低试样边缘的保持程度。通常粗抛光织物有帆布，精抛光织物有海军呢、丝绒和丝绸等。对于抛光织物的选用，碳钢和合金钢一般用细帆布、呢绒和丝绒；铝、镁、铜等有色金属可用细丝绒；灰口铸铁为防止石墨脱落或曳尾，可用没有绒毛的织物。抛光时应在织物上撒以适量的抛光磨料，常用的抛光磨料有氧化铬、氧化铝、氧化铁和氧化镁（见表1-2），将抛光磨料制成水悬浊液后使用。现在比较常见的抛光磨料是金刚石研磨膏和金刚石微粉喷剂，它们的特点是抛光效率高，抛光后试样表面质量高。

表 1-2 常用的抛光磨料

材料	莫氏硬度	特点	适用范围
氧化铝(Al_2O_3)	9	白色，α氧化铝微粒平均尺寸0.3μm，外形呈多角形。γ氧化铝粒度平均尺寸为0.1μm，外形呈薄片状，压碎后更为细小	通用抛光粉，用于粗抛和精抛
氧化镁(MgO)	5.5~6	白色，粒度极细且均匀，硬度较低，外形锐利呈八面体	用于铝镁及其合金和钢中非金属夹杂物的抛光
氧化铁(Fe_2O_3)	6	红色，颗粒圆细无尖角，变形层厚	用于抛光较软金属及合金
氧化铬(Cr_2O_3)	8	绿色，具有较高硬度	用于淬火后的合金钢、高速钢以及钛合金抛光
金刚石粉(膏)	10	颗粒尖锐、锋利，磨削作用极佳，寿命长，变形层小	用于各种材料的粗、精抛光，是理想的磨料

抛光时的注意事项如下。

① 除抛光膏外，光粉都应配成水的悬浮液使用，一般常用的浓度是1L水中5~10g Al_2O_3 粉或10~15g Cr_2O_3 粉。

② 抛光时要不断地喷洒适量的抛光液。若抛光布上抛光液太少，抛光面因摩擦生热会使试样产生晦暗现象；若抛光液太多，会使钢中夹杂物及铸铁中的石墨脱落，抛光面质量不理想。

③ 抛光时应将试样的磨面均匀、平整地压在旋转的抛光盘上，并从边缘到中心不断地做径向往复移动。

④ 因转盘转速高，抛光压力不宜过大，且时间不宜过长，否则会增加磨面的扰乱层。

⑤ 抛光时不允许使用已经破损的抛光布，否则会影响安全。

（2）电解抛光 电解抛光是采用电化学溶解作用达到抛光的目的。电解抛光速率高，一般试样经过320号砂纸磨光后即可进行电解抛光。经电解抛光的金相试样能显示材料的真实组织，尤其是硬度较低、极易产生加工变形的金属或合金，如奥氏体不锈钢、高锰钢等适合采用电解抛光；对于偏析较为严重的金属材料、铸铁以及夹杂物检验的试样则不适合采用电解抛光。电解抛光需在电解槽中进行，并需要一台直流电源。先在电解槽中注入适当的电解抛光液，并以试样作阳极，用不锈钢板或铅板作阴极。接通电源后采用适当的电解温度、电压、电流和抛光时间，使试样磨面由于阳极的选择性溶解而逐渐变得平整和光滑。

这种方法的优点是速度快，表面平滑光整，无机械抛光时易出现的划痕，且抛光过程中不会产生塑性变形层。其缺点是对金属材料化学性的不均匀性，显微偏析明显，抛光过程不易控制。

抛光后的试样应用清水冲洗干净，然后用酒精冲去残留水滴，再用吹风机吹干。

4. 侵蚀

经抛光后的试样直接放在显微镜下观察，只能看到一片亮白色，无法辨别出各种组成物及其形态特征。若要清楚地显示出其显微组织，经抛光后的试样必须用侵蚀剂进行侵蚀。常用的金属材料显微组织侵蚀方法有化学侵蚀法和电解侵蚀法。

（1）化学侵蚀法　化学侵蚀法主要原理是利用侵蚀剂对试样表面进行化学溶解或电化学作用来显示组织。由于金属及合金的晶界上原子排列混乱，并有较高的能量，故晶界处容易被侵蚀而呈现凹沟。同时，由于每个晶粒原子排列的位向不同，表面溶解速度也不一样，因此，试样侵蚀后会呈现出轻微的凹凸不平，在垂直光线的照射下将显示出明暗不同的晶粒。当光线照射到凹凸不平的试样表面时，由于各处对光线的反射程度不同，在显微镜下就能看到各种不同的组织和组成相，如图1-8（a）所示。另外，纯金属中由于各个晶粒的结晶位向各不相同，化学性能也是各向异性，因此有的晶粒受蚀快一些，有的晶粒受蚀慢一些，所以在显微镜下各个晶粒的明暗程度不一样。

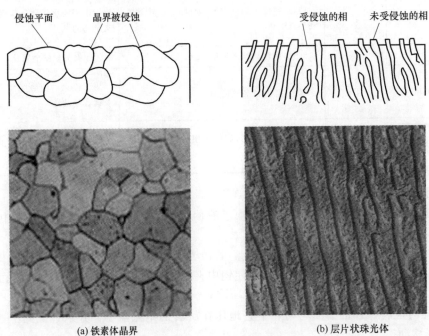

(a) 铁素体晶界　　　　　　　　　　(b) 层片状珠光体

图1-8　单相和两相组织的显示

对于两相合金，其侵蚀主要是一个电化学过程。由于不同相具有不同的电位，当试样侵蚀时，就形成许多微小的局部电池。电位低的相成为阳极，被迅速溶解而逐渐下凹；电位高的相成为阴极，不被腐蚀，保持原有的平面。两相形成的电位差越大，侵蚀速度越快，当光线照射时，两个相就形成了不同的颜色，就能看到不同的组成相，如图1-8（b）所示。

试样在化学侵蚀前必须保证检测面清洁干净，化学侵蚀法包括浸入法和揩擦法。

浸入法是将试样的检测面朝上浸入盛有侵蚀液的容器中，试样需全部浸入并不断摇动容器，或用镊子夹住试样在容器中来回晃动，避免腐蚀产物在检测面上聚集，同时注意观察检测面的颜色变化。当检测面的颜色变暗、失去金属光泽时应迅速将试样取出并用自来水冲洗，然后用酒精冲洗，最后用电吹风机吹干，即可进行显微组织观察。若侵蚀较轻，组织显示不明显，则可重新侵蚀，直到能够清晰地观察到显微组织为止；若因侵蚀过度而影响到观察效果时，则要从砂轮磨平开始重新制样，并重新进行侵蚀。

揩擦法是用蘸有侵蚀剂的棉花在试样检测面上轻轻揩擦以达到侵蚀的目的，可直接在大型工件和大试样上进行检验，而不需进行切割加工，比较适用于现场金相检验。当侵蚀程度比较合适时，应迅速用水冲洗，然后再用酒精冲洗，最后用电吹风机吹干，再进行观察或覆膜处理。在进行不锈钢、铜合金等有色金属的显微组织显示时，揩擦法也是一种不错的选择，这主要取决于实验人员的习惯，且与实验室实验条件有关。

（2）电解侵蚀法 电解侵蚀的工作原理基本与电解抛光相同。由于金属材料中各组成相之间以及晶粒之间的析出电位不一致，在微弱电流的作用下各相的侵蚀深浅不同，因而能显示出各相的组织特征。

各种金属材料的金相侵蚀剂在许多资料上都有相关介绍，但在实际分析中发现，除普通使用的侵蚀剂外，侵蚀一些不常见显微组织时，如显示某种材料调质热处理状态下的实际晶粒度时，即便是日常工作中使用非常普遍的金相图谱，其中介绍的侵蚀剂配方和最终的实验结果也会出现与图谱相差甚远的情况。金相试样的侵蚀不但与化学试剂的配方有关，还与侵蚀时间、温度甚至磨抛表层的残余应力等有关。

5. 观察

试样侵蚀后，应立即用水冲洗，并用沾酒精的棉花擦拭表面，除去水分再用棉花轻吸去表面酒精，然后吹干即可在显微镜下观察。侵蚀后的样品应保存在干燥器中，以防潮湿空气的氧化。

四、实验内容

（1）将待制备的试样通过粗磨、细磨、抛光和侵蚀等步骤制备成金相试样。
（2）在显微镜下对侵蚀后的试样进行观察，根据化学侵蚀原理对组织形态进行分析。
（3）绘出所制备试样在金相显微镜下观察到的显微组织示意图，标明相应的放大倍数。

五、实验报告要求

（1）写出实验目的。
（2）简述制备金相试样的过程。
（3）简述金相显微试样在何种情况下需要镶样、常用的镶样方法及各自特点。
（4）分析实际试样制备过程中出现的问题，提出改进措施。
（5）画出所观察的显微组织示意图，并注明相应的放大倍数。

实验三 ◎ 扫描电镜实验

扫描电镜（Scanning Electron Microscope，SEM）是介于透射电镜和光学显微镜之间的一种微观形貌观察手段，可直接利用样品表面材料的物质性能进行微观成像。扫描电镜的优点是：有较高的放大倍数，20～30万倍之间连续可调；有很大的景深，视野大，成像富有立体感，可直接观察各种试样凹凸不平表面的细微结构；试样制备简单。目前的扫描电镜都配有 X 射线能谱仪装置，这样可以同时进行显微组织形貌的观察和微区成分分析，因此它是当今十分有用的科学研究仪器。

一、实验目的

（1）了解扫描电子显微镜的原理、结构。

（2）了解能谱仪的原理、结构。

（3）运用扫描电子显微镜/能谱仪进行样品微观形貌观察及微区成分的分析。

二、实验设备

JEOL JSM-6460LV SEM 扫描电子显微镜（日本电子株式会社）。

三、实验原理

1. 工作原理

扫描电子显微镜（图 1-9）的制造依据是电子与物质的相互作用。扫描电镜从原理上讲就是利用聚焦得非常细的高能电子束在试样上扫描，激发出各种物理信息。通过对这些信息的接受、放大和显示成像，获得测试试样表面形貌的观察。当一束极细的高能入射电子轰击扫描样品表面时，被激发的区域将产生二次电子、俄歇电子、特征 X 射线和连续谱 X 射线、背散射电子、透射电子，以及在可见、紫外、红外光区域产生的电磁辐射，同时可产生电子-空穴对、晶格振动（声子）、电子振荡（等离子体）。

(a) 实物

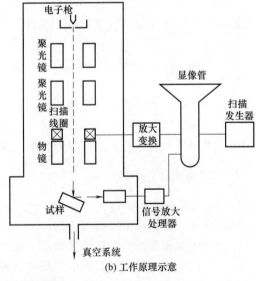

(b) 工作原理示意

图 1-9　扫描电子显微镜

（1）背散射电子　背散射电子是指被固体样品原子反射回来的一部分入射电子，其中包括弹性背散射电子和非弹性背散射电子。弹性背散射电子是指被样品中原子核反弹回来的（散射角大于 90°）那些入射电子，其能量基本上没有变化（能量为数千到数万电子伏）。非弹性背散射电子是入射电子和核外电子撞击后产生非弹性散射，不仅能量变化，而且方向也发生变化。非弹性背散射电子的能量范围很宽，从数十电子伏到数千电子伏。从数量上看，弹性背散射电子远比非弹性背散射电子所占的份额多。背散射电子的产生范围在 100nm～1mm 深度。

背散射电子产额与原子序数关系密切，背散射电子的产额随原子序数的增加而增加，所以，利用背散射电子作为成像信号不仅能分析形貌特征，也可以用来显示原子序数衬度，定性进行成分分析。

（2）二次电子　二次电子是指被入射电子轰击出来的核外电子。由于原子核和外层价电子间的结合能很小，当原子的核外电子从入射电子获得了大于相应的结合能的能量后，可脱离原子成为自由电子。如果这种散射过程发生在比较接近样品表层处，那些能量大于材料逸出功的自由电子可从样品表面逸出，变成真空中的自由电子，即二次电子。

二次电子来自表面 $5\sim10nm$ 的区域，能量为 $0\sim50eV$。它对试样表面状态非常敏感，能有效地显示试样表面的微观形貌。由于它发自试样表层，入射电子还没有被多次反射，因此产生二次电子的面积与入射电子的照射面积没有多大区别，所以二次电子的分辨率较高，一般可达到 $5\sim10nm$。扫描电镜的分辨率一般就是二次电子分辨率。二次电子产额随原子序数的变化不大，它主要取决于表面形貌。

（3）特征 X 射线　特征 X 射线是原子的内层电子受到激发以后在能级跃迁过程中直接释放的具有特征能量和波长的一种电磁波辐射。X 射线一般在试样的 $500nm\sim5mm$ 深处发出。

（4）俄歇电子　如果原子内层电子能级跃迁过程中释放出来的能量不是以 X 射线的形式释放而是用该能量将核外另一电子打出，脱离原子变为二次电子，这种二次电子叫做俄歇电子。因每一种原子都有自己特定的壳层能量，所以它们的俄歇电子能量也各有特征值，能量在 $50\sim1500eV$ 范围内。俄歇电子是由试样表面极有限的几个原子层中发出的，这说明俄歇电子信号适用于表层化学成分分析。

产生的次级电子的多少与电子束入射角有关，也就是说与样品的表面结构有关，次级电子由探测体收集，并在那里被闪烁器转变为光信号，再经光电倍增管和放大器转变为电信号来控制荧光屏上电子束的强度，显示出与电子束同步的扫描图像。图像为立体形象，反映了标本的表面结构。为了使标本表面发射出次级电子，标本在固定、脱水后，要喷涂上一层重金属微粒，重金属在电子束的轰击下发出次级电子信号。原则上讲，利用电子和物质的相互作用，可以获取被测样品本身的各种物理、化学性质的信息，如形貌、组成、晶体结构、电子结构和内部电场或磁场等等。

扫描电子显微镜正是根据上述不同信息产生的机理，采用不同的信息检测器，使选择检测得以实现。如对二次电子、背散射电子的采集，可得到有关物质微观形貌的信息；对 X 射线的采集，可得到物质化学成分的信息。正因如此，根据不同需求，可制造出功能配置不同的扫描电子显微镜。

2. 原理结构

扫描电子显微镜具有由三极电子枪发出的电子束经栅极静电聚焦后成为直径为 $50mm$ 的电光源。在 $2\sim30kV$ 的加速电压下，经过 $2\sim3$ 个电磁透镜所组成的电子光学系统，电子束会聚成孔径角较小、束斑为 $5\sim10nm$ 的电子束，并在试样表面聚焦。末级透镜上边装有扫描线圈，在它的作用下，电子束在试样表面扫描。高能电子束与样品物质相互作用产生二次电子、背反射电子、X 射线等信号。这些信号分别被不同的接收器接收，经放大后用来调制荧光屏的亮度。由于经过扫描线圈上的电流与显像管相应偏转线圈上的电流同步，因此，试样表面任意点发射的信号与显像管荧光屏上相应的亮点一一对应。也就是说，电子束打到试样上一点时，在荧光屏上就有一亮点与之对应，其亮度与激发后的电子能量成正比。换言之，扫描电镜是采用逐点成像的图像分解法进行的。光点成像的顺序是从左上方开始到右下方，直到最后一行右下方的像元扫描完毕就算完成一帧图像。这种扫描方式叫做光栅扫描。

扫描电子显微镜由电子光学系统、信号检测放大系统、真空系统及电源系统组成。

（1）真空系统和电源系统　真空系统主要包括真空泵和真空柱两部分。真空柱是一个密封的柱形容器。真空泵用来在真空柱内产生真空，有机械泵、油扩散泵以及涡轮分子泵三大类，机械泵与油扩散泵的组合可以满足配置钨枪的 SEM 的真空要求，但对于配置了场致发射枪或六硼化镧枪的 SEM，则需要机械泵与涡轮分子泵的组合。成像系统和电子束系统均内置在真空柱中。真空柱底端即为密封室，用于放置样品。之所以要用真空，主要基于以下两点原因：电子束系统中的灯丝在普通大气中会迅速氧化而失效，所以除了在使用 SEM 时需要用真空以外，平时还需要以纯氮气或惰性气体充满整个真空柱。

（2）电子光学系统　电子光学系统由电子枪、电磁透镜、扫描线圈和样品室等部件组成。其作用是用来获得扫描电子束，作为产生物理信号的激发源。为了获得较高的信号强度和图像分辨率，扫描电子束应具有较高的亮度和尽可能小的束斑直径。

① 电子枪　其作用是利用阴极与阳极灯丝间的高压产生高能量的电子束。目前大多数扫描电镜采用热阴极电子枪。其优点是灯丝价格较便宜，对真空度要求不高，缺点是钨丝热电子发射效率低，发射源直径较大，即使经过二级或三级聚光镜，在样品表面上的电子束斑直径也在 $5\sim7nm$，因此仪器分辨率受到限制。现在，高等级扫描电镜采用六硼化镧（LaB_6）或场发射电子枪，使二次电子像的分辨率达到 2nm。但这种电子枪要求很高的真空度。

② 电磁透镜　其作用主要是把电子枪的束斑逐渐缩小，使原来直径约为 $50\mu m$ 的束斑缩小成一个只有数纳米的细小束斑。其工作原理与透射电镜中的电磁透镜相同。扫描电镜一般有三个聚光镜，前两个透镜是强透镜，用来缩小电子束光斑尺寸。第三个聚光镜是弱透镜，具有较长的焦距，在该透镜下方放置样品可避免磁场对二次电子轨迹的干扰。

③ 扫描线圈　其作用是提供入射电子束在样品表面上以及阴极射线管内电子束在荧光屏上的同步扫描信号。改变入射电子束在样品表面扫描振幅，以获得所需放大倍率的扫描像。扫描线圈是扫描点的一个重要组件，它一般放在最后两透镜之间，也有的放在末级透镜的空间内。

④ 样品室　样品室中主要部件是样品台。它除能进行三维空间的移动，还能倾斜和转动，样品台移动范围一般可达 40mm，倾斜范围至少在 $50°$ 左右，转动 $360°$。样品室中还要安装各种型号检测器。信号的收集效率和相应检测器的安放位置有很大关系。样品台还可以带有多种附件，例如样品在样品台上加热、冷却或拉伸，可进行动态观察。近年来，为适应断口实物等大零件的需要，还开发了可放置尺寸在 $\phi125mm$ 以上的大样品台。

（3）信号检测放大系统　其作用是检测样品在入射电子作用下产生的物理信号，然后经视频放大作为显像系统的调制信号。不同的物理信号需要不同类型的检测系统，大致可分为三类：电子检测器，阴极荧光检测器和 X 射线检测器。在扫描电子显微镜中最普遍使用的是电子检测器，它由闪烁体、光导管和光电倍增器所组成。

当信号电子进入闪烁体时将引起电离；当离子与自由电子复合时产生可见光。光子沿着没有吸收的光导管传送到光电倍增器进行放大并转变成电流信号输出，电流信号经视频放大器放大后就成为调制信号。这种检测系统的特点是在很宽的信号范围内具有正比于原始信号的输出，具有很宽的频带（$10Hz\sim1MHz$）和高的增益（$10^5\sim10^6$），而且噪声很小。由于镜筒中的电子束和显像管中的电子束是同步扫描，荧光屏上的亮度是根据样品上被激发出来的信号强度来调制的，而由检测器接收的信号强度随样品表面状况不同而变化，那么由信号监测系统输出的反应样品状态的调制信号在图像显示和记录系统中就转换成一幅与样品表面特征一致的放大的扫描像。

四、实验步骤

1. 样品的制备

（1）基本要求　试样在真空中能保持稳定，含有水分的试样应先烘干除去水分。表面受到污染的试样，要在不破坏试样表面结构的前提下进行适当清洗，然后烘干。有些试样的表面、断口需要进行适当的侵蚀，才能暴露某些结构细节。侵蚀后应将表面或断口清洗干净，然后烘干。

（2）块状试样的制备　用导电胶把试样黏结在样品座上，即可放在扫描电镜中观察。

（3）粉末样品的制备　在样品座上先涂一层导电胶，将试样粉末撒在上面，待导电胶把粉末粘牢后，用吸耳球将表面上未粘住的试样粉末吹去。也可将粉末制备成悬浮液，滴在样品座上，待溶液挥发，粉末附着在样品座上。试样粉末粘牢在样品座上后，需再镀导电膜，然后才能放在扫描电镜中观察。

2. 仪器的基本操作

① 开启稳压器及水循环系统。

② 开启扫描电镜及能谱仪控制系统。

③ 样品室放气，将已处理好的待测样品放入样品支架上。

④ 当真空度达到要求后，在一定的加速电压下进行微观形貌的观察。

⑤ 对于样品上感兴趣的区域进行能谱微区成分分析。

五、实验内容

（1）理解扫描电镜的工作原理。

（2）明确扫描电镜的构造及使用方法，要求学会操作扫描电镜，并保存分析样品照片。

六、实验报告要求

（1）绘制扫描电镜工作原理及结构图。

（2）保存分析样品照片。

（3）简要说明扫描电镜的成像分辨率的影响因素。

实验四 ▶ 铁碳合金平衡组织观察

铁碳合金是以铁为主，加入少量碳而形成的合金，具有多种相结构和组织。由于其价格较低，且容易加工，在机械制造工业中得到了较广泛的应用。

一、实验目的

（1）认识和熟悉铁碳合金平衡状态下的显微组织特征。

（2）分析含碳量对铁碳合金平衡组织的影响。

（3）加深理解铁碳合金的化学成分-组织-性能之间的关系。

二、实验设备及材料

（1）金相显微镜。

（2）金相图谱。

（3）金相试样：工业纯铁、20 钢、45 钢、60 钢、T8 钢、T12 钢、亚共晶白口铁、共晶白口铁、过共晶白口铁。

三、实验原理

平衡状态的显微组织是指合金在无限缓慢的冷却条件下凝固并发生固态相变所得到的组织。铁碳合金的平衡组织可以根据 Fe-C 相图来分析。图 1-10 所示为简化后的铁碳合金相图。碳钢和白口铸铁在室温下的组织均由铁素体（F）和渗碳体（Fe_3C）这两种基本相组成。但由于含碳量不同，铁素体和渗碳体的相对数量、析出条件以及分布情况均有所不同，因而铁碳合金在室温下的显微组织呈现出不同的组织形态。

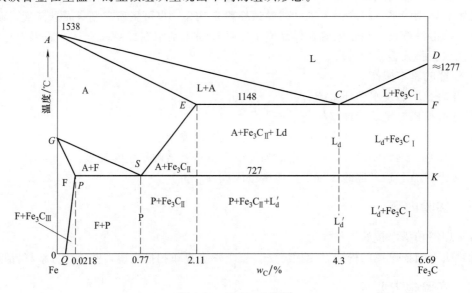

图 1-10　Fe-Fe_3C 相图

根据含碳量的不同，铁碳合金可分为工业纯铁、碳钢及白口铸铁三类。现分别说明其在室温下的平衡组织和形态特征。

1. 工业纯铁

将含碳量小于 0.0218% 的铁碳合金称为工业纯铁，其室温下的显微组织为铁素体（F）。经 4% 的硝酸酒精溶液侵蚀后，铁素体呈亮白色不规则块状晶粒，晶界被侵蚀呈黑色线条。当碳的质量分数偏高时，在少数铁素体晶界上析出微量的三次渗碳体小薄片，如图 1-11 所示。

2. 碳钢

碳钢的含碳量为 0.0218%～2.11%。按照含碳量的不同，碳钢又可分为亚共析钢、共析钢和过共析钢。

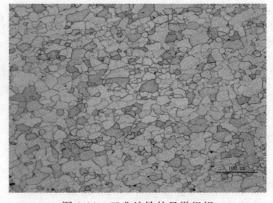

图 1-11　工业纯铁的显微组织

（1）亚共析钢　亚共析钢的含碳量为 0.0218%～0.77%，其室温下的显微组织为铁素体（F）和珠光体（P）。在显微镜下铁素体呈亮白色不规则块状晶粒，珠光体呈暗黑色块状晶粒，如图 1-12 所示。

(a) 20钢(200×)　　　　　　(b) 45钢(200×)　　　　　　(c) 60钢(200×)

图 1-12　亚共析钢的显微组织

在亚共析钢显微组织中，珠光体的含量随着含碳量的增加而增多。例如 20 钢，其组织的基体为铁素体等轴晶粒，少量暗黑色珠光体分布在铁素体晶粒边界或三叉晶界上，如图 1-12（a）所示；45 钢珠光体与铁素体含量相当，如图 1-12（b）所示；当碳含量超过 0.5% 时，其组织的基体为珠光体，而铁素体呈连续或断续的网络状围绕着珠光体分布，如图 1-12（c）所示。

（2）共析钢　共析钢的含碳量为 0.77%，其室温下的显微组织为珠光体。珠光体是层片状铁素体（F）和渗碳体（Fe_3C）的机械混合物。经硝酸酒精溶液侵蚀后，铁素体和渗碳体都呈亮白色，而铁素体和渗碳体的相界呈黑色线条。在不同的放大倍数下观察，珠光体的形态也有差别。在高倍电镜下观察时，能清晰地分辨珠光体中平行相间的宽条铁素体和细片状渗碳体，如图 1-13（a）所示。在低倍电镜下观察时，由于放大倍数低，难以分辨出铁素体和渗碳体，此时珠光体呈一片暗色区域，具有类似指纹的特征，如图 1-13（b）所示。

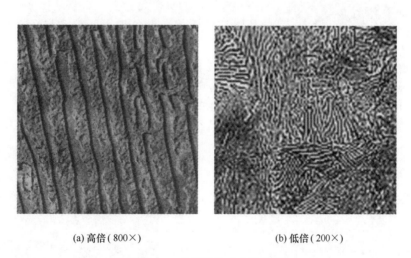

(a) 高倍(800×)　　　　　　　(b) 低倍(200×)

图 1-13　共析钢的珠光体组织

（3）过共析钢　过共析钢的含碳量为 0.77%～2.11%，其室温下的显微组织为珠光体（P）和二次渗碳体（Fe_3C_{II}）。二次渗碳体呈网状分布在晶粒边界上，且钢的含碳量越高，二次渗碳体网越宽。若用 3%～5% 硝酸酒精溶液侵蚀，二次渗碳体网呈亮白色，如图 1-14（a）所示。若用煮沸的碱性苦味酸钠溶液侵蚀，则二次渗碳体呈黑色，如图 1-14（b）所示。

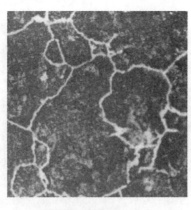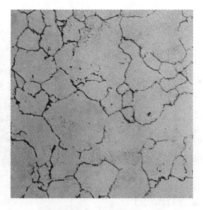

(a) 硝酸酒精溶液侵蚀(300×)　　　　(b) 碱性苦味酸钠溶液侵蚀(200×)

图 1-14　过共析钢（T12）的显微组织

3. 白口铸铁

白口铸铁的含碳量为 2.11%～6.69%。按照含碳量的不同，白口铸铁组织可分为亚共晶白口铸铁、共晶白口铸铁和过共晶白口铸铁三种类型。

（1）亚共晶白口铸铁　亚共晶白口铸铁的含碳量为 2.11%～4.3%，其室温下显微组织

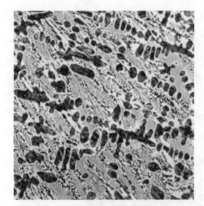

图 1-15　亚共晶白口铸铁的显微组织（100×）

为珠光体（P）、二次渗碳体（Fe_3C_{II}）和莱氏体（L_d'），如图 1-15 所示。其中呈树枝状分布的黑色较大块状组织是珠光体，其周边的亮白色轮廓为二次渗碳体，在白色基体上分布的黑色细小颗粒和黑色细条状组织是莱氏体。

（2）共晶白口铸铁　共晶白口铸铁的含碳量为 4.3%，其室温下显微组织为莱氏体（L_d'）。莱氏体是珠光体和渗碳体的机械混合物，如图 1-16 所示。其中白亮的基体是渗碳体，黑色细小颗粒和黑色条状组织是珠光体。

（3）过共晶白口铸铁　过共晶白口铸铁的含碳量为 4.3%～6.69%，其室温下显微组织为一次渗碳体（Fe_3C_I）和莱氏体（L_d'），如图 1-17 所示。图中呈亮白色的板条状组织是一次渗碳体，其分布在莱氏体基体上。

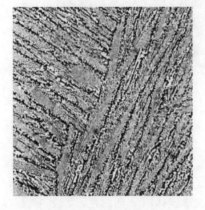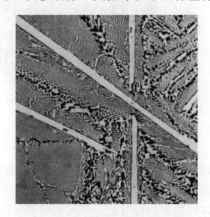

图 1-16　共晶白口铸铁的显微组织（100×）　　　图 1-17　过共晶白口铸铁的显微组织（100×）

四、实验内容

（1）在显微镜下观察试样，根据铁碳合金相图判断各组织组成物，区分显微镜下看到的各种组织。

（2）绘出所观察样品的显微组织示意图，用箭头和代表符号标明各组织组成物，并注明材料名称、热处理状态、侵蚀剂和放大倍数，并与标准金相图谱进行对比。

五、实验报告要求

（1）写出实验目的。

（2）绘出所观察样品的显微组织示意图，用箭头和代表符号标明各组织组成物，并注明材料名称、热处理状态、侵蚀剂和放大倍数。

（3）根据所观察组织，说明含碳量对铁碳合金的组织和性能影响的大致规律。

实验五 ⊙ 金属及合金凝固组织观察

金属及合金在凝固过程中所形成的微观组织决定了其力学性能和使用寿命。影响材料力学性能的主要因素包括晶粒的细化程度、疏松、夹杂以及显微偏析的分布等，因而对金属及合金凝固组织进行观察，可有效控制其凝固过程中微观组织的形成，这对铸件在工业中的应用具有重要的意义。

一、实验目的

（1）了解纯金属铸锭组织的一般特点。

（2）结合相图了解几种类型二元合金、三元合金的结晶过程及结晶后的组织。

二、实验设备及材料

（1）金相显微镜。

（2）标准金相样品：铝锭，显微组织分析样品。

三、实验原理

金属的结晶是形核与长大的过程。铸锭结晶后，其晶粒大小、形状和分布不仅取决于形核率和长大速度，而且与凝固条件、合金成分及其加工过程有关。

纯金属铸锭的宏观组织通常由三个晶区组成，即外表层的细晶区、柱状晶区和心部的等轴晶区。

1. 外表层的细晶区

铸锭的表层为细晶区，晶粒细小，组织致密，成分均匀。当液态金属倒入铸型后，因模壁温度低，液态金属受到剧烈的冷却，将产生极大的过冷度，加之模壁可以作为非均匀形核的基底，从而在该处产生大量的晶核，这些晶核同时向各个方向生长并很快接触，相互抑制不能继续生长，因而便在靠近模壁处形成细小的等轴晶粒，称为细等轴晶区。铸型温度越低，铸件表面冷却速度越快，表面晶粒也越细。

2. 柱状晶区

当表面的细晶区形成之后，紧接着是柱状晶区。柱状晶粒的轴向都是垂直于模壁的。形成的原因是在表层细晶区形成的同时，模壁温度已升高，液态金属冷却速度下降，过冷度减小，形成的晶核数不多；同时又由于垂直于模壁方向散热最快，且相邻晶粒之间长大的空间很小，相互碰撞抑制其生长，从而形成了与模壁垂直的粗大柱状晶，称为柱状晶区。

3. 心部的等轴晶区

随着柱状晶的长大，模壁温度继续上升，方向性散热条件逐渐消失，而且截面上的温差愈来愈小，中心区液态金属的温度逐渐趋于均匀，同时由于中心区域过冷度小，核心产生较少，且散热无明显的方向性，晶核向各方向等速长大，故在铸锭内部区域形成许多位向不同的粗大等轴晶粒，称为等轴晶区，该区组织疏松。

铸锭的结晶过程及其组织是在不同的冷却条件下形成的，主要与液体金属的冷却条件（如模壁材料、模壁温度和模壁厚度）、浇注温度以及变质处理条件等因素有关。

改变模壁材料，即改变了金属的冷却条件，如金属模可以比砂模获得更大的柱状晶区；若将模子预热，其实质是降低了冷却速度，且预热温度越高，等轴晶区也越大。

改变金属的浇注温度对结晶过程也有影响。浇注温度越高，浇注后沿铸锭截面的温差也越大，方向性散热时间越长，越有利于柱状晶组织的形成；但浇注温度过高，非自发核心数目减少，会使晶粒粗化。

另外，通过加入一定的变质剂进行变质处理，能够增加形核时的形核数，从而达到细化晶粒的目的。对于不同纯度的金属，由于其非自发核心数目的不同，结晶后的晶粒粗细也不同。

纯金属结晶时，相状态只与温度有关，且有固定的凝固点。在合金凝固中，除了温度变量以外，还有成分变量，为了描述合金状态与温度和成分之间的关系，需要借助于相图来表示。相图表示了在缓冷条件下不同成分合金的组织随温度变化的规律，是制订熔炼、铸造、热加工及热处理工艺的重要依据。

四、实验内容

（1）观察并分析表 1-3 所示不同浇铸条件所得的纯铝铸锭组织。

表 1-3 不同浇铸条件下的钝铝铸锭

样品号	模壁材料	模壁厚度/mm	模壁温度/℃	浇铸温度/℃
1	砂	10	室温	680
2	钢	10	500	680
3	钢	10	室温	780
4	钢	10	室温	680
5	钢	3	室温	680

（2）观察并分析表 1-4 所示不同类型二元合金和三元合金的显微组织。

表 1-4 不同类型的二元合金和三元合金

样品号	二元合金			三元合金
	匀晶类型	共晶类型	包晶类型	
1	25%Ni+75%Cu（铸造/退火）	70%Pb+30%Sn	80%Sn+20%Pb	51%Bi+32%Pb+17%Sn
2	—	38.1%Pb+61.9%Sn	35%Sn+65%Pb	58%Bi+16%Pb+26%Sn
3		20%Pb+80%Sn（铸造）	—	65%Bi+10%Pb+25%Sn

五、实验报告要求

（1）写出实验目的。

（2）分析讨论铝铸锭三晶区的形成原因及特点。

（3）简要分析外界条件对铸锭各晶区的影响规律。

（4）绘出显微镜下观察到的各组织示意图，标明各相关参数，确定组织组成物及组织特征，并进行对比分析。

（5）结合相图讨论不同类型二元合金及三元合金的结晶过程和缓冷冷却时所获得组织的一般规律。

实验六 ▶ 金属材料冷变形与退火组织观察

冷变形是指金属在再结晶温度以下所产生的变形，主要指塑性变形，即获得外力撤除后不可恢复的永久变形。冷变形可能导致材料微观组织结构的一系列重要变化，例如材料宏观外形尺寸变化，样品抛光表面上的变形痕迹，以及样品金相侵蚀磨面上呈现的晶粒外变形化、晶粒内部的变形组织特征等，这些组织的变化将会使材料具有不同的性能。

一、实验目的

（1）认识金属冷变形组织的基本特征及影响因素。

（2）加深认识变形程度对组织的影响。

（3）了解冷变形金属退火加热过程中显微组织的变化规律。

二、实验设备及材料

（1）金相显微镜。

（2）侵蚀剂（4%硝酸酒精和 $HNO_3 : HCl = 1 : 1$）。

（3）实验样品

① 冷变形样品

a. Al/Fe：经退火和电解抛光后常温微量变形，不抛磨、不侵蚀试样。

b. α-Fe：经 0%、20%、40%和 60%常温变形试样各 1 块，经低温高速冲击变形样品 1 块，且经 4%硝酸酒精侵蚀。

c. Zn：经常温变形且经化学侵蚀好的金相样品 1 块（侵蚀剂：$HNO_3 : HCl = 1 : 1$）。

② 退火加热后样品

α-Fe：68%常温变形后在 560℃分别保温 9min、12min、20min、27min、38min 和 42min 的试样各 1 块。

三、实验原理

1. 材料的塑性变形

在低于材料再结晶温度条件下，塑性变形主要以滑移、孪生等基本形式发生。

（1）滑移　滑移是由于位错的运动而产生的，是晶体变形最普遍的形式之一。滑移不会改变晶体的点阵类型，但会在晶体表面形成一系列台阶状痕迹，这些台阶的累积就造成了晶体的宏观变形效果。

图 1-18 和图 1-19 所示分别为经退火和电解抛光后常温微量变形的纯铁样品和纯铝样品表面观察到的滑移带。从图中可以清楚地看到多晶体变形的特点：由于多晶体中各晶粒晶体位向不同，各晶粒内滑移带的方向不同；因各晶粒的变形程度不同，故而晶粒内部的滑移带密度不同。滑移带越密，说明晶粒的变形量越大。在同一晶粒内，晶粒中心与晶粒边界变形量也不相同，晶粒中心滑移带较密，而边界滑移带较稀疏，同时还可发现同一个晶粒内几个滑移系同时参与了变形过程，表现为同一个变形晶粒内部出现相互交叉的几组滑移带。

（2）孪生　变形的另一种重要方式是孪生。一般情况下面心立方晶格金属很少发生孪生变形，而体心立方晶格金属如 α-Fe，只有在冲击载荷下才发生孪生变形；密排六方晶格金属如锌，由于其滑移系少，则常以孪生方式变形。在不同的金属中，在变形孪晶的形状也不同，例如在变形 α-Fe 中可看到呈细针状的变形区域，在变形锌中则为竹叶状，如图 1-20 和图 1-21 所示。

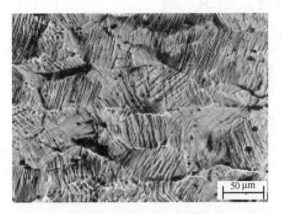

图 1-18　纯铁机械抛光侵蚀后拉伸

图 1-19　纯铝机械抛光侵蚀后拉伸

滑移和孪生的区别在于：观察滑移线时，试样必须先经过表面抛光，然后再经过微量变形。如果先进行变形再表面抛光，就看不出滑移线了。观察孪生变形时，试样是先通过塑性变形再进行抛光腐蚀的。另外较之磨痕，滑移线是不会穿过晶界的。

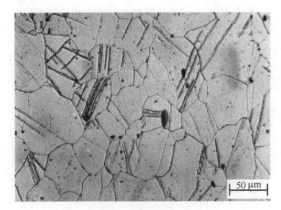

图 1-20　纯铁低温锤击

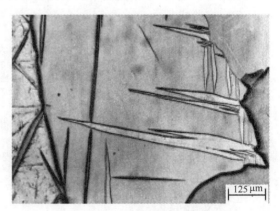

图 1-21　纯锌常温变形

2. 冷变形程度对显微组织的影响

冷变形导致晶粒组织呈现方向性，且其程度随变形量的增大而增大。在变形前显微组织为等轴晶粒，经受较大程度的方向性变形后导致晶粒沿受力方向伸展，变形程度越大，则晶粒被拉得越长。当变形程度很大时，晶粒不但被拉长，晶粒内部还会被许多的滑移带分割成细的小块，晶界与滑移带分辨不清，呈纤维状物质。

3. 冷变形材料退火加热后的组织

金属变形后其组织处于不稳定状态，退火加热则为晶粒发生回复、再结晶和晶粒长大创造外界条件，使得其组织发生变化。

退火过程中的回复阶段，在显微镜下看不出冷变形组织形貌发生任何明显的变化。在再结晶阶段早期，可以看到纤维状畸变基体上不均匀分布的再结晶核心；随着保温时间的延长或加热温度的升高，已形成的核心继续长大，未再结晶基体部分也继续形成新的再结晶核心。直至畸变基体全部耗光，再结晶阶段结束，显微镜下几乎全部为等轴晶粒。进入晶粒长大阶段后，晶粒个数逐渐减少、平均晶粒尺寸逐渐增大、单位体积内晶界数量逐渐减小，但晶粒一直保持等轴晶形态，且不同时刻晶粒组织的整体形貌大致相似，这一过程体现了正常晶粒长大的特征。

四、实验内容

（1）肉眼观察经退火和电解抛光后常温微量变形的 Al/Fe 外形和尺寸变化特性，在光学显微镜下观察其冷变形滑移现象。

（2）在显微镜下观察经不同程度冷变形 α-Fe 的显微组织，以及常温变形下 Zn 和低温高速冲击变形下 α-Fe 的孪晶组织特征。

（3）观察分析 68％冷变形后的纯铁样品经 560℃退火不同时间后的组织变化，测定其晶粒大小，建立退火时间与晶粒大小的曲线关系。

五、实验报告要求

（1）写出实验目的。

（2）绘出经退火和电解抛光后常温微量变形下 Al 和 Fe 的滑移线组织示意图，以及不同程度冷变形的 α-Fe 组织变形示意图，标明相应的放大倍数，并进行对比分析。

（3）绘出常温变形下 Zn 和低温高速冲击变形下 α-Fe 的孪晶组织特征示意图，标明相应的放大倍数，并进行对比分析。

（4）绘出 68％冷变形后的纯铁样品经 560℃退火不同时间后的组织变化示意图，标明相应的放大倍数，并进行对比分析。

实验七 ⊙ 焊接接头金相组织观察

焊接过程中，焊接接头各部分区域经历了不同的热循环，因而获得的组织不同，从而直接导致力学性能的变化。因此，了解焊接接头组织变化的规律，对于控制焊接质量有重要的意义。

一、实验目的

（1）观察与分析焊缝的各种典型结晶形态。
（2）掌握碳钢焊接接头各区域的组织变化。

二、实验设备及材料

金相砂纸、平板玻璃、吹风机、4.4％硝酸酒精溶液、脱脂棉、金相显微镜、碳钢焊接接头试块。

三、实验原理

1. 焊缝凝固时的结晶形态

（1）焊缝的交互结晶　焊后连接处的母材和焊缝金属具有交互结晶的特征，图 1-22 所示为母材和焊缝金属交互结晶示意图。由图可见，焊缝由熔池金属结晶凝固形成，由于熔池金属冷却速度快且在运动状态下结晶，因此形成的组织为非平衡组织。焊接熔池金属开始凝固时，多数情况下晶粒从熔合区半熔化的晶粒上以柱状晶形态长大，长大的主方向与最大散热方向一致。

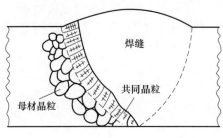

图 1-22　母材和焊缝金属的交互结晶示意图

（2）焊缝的结晶形态　根据成分过冷的结晶理论，合金的结晶形态与溶质的浓度 C_0、结晶速度（或晶粒长大速度）R 和温度梯度 G 有关。C_0、R 和 G 对结晶形态的影响如图 1-23 所示。

由图可见：①当 R 和 G 不变时，随着 C_0 增大，成分过冷程度增加，结晶形态将由平面晶转变为胞状晶、胞状树枝晶、树枝状晶、等轴晶；②当 C_0 一定时，R 越快，成分过冷程度越大，结晶形态逐渐由平面晶转变为胞状晶、树枝状晶及等轴晶；③当 C_0 和 R 一定时，随着 G 增大，成分过冷程度减小，结晶形态将由等轴晶转变为树枝晶，最后为平面晶。

由于熔池各部位成分过冷不同，凝固结晶形态也有所不同。在焊接熔池的熔化边界上，G 较大，R 很小，因此该处的成分过冷程度最小。从熔化的边界处到焊缝中心 G 逐渐变小，R 却逐渐增大，且在焊缝中心处，G 最小，R 最大，故该处成分过冷程度最大。由上述分析可知，焊缝中由熔合区直到焊缝中心结晶形态的变化依次为：平面晶、胞状晶、树枝状晶和等轴晶。

在实际焊缝中，由于被焊金属的化学成分、板厚、接头形式和熔池的散热条件不同，不一定具有上述的全部结晶形态。当焊缝金属成分不甚复杂时，熔合区将出现平面晶或胞状晶。另外，焊接速度、焊接电流等工艺参数对凝固结晶形态也有很大影响。

2. 碳钢焊接热影响区金属的组织变化

焊接热影响区的组织变化，不仅与焊接热循环有关，也与焊接材料和被焊材料有密切关系。以 20 钢为例，其焊接热影响区的组织变化特征可以分为四个区域，如图 1-24 所示，包括熔合区、粗晶区、细晶区、部分相变区。

（1）熔合区　熔合区是焊接接头中焊缝与母材交界的过渡区。焊接时，该区加热温度处在固液相温度之间，金属处于局部熔化状态，因而熔合区是固-液并存的区域，其宽度很窄，只有 2~3 个晶粒的宽度，在显微镜下也很难明显地区分出来。该区化学成分和组织极不均匀，晶粒粗大，冷却后的组织往往是粗大的过热组织，呈典型的魏氏组织。一般情况下，熔合区通常成为整个接头的最薄弱环节，对接头质量起着决定性的作用。

（2）粗晶区（过热区）　粗晶区是紧邻熔合区且具有过热组织或晶粒明显粗化的部位，其加热温度在 1100~1350℃。当加热至 1100℃ 到熔点时，奥氏体晶粒急剧长大，尤其在 1300℃ 以上，奥氏体晶粒急剧粗化，冷却后得到晶粒粗大的过热组织，故又称为过热区。该区的塑性和韧性都很低，特别是韧性较母材下降 20%~30%，其组织为粗大的铁素体和珠光体。在气焊或电渣时，甚至可获得魏氏组织。粗晶区的显微组织如图 1-25 (a) 所示。

（3）细晶区（正火区）　该区紧邻粗晶区，加热温度在 A_{c3}~1100℃。在加热过程中，

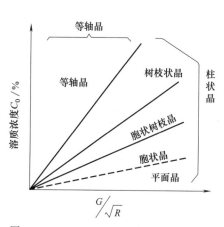

图 1-23 C_0、R 和 G 对结晶形态的影响

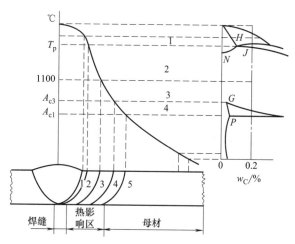

图 1-24 碳钢焊接热影响区分布特征

铁素体和珠光体全部转变为奥氏体，即产生金属的重结晶现象。由于加热温度稍高于 A_{c3}，奥氏体晶粒尚未长大，冷却后将获得均匀而细小的铁素体和珠光体，晶粒比母材还细小，相当于热处理时的正火组织，故又称为正火区或相变重结晶区，如图 1-25（b）所示。

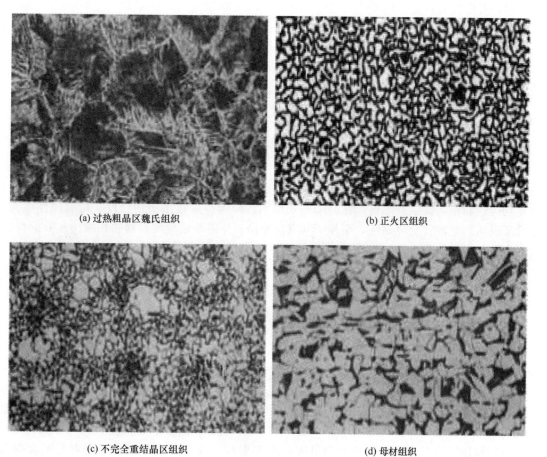

(a) 过热粗晶区魏氏组织

(b) 正火区组织

(c) 不完全重结晶区组织

(d) 母材组织

图 1-25 焊接接头金相组织

（4）部分相变区（不完全重结晶区）　部分相变的加热温度在 $A_{c1} \sim A_{c3}$ 之间。该区的组织变化比较复杂，当加热温度超过 A_{c1} 时，珠光体转变为奥氏体，铁素体只有部分溶解，大部分没有变化。这时奥氏体中的含碳量比较高，接近于共析成分，加热时得到的组织是高碳奥氏体和粗大的铁素体。冷却后，奥氏体转变为较细的珠光体和铁素体，而残留未溶解的铁素体在加热时晶粒粗化。由此可知，该区域一部分是经过重结晶的晶粒细小的铁素体和珠光体，另一部分是未溶入奥氏体加热后粗化的铁素体组织，如图 1-25（c）所示。该区域组织不均匀，晶粒大小也不均匀，因而力学性能也不均匀。

四、实验内容

（1）将碳钢焊接接头试块用砂轮机打磨去毛刺，用金相砂纸细磨后进行机械抛光，用 4％的硝酸酒精溶液侵蚀，并用清水冲洗、吹风机吹干后制备成焊接接头金相试样。

（2）在金相显微镜下首先找到焊接接头的焊缝区，然后通过移动金相显微镜的载物台，缓慢将金相试样从焊缝区向母材移动，观察焊接接头不同区域的金相组织变化。

（3）仔细观察焊接接头的焊缝区、熔合区、过热区、正火区、不完全重结晶区以及母材的金相组织，对照相关金相组织照片，分辨出各区域金相组织的典型特征。

五、实验报告要求

（1）写出实验目的。

（2）绘出焊接接头的焊缝区、熔合区、焊接热影响区（过热区、正火区和不完全重结晶区）以及母材的金相显微组织示意图，标明相应的放大倍数，并说明各区域的组织特点。

（3）解释焊接接头各区域组织的形成原因，并分析各区域的力学性能。

实验八 ❯ X 射线物相分析

350km/h 及以上的高速列车，采用大型中空铝合金型材焊接而成，疲劳破坏现象非常明显。疲劳的破坏一般都是从材料的表面或表层开始，表层的物相构成、残余应力状态、冶金非均匀性和组织夹杂等不连续性缺陷相互作用，影响了焊接接头的强度、耐腐蚀性能等，降低了高速列车的安全可靠性，缩短了其服役寿命。X 射线是检测材料物相结构和分析材料表面应力状态的重要手段，因此 X 射线检测对提高材料焊接接头寿命，增加高速列车的安全可靠性具有重要的工程意义。

一、实验目的

（1）了解 X 射线衍射仪的结构及工作原理。

（2）掌握 X 射线衍射物相定性分析的原理、实验方法以及物相检索方法。

二、实验设备

本实验使用的仪器是德国布鲁克有限公司生产的 D8 型 X 射线衍射仪（图 1-26），主要由以下几部分构成。

（1）高稳定度 X 射线源　提供测量所需的 X 射线，改变 X 射线管阳极靶材质可改变 X 射线的波长，调节阳极电压可控制 X 射线源的强度。

（2）样品及样品位置取向的调整机构系统　样品须是单晶、粉末、多晶或微晶的固体块。

（3）射线检测器　检测衍射强度或同时检测衍射方向，通过仪器测量记录系统或计算机处理系统可以得到多晶衍射图谱数据。

（4）衍射图的处理分析系统　现代 X 射线衍射仪都附带安装有专用衍射图处理分析软件的计算机系统，它们的特点是自动化和智能化。

图 1-26　X 射线衍射仪

三、实验原理

当一束单色 X 射线照射到某一结晶物质上，由于晶体中原子的排列具有周期性，X 射线的波长和晶体内部原子面之间的间距相近，晶体可以作为 X 射线的空间衍射光栅，即一束 X 射线照射到物体上时，受到物体中原子的散射，每个原子都产生散射波，这些波互相干涉，结果就产生衍射。衍射波叠加的结果使射线的强度在某些方向上加强，在其他方向上减弱。当某一层原子面的晶面间距 d 与 X 射线入射角 θ 之间满足布拉格（Bragg）方程：$2d\sin\theta = n\lambda$（n 为整数倍，λ 为入射 X 射线的波长）时，就会产生衍射现象。X 射线物相分析就是指通过比较结晶物质的 X 射线衍射花样来分析待测试样中含有何种或哪几种结晶物相。

任何一种结晶物质都有自己特定的结构参数，即点阵类型、晶胞大小、晶胞中原子或离子的数目、位置等等。这些结构参数与 X 射线的衍射角 θ 和衍射线相对强度 I 有着对应关系，结构参数不同则 X 射线衍射花样也各不相同。因此，当 X 射线被晶体衍射时，每一种结晶物质都有自己独特的衍射花样，不存在两种衍射花样完全相同的物质。

通常用表征衍射线位置的晶面间距 d（或衍射角 2θ）和衍射线相对强度 I 的数据来代表衍射花样，即以晶面间距 d 为横坐标，衍射线相对强度 I 为纵坐标绘制 X 射线衍射图谱。目前已知的结晶物质有成千上万种，事先在一定的规范条件下对所有已知的结晶物质进行 X 射线衍射，获得一套所有结晶物质的标准 X 射线衍射图谱（即 d-I 数据），建立数据库。当对某种材料进行物相分析时，只需要将其 X 射线衍射图谱与数据库中的标准 X 射线衍射图谱进行比对，就可以确定材料的物相，如同根据指纹来鉴别人一样。

各种已知物相 X 射线衍射花样的收集、校订和编辑出版工作目前由国际性组织“粉末衍射标准联合委员会（JCPDS）”负责，每一种物相的 X 射线衍射花样制成一张卡片，称为粉末衍射卡，简称 PDF 卡或称 JCPDS 卡。通常的 X 射线物相分析即是利用 PDF 卡片进行物相检索和分析。

当多种结晶物质同时产生衍射时，其衍射花样也是各种物质自身衍射花样的机械叠加——它们相互独立，不会相互干涉。逐一比较就可以在重叠的衍射花样中剥离出各自的衍射花样，分析标定后即可鉴别出各自物相。对于晶体材料，当待测晶体与入射束呈不同角度时，那些满足布拉格衍射的晶面就会被检测出来，体现在 XRD 图谱上就是具有不同的衍射强度的衍射峰。对于非晶体材料，由于其结构不存在晶体结构中原子排列的长程有序，只是在几个原子范围内存在着短程有序，故非晶体材料的 XRD 图谱为一些漫散射馒头峰。

X 射线衍射仪利用衍射原理，精确测定物质的晶体结构、织构及应力，精确地进行物相分析、定性分析、定量分析。广泛应用于冶金、石油、化工、科研、航空航天、教学、材料生产等领域。

四、实验步骤

1. 样品制备

对于粉末样品，通常要求其颗粒的平均粒径控制在 $5\mu m$ 左右，即过 320 目（约 $40\mu m$）的筛子，还要求试样无择优取向。因此，通常应用玛瑙研钵对待测样品进行充分研磨后使用。对于块状样品应切割出合适的大小，即不超过铝制样品架的矩形孔洞的尺寸，另外还要用砂轮和砂纸将其测试面研磨平整光滑。

2. 充填试样

将适量研磨好的试样粉末填入样品架的凹槽中，使粉末试样在凹槽里均匀分布，并用平整光滑的玻璃片将其压紧，将槽外或高出样品架的多余粉末刮去，然后重新将样品压平实，使样品表面与样品架边缘在同一水平面上。块状样品直接用橡胶泥或石蜡粘在铝制样品架的矩形孔洞中，要求样品表面与铝制样品架表面平齐。

3. 样品测试

（1）开机前的准备和检查　将制备好的试样插入衍射仪样品台，关闭防护罩；检查 X 光管窗口应关闭，X 光管的电流和电压表指示应在最小位置；接通总电源，打开稳压电源。

（2）开机操作　开启衍射仪总电源，启动循环水泵；等待几分钟后（水温在 $10\sim18℃$），打开计算机 X 射线衍射仪应用软件，设置管电压、管电流至需要值，设置合适的衍射条件及参数，开始样品测试。

（3）停机操作　测量完毕，系统自动保存测试数据，关闭 X 射线衍射仪应用软件；取出试样；15min 后关闭循环水泵，关闭水源；关闭衍射仪总电源及线路总电源。

4. 物相检索

根据测试获得的试样的衍射数据，包括衍射曲线和 d 值（或 2θ 值）、相对强度、衍射峰宽等数据，利用 MDI Jade 软件在计算机上进行 PDF 卡片的自动检索，并判定唯一准确的 PDF 卡片。

五、实验报告要求

（1）用实验报告专用纸撰写实验报告，简述实验目的、实验原理、实验仪器、实验步骤（并注明相应的测试条件）等。

（2）实验结果：将实验数据和物相检索所得到的标准物质数据以表格形式列出，要求写出样品名称（中英文）、PDF 卡片编号、实验数据和 PDF 卡片标准数据中衍射线的晶面间距 d 值、相对强度值及干涉面指数（HKL）。PDF 卡编号为 Al：00-004-0787，Si：00-027-1402，Cu：00-32-0523。

（3）结论：确定待测试样所属的物相或包含哪几种物相。

实验九 ▶ 聚合物的热谱分析——示差扫描量热法（DSC）

一、实验目的

（1）了解示差扫描量热法（DSC）的工作原理及其在聚合物研究中的应用。

（2）初步学会使用 DSC 仪器测定高聚物的操作技术。

（3）用 DSC 测定环氧树脂的玻璃化转变温度。

二、实验设备及材料

（1）环氧树脂。

（2）德国 NETZSCH 公司 DSC 404 型示差扫描量热仪。

（3）高纯氮气、坩埚、分析天平（准确至 0.1mg）。

三、实验原理

示差扫描量热法（Differential Scanning Calorimentry，DSC）是在程序温度控制下，测量试样与参比物之间单位时间内能量差（或功率差）随温度变化的一种技术。它是在差热分析（Differential Thermal Analysis，DTA）的基础上发展而来的一种热分析技术，DSC 在定量分析方面比 DTA 要好，能直接从 DSC 曲线上峰形面积得到试样的放热量或吸热量。

DSC 仪主要有功率补偿型和热流型两种类型。NETZSCH 公司生产的系列示差扫描量热仪即为功率补偿型（图 1-27）。仪器有两只相对独立的测量池，其加热炉中分别装有测试样品和参比物。这两个加热炉具有相同的热容及导热参数，并按相同的温度程序扫描。参比物在所选定的扫描温度范围内不具有任何热效应。因此，在测试的过程中记录下的热效应就是由样品的变化引起的。当样品发生放热或吸热变化时，系统将自动调整两个加热炉的加热功率，以补偿样品所发生的热量改变，使样品和参比物的温度始终保持相同，使系统始终处于"热零位"状态。这就是功率补偿 DSC 仪的工作原理，即"热零位平衡"原理。

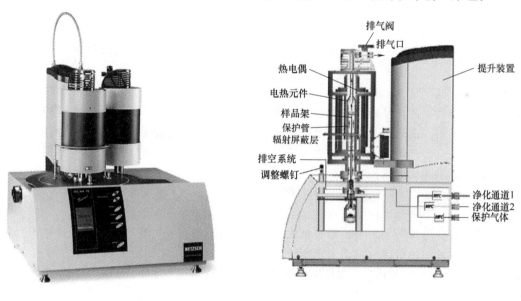

(a) 实物   (b) 结构

图 1-27 高温型示差扫描量热仪 DSC 404 F3

典型的示差扫描量热（DSC）曲线以热流率（dH/dt）为纵坐标、以时间（t）或温度（T）为横坐标，即 dH/dt-t（或 T）曲线。曲线离开基线的位移即代表样品吸热或放热的速率（$mJ \cdot s^{-1}$），而曲线中峰或谷包围的面积即代表热量的变化。因而示差扫描量热法可以直接测量样品在发生物理或化学变化时的热效应。

图 1-28 是典型的聚合物 DSC 曲线模型。随着温度升高，试样达到玻璃化温度 T_g 时，试样的热容由于局部链节移动而发生变化，一般为增大，所以相对于参比物而言，试样要维持与参比物相同温度就需要加大对试样的加热电流，又由于玻璃化转变不是相变化，使曲线

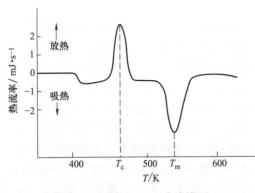

图 1-28　聚合物 DSC 曲线模型

产生阶梯状的位移，温度如果再升高，如试样发生结晶，则将释放大量结晶热而产生一个放热峰，进一步升温，结晶熔化要吸收大量热而出现吸热峰。以结晶放热峰和熔融吸热峰的顶点所对应的温度作为 T_c 和 T_m，而对两峰积分所得的面积即为结晶热焓 ΔH_c 和熔融热焓 ΔH_m。这些过程并不是每种试样完全出现的，对某些试样有时仅出现其中一个过程或几个过程，如已经结晶的聚合物就不存在结晶放热峰，而只出现结晶熔融吸热峰，又如某些杂环化合物大分子主链刚性很强，局部链节运动引起的热容很小，DSC 图中就很难找到阶梯状的基线位移，另外各过程的出现与测定的条件也密切相关。

随着高分子科学的迅速发展，高分子已成为 DSC 最主要的应用领域之一。当物质发生物理状态的变化（结晶、熔解等）或起化学反应（固化、聚合等），同时会有热学性能（热焓、比热等）的变化，采用 DSC 法测定热学性能的变化，就可以研究物质的物理或化学变化过程。在聚合物研究领域，DSC 技术应用得非常广泛，主要有以下几个。

（1）研究相转变过程，测定结晶温度 T_c、熔点 T_m、结晶度 X_c 及等温、非等温结晶动力学参数。

（2）测定玻璃化温度 T_g。

（3）研究固化、交联、氧化、分解、聚合等过程，测定相对应的温度热效应、动力学参数。

例如研究玻璃化转变过程、结晶过程（包括等温结晶和非等温结晶过程）、熔融过程、共混体系的相容性、固化反应过程等。对于高分子材料的熔融与玻璃化测试，在以相同的升降温速率进行了第一次升温与冷却实验后，再以相同的升温速率进行第二次测试，往往有助于消除历史效应（冷却历史、应力历史、形态历史等）对曲线的干扰，并有助于不同样品间的比较（使其拥有相同的热机械历史）。

四、实验步骤

（1）依次打开电源开关、显示器、电脑主机、仪器测量单元、控制器、机械冷却单元。

（2）确定实验用的气体（推荐使用惰性气体，如氮气），调节低压输出压力为 0.05～0.1MPa（不能大于 0.5MPa），在仪器测量单元上手动测试气路的通畅，并调节流量在 20mL/min 左右。

（3）确定样品在高、低温下无强氧化性、还原性，选择适用的坩埚，将样品称重后平整放入（以不超过 1/3 容积约 10mg 为好，注意坩埚不能全密封）。

（4）打开测量单元炉盖，在左边传感器上放入空的参比坩埚，右边放上装好样的样品坩埚（坩埚类型要一致）。

（5）打开 DSC 404 对应的测量软件，待自检通过后，先检查仪器的设置状况，即确认坩埚的类型、是否采用机械冷却来限制温度范围，之后新建一个样品测量文件，根据测试样品要求，选择合适的升温速率及升温程序控制方式（升温、循环、冷却），确认后执行程序开始测量。

（6）程序正常结束后会自动存储，可打开分析软件包（或在测试中运行实时分析）对结果进行数据处理，处理完后可保存为另一种类型的文件。

（7）待样品温度降至 100℃ 以下时打开炉盖，拿出样品坩埚，参比坩埚仍可继续使用（注意：程序结束时若选用了机械冷却，要记得达到预定值后，手动将其关掉，因为它不能长期满载运行，而且当选择了机械冷却时，气体一定要开通）。

（8）仪器使用完后，正常关机顺序依次为：关闭软件、退出操作系统、关电脑主机、显示器、仪器控制器、测量单元、机械冷却单元。

（9）关闭使用气瓶的高压总阀，低压阀可不必关。

（10）若发现传感器表面或炉内侧脏时，可先在室温下用洗耳球吹扫，然后用棉花蘸酒精清洗，不可用硬物触及，若清洗不掉时，应及时通知管理人员。

五、实验处理

打开分析软件"thermal analysis"，进入数据分析界面。打开需要处理的文件，应用界面上各功能键从所得曲线上获得相关的数据，比较两次升温曲线玻璃化转变温度 T_g 的差异。

六、实验报告要求

（1）用实验报告专用纸撰写实验报告，简述实验目的、实验原理、实验仪器、实验步骤（并注明相应的测试条件）等。

（2）阐明功率补偿型 DSC 的基本工作原理及在聚合物研究中的主要应用。

（3）分析处理 DSC 曲线时，怎么确定 T_g、T_c 和 T_m。

（4）说明对于高分子材料的玻璃化测试时要进行第二次升温的原因。

实验十 ◎ 黏度法测定聚合物分子量

一、实验目的

（1）掌握黏度法测定聚合物分子量的基本原理。

（2）掌握用乌氏黏度计测定聚合物稀溶液黏度的实验技术及数据处理方法。

（3）测定线型聚合物——聚苯乙烯的平均分子量。

二、实验设备及材料

（1）仪器 如表 1-5 所示。

表 1-5 黏度测定仪器

名称	规格	数量
乌氏黏度计	溶剂流出时间大于 100s	1 支
恒温槽	温度波动不大于±0.05℃	1 套
容量瓶	100mL	2 只
玻璃砂芯漏斗	3 号	2 只
移液管	5mL、10mL	2 支
秒表	1/10s	1 只
洗耳球	橡胶	1 只

测量聚合物分子量用的主要仪器是毛细管黏度计和恒温槽，其中恒温槽温度由微电子调节系统控制，具有较高的温度控制精度，具有玻璃窗口，方便观察和测量，如图1-29所示。

（2）材料

① 待测聚合物：聚苯乙烯。

② 溶剂：甲苯，丙酮。

三、实验原理

分子量是聚合物最基本的结构参数之一，与聚合物材料物理性能有着密切的关系，在理论研究和生产实践中经常需要测定这个参数。测定聚合物分子量的方法很多，不同测定方法所得出的统计平均分子量的意义有所不同，其适应的分子量范围也不相同。对线型聚合物，各测定聚合物分子量的方法与适用的范围如表1-6所示。

图1-29　实验用恒温槽

表1-6　测量聚合物分子量的方法与适用分子量范围

方法名称	适用摩尔质量范围	平均摩尔质量类型	方法类型
黏度法	$10^4 \sim 10^7$	黏均	相对法
端基分析法	$< 3 \times 10^4$	数均	绝对法
沸点升高法	$< 3 \times 10^4$	数均	相对法
凝固点降低法	$< 5 \times 10^3$	数均	相对法
气相渗透压法（VPO）	$< 3 \times 10^4$	数均	相对法
膜渗透压法	$2 \times 10^4 \sim 1 \times 10^6$	数均	绝对法
光散射法	$2 \times 10^4 \sim 1 \times 10^7$	重均	绝对法
超速离心沉降速度法	$1 \times 10^4 \sim 1 \times 10^7$	各种平均	绝对法
超速离心沉降平衡法	$1 \times 10^4 \sim 1 \times 10^6$	重均、数均	绝对法
凝胶渗透色谱法	$1 \times 10^3 \sim 5 \times 10^6$	各种平均	相对法

在高分子工业和研究工作中最常用的是黏度法，它是一种相对的方法，适用于分子量在 $10^4 \sim 10^7$ 范围的聚合物。此法设备简单、操作方便，又有较高的实验精度。通过聚合物体系黏度的测定，除了提供黏均分子量外，还可得到聚合物的无扰链尺寸和膨胀因子，其应用最为广泛。

聚合物在溶剂中充分溶解和分散，其分子链在溶剂中的构象是无规线团。这样聚合物稀溶液在流动过程中，分子链线团与线团间存在摩擦力，使得溶液表现出比纯溶剂的黏度高。聚合物在稀溶液中的黏度是它在流动过程中所存在的内摩擦的反映，其中溶剂分子相互之间的内摩擦所表现出来的黏度叫做溶剂黏度，以 η_0 表示，黏度的单位为 Pa·s。而聚合物分子相互间的内摩擦以及聚合物分子与溶剂分子之间的内摩擦，再加上溶剂分子相互间的摩擦，三者的总和表现为聚合物溶液的黏度，以 η 表示。聚合物稀溶液的黏度主要反映了分子链线团间因流动或相对运动所产生的内摩擦阻力。分子链线团的密度越大、尺寸越大，则其内摩擦阻力越大，聚合物溶液表现出来的黏度就越大。聚合物溶液的黏度与聚合物的结构、溶液浓度、溶剂的性质、温度和压力等因素有密切的关系。通过测量聚合物稀溶液的黏度可以计算得到聚合物的分子量，称为黏均分子量。

1. 相关的黏度定义

对于聚合物进入溶液后所引起的体系黏度的变化，一般采用下列相关的黏度定义进行描述。

黏度比（相对黏度）η_r：若纯溶剂的黏度为 η_0，同温度下聚合物溶液的黏度为 η，则黏度比为公式（1-6）所示

$$\eta_r = \frac{\eta}{\eta_0} \tag{1-6}$$

黏度比是一个无因次的量，随着溶液浓度的增加而增加。对于低剪切速率下的聚合物溶液，其值一般大于1。

增比黏度 η_{sp}：在相同温度下，聚合物溶液的黏度一般要比纯溶剂的黏度大，即 $\eta > \eta_0$，这增加的分数称为增比黏度，以 η_{sp} 表示。相对于溶剂来说，溶液黏度增加的分数为公式（1-7）所示

$$\eta_{sp} = \frac{\eta - \eta_0}{\eta_0} = \eta_r - 1 \tag{1-7}$$

增比黏度也是一个无因次量，与溶液的浓度有关。

比浓黏度（黏数）η_{sp}/c：对于高分子溶液，黏度相对增量往往随溶液浓度的增加而增大，因此常用其与浓度 c 之比来表示溶液的黏度，称为比浓黏度或黏数，即公式（1-8）所示

$$\frac{\eta_{sp}}{c} = \frac{\eta_r - 1}{c} \tag{1-8}$$

比浓黏度的因次是浓度的倒数，一般用 mL/g 表示。

对数黏度（比浓对数黏度）$\ln\eta_r/c$：其定义是黏度比的自然对数与浓度之比，即公式（1-9）所示

$$\frac{\ln\eta_r}{c} = \frac{\ln(1 + \eta_{sp})}{c} \tag{1-9}$$

对数黏度单位为浓度的倒数，常用 mL/g 表示。

特性黏度 $[\eta]$：其定义为比浓黏度 η_{sp}/c 或比浓对数黏度 $\ln\eta_r/c$ 在无限稀释时的外推值，即公式（1-10）所示

$$[\eta] = \lim_{\varepsilon \to 0} \frac{\ln\eta_r}{c} = \lim_{\varepsilon \to 0} \frac{\eta_{sp}}{c} \tag{1-10}$$

2. 聚合物溶液特性黏度与聚合物分子量的关系

以往大量的实验证明，对于给定聚合物在给定的溶剂和温度下，特性黏度 $[\eta]$ 的数值仅由给定聚合物的分子量所决定，$[\eta]$ 与给定聚合物的黏均分子量 M_h 的关系可以由 Mark-Houwink 方程表示

$$[\eta] = K M_h^{\alpha} \tag{1-11}$$

式中　K——比例常数；

　　　α——扩张因子，与溶液中聚合物分子链的形态有关；

　　　M_h——黏均分子量。

K、α 与温度、聚合物种类和溶剂性质有关，K 值受温度的影响较明显，而 α 值主要取决于聚合物分子链线团在溶剂中舒展的程度，一般介于 $0.5 \sim 1.0$ 之间。在一定温度时，对给定的聚合物-溶剂体系，一定的分子量范围内 K、α 为一常数，$[\eta]$ 只与分子量大小有关。

K、α 值可从有关手册中查到，或采用几个标准试样由式（1-11）进行确定，标准试样的分子量由绝对方法（如渗透压和光散射法等）确定。特性黏度 $[\eta]$ 的大小受下列因素影响。

（1）分子量：线型或轻度交联的聚合物分子量增大，特性黏度 $[\eta]$ 增大。

（2）分子形状：分子量相同时，支化分子的形状趋于球形，特性黏度 $[\eta]$ 较线型分子的小。

（3）溶剂特性：聚合物在良溶剂中，大分子较伸展，特性黏度 $[\eta]$ 较大；而在不良溶剂中，大分子较卷曲，特性黏度 $[\eta]$ 较小。

（4）温度：在良溶剂中，温度升高，对特性黏度 $[\eta]$ 影响不大；而在不良溶剂中，若温度升高使溶剂变为良好，则特性黏度 $[\eta]$ 增大。

3. 聚合物溶液黏度与溶液浓度间的关系

在一定温度下，聚合物溶液黏度对浓度有一定依赖关系。描述溶液黏度对浓度依赖性的公式很多，而应用较多的有哈金斯（Huggins）方程

$$\frac{\eta_{sp}}{c}=[\eta]+k'[\eta]^2 c \tag{1-12}$$

以及克拉默（Kraemer）方程

$$\frac{\ln\eta_r}{c}=[\eta]-\beta[\eta]^2 c \tag{1-13}$$

对于给定的聚合物在给定温度和溶剂时，k'、β 应是常数，其中 k' 称为哈金斯（Huggins）常数。它表示溶液中聚合物分子链线团间、聚合物分子链线团与溶剂分子间的相互作用，k' 值一般说来对分子量并不敏感。对于线型柔性链聚合物-良溶剂体系，$k'=0.3\sim 0.4$，$k'+\beta=0.5$。用 $\ln\eta_r/c$ 对 c 的图外推和用 η_{sp}/c 对 c 的图外推可得到共同的截距-特性黏度 $[\eta]$，如图 1-30 所示。图 1-30 求特性黏度 $[\eta]$ 的方法称为稀释法或外推法，结果较为可靠。但在实际工作中，往往由于试样少，或要测定大量同品种的试样，为了简化操作，可采用"一点法"，即在一个浓度下测定 η_{sp}，直接计算出特性黏度 $[\eta]$ 值。由上可见，用黏度法测定聚合物分子量，关键在于聚合物溶液特性黏度 $[\eta]$ 的测定，目前最为方便的实验方法是用毛细管黏度计测定溶液的黏度比。常用的稀释型黏度计为稀释型乌氏（Ubbelchde）黏度计，如图 1-31 所示，其特点是溶液的体积对测量没有影响，所以可以在黏度计内采取逐步稀释的方法得到不同浓度的溶液。

$$[\eta]=\frac{1}{c}\sqrt{2(\eta_{sp}-\ln\eta_r)} \tag{1-14}$$

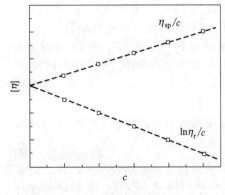

图 1-30　$\ln\eta_r/c$ 和 η_{sp}/c 对 c 作图

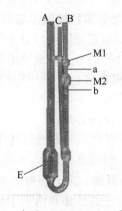

图 1-31　乌氏（Ubbelchde）黏度计

液体在毛细管黏度计内因重力作用而流出是遵守泊稷叶（Poiseuille）定律的

$$\frac{\eta}{\rho}=\frac{\pi h g r^4 t}{8VL}-m\,\frac{V}{8\pi Lt} \tag{1-15}$$

式中，ρ 为液体的密度；L 为毛细管长度；r 为毛细管半径；t 为流出时间；h 为流经毛细管液体的平均液柱高度；g 为重力加速度；V 为流经毛细管的液体体积；m 为常数，在 $r/L\ll1$ 时，可取 $m=1$。

对某一支指定的黏度计而言，令 $\alpha=\dfrac{\pi h g r^4}{8VL}$，$\beta=m\dfrac{V}{8\pi L}$，则

$$\frac{\eta}{\rho}=\alpha t-\frac{\beta}{t} \tag{1-16}$$

式中 $\beta<1$，当 $t>100s$ 时，等式右边第二项可以忽略。设溶液的密度 ρ 与溶剂密度 ρ_0 近似相等，这样，通过测定溶液和溶剂的流出时间 t 和 t_0（t 和 t_0 分别为溶液和溶剂在毛细管中的流出时间，即液面经过刻线 a 和 b 所需时间），就可求算黏度比 η_r

$$\eta_r=\frac{\eta}{\eta_0}=\frac{t}{t_0} \tag{1-17}$$

聚合物溶液浓度一般在 0.01g/mL 以下，使 η_r 值在 1.05～2.5 之间较为适宜，η_r 最大不应超过 3.0。而对于给定的聚合物，溶剂的选择需要满足其在所用毛细管黏度计中流经刻线 a 和 b 所需时间 t 和 t_0 均大于 100s，这样公式（1-17）才适用。

四、实验步骤

1. 调节恒温槽温度
根据实验需要将恒温槽温度调节至 (25±0.05)℃ 或 (30±0.05)℃。

2. 配制聚合物溶液
用黏度法测聚合物分子量，选择高分子-溶剂体系时，常数 K、α 值必须是已知的而且所用溶剂应该具有稳定、易得、易于纯化、挥发性小、毒性小等特点。为控制测定过程中 η_r 在 1.2～2.0 之间，浓度一般为 0.001～0.01g/mL。于测定前几天，用 100mL 容量瓶把待测聚合物试样溶解于溶剂中配成已知浓度的溶液。

准确称取 100～500mg 待测聚合物放入 100mL 清洁干燥的容量瓶中，倒入约 80mL 甲苯，使之溶解，待聚合物完全溶解之后，放入已调节好的恒温槽中，容量瓶也放入恒温槽中。再加溶剂至刻度，取出摇匀，用 3 号玻璃砂芯漏斗过滤到另一 100mL 容量瓶中，放入恒温槽恒温待用，容量瓶及玻璃砂芯漏斗用后立即洗涤。玻璃砂芯漏斗要用含 30% 硝酸钠的硫酸溶液洗涤，再用蒸馏水抽滤，烘干待用。

3. 洗涤黏度计
黏度计和待测液体是否清洁，是决定实验成功的关键之一。由于毛细管黏度计中毛细管的内径一般很小，容易被溶液中的灰尘和杂质所堵塞，一旦毛细管被堵塞，则溶液流经刻线 a 和 b 所需时间无法重复和准确测量，导致实验失败。若是新的黏度计，先用洗液浸泡，再用自来水洗三次，蒸馏水洗三次，烘干待用。对已用过的黏度计，则先用甲苯灌入黏度计中浸洗除去留在黏度计中的聚合物，尤其是毛细管部分要反复用溶剂清洗，洗毕，将甲苯溶液倒入回收瓶中，再用洗液、自来水、蒸馏水洗涤黏度计，最后烘干。

4. 测定溶剂的流出时间
本实验用乌氏黏度计。它是气承悬柱式可稀释的黏度计，把预先经严格洗净并检查过的洁净黏度计垂直夹持于恒温槽中，使水面完全浸没小球 M1。用移液管吸 10mL 甲苯，从 A

管注入 E 球中。于 25℃恒温槽中恒温 3min，然后进行流出时间 t_0 的测定。用手捏住 C 管管口，使之不通气，在 B 管用洗耳球将溶剂从 E 球经毛细管、M2 球吸入 M1 球，然后先松开洗耳球后，再松开 C 管，让 C 管通大气。此时液体即开始流回 E 球。此时操作者要集中精神，用眼睛水平地注视正在下降的液面，并用秒表准确地测出液面流经 a 线与 b 线之间所需的时间，并记录。重复上述操作三次，每次测定相差不大于 0.2s。取三次的平均值为 t_0，即为溶剂的流出时间。但有时相邻两次之差虽不超过 0.2s，而连续所得的数据是递增或递减的（表明溶液体系未达到平衡状态），这时应认为所得的数据是不可靠的，可能是温度不恒定，或浓度不均匀，应继续测定。

5. 溶液流出时间的测定

① 测定 t_0 后，将黏度计中的甲苯倒入回收瓶，并将黏度计烘干，用干净的移液管吸取已恒温好的被测溶液 8mL，移入黏度计（注意尽量不要将溶液沾在管壁上），恒温 3min，按前面的步骤，测定溶液（浓度 c_1）的流出时间 t_1。

② 用移液管加入 4mL 预先恒温好的甲苯，对上述溶液进行稀释，稀释后的溶液浓度 (c_2) 即为起始浓度 c_1 的 2/3。然后用同样的方法测定浓度为 c_2 的溶液的流出时间 t_2。与此相同，依次加入甲苯 4mL、4mL、4mL，使溶液浓度成为起始浓度的 1/2、2/5、1/3，分别测定其流出时间并记录下来。注意每次加入纯试剂后，一定要混合均匀，每次稀释后都要将稀释液抽洗黏度计的 E 球、毛细管、M2 球和 M1 球，使黏度计内各处溶液的浓度相等，且要等到恒温后再测定。

6. 黏度计洗涤

测量完毕后，取出黏度计，将溶液倒入回收瓶，用纯溶剂反复清洗几次，烘干，并用热洗液装满，浸泡数小时后倒去洗液，再用自来水、蒸馏水冲洗，烘干备用。

7. 注意事项

① 黏度计必须洁净，高聚物溶液中若有絮状物不能将它移入黏度计中。

② 本实验溶液的稀释是直接在黏度计中进行的，因此每加入一次溶剂进行稀释时必须混合均匀，并抽洗毛细管、M1 球和 M2 球。

③ 实验过程中恒温槽的温度要恒定，溶液每次稀释恒温后才能测量。

④ 黏度计要垂直放置。实验过程中不要振动黏度计。

五、数据处理

(1) 记录格式如表 1-7 所示。为作图方便，用相对浓度 c 来计算和作图。

(2) 外推法作图计算 M_h。

以 η_{sp}/c、$\ln\eta_r/c$ 对浓度 c 作图，得两条直线，外推至 $c \rightarrow 0$ 得截距。经换算，就得特性黏度 $[\eta]$，将 $[\eta]$ 代入式 (1-11)，即可换算出聚合物的分子量 M_h。

(3) 用"一点法"计算聚合物的分子量。

实际工作中，希望简化操作，快速得到产品的分子量。用式 (1-14)"一点法"只要在一个浓度下测定黏度比，再用式 (1-11) 即可算出其分子量。

六、实验报告要求

(1) 乌氏黏度计与奥氏黏度计有何不同，此不同点起了什么作用？有何优点？

(2) 为什么说黏度法测定聚合物分子量是相对方法？查 K、α 值时应注意什么？

（3）一套恒温槽配备了哪些装置？叙述各自的作用。

表 1-7　黏度测量记录表

日期＿＿＿＿＿＿＿＿＿；试样＿＿＿＿＿＿＿＿＿；溶剂＿＿＿＿＿＿＿＿＿

黏度计号＿＿＿＿＿＿＿；恒温槽温度＿＿＿＿＿＿＿；溶液浓度 c_1＿＿＿＿＿

溶剂流出时间（1）＿＿＿＿（2）＿＿＿＿（3）＿＿＿＿；平均值 t_0＿＿＿＿

加入溶剂量/mL	相对浓度	流出时间/s			平均值/s	η_r	η_{sp}	$\ln\eta_r/c$	$[\eta]$
		1	2	3					
0	1								

（4）为什么测定黏度时黏度计一要垂直，二要放入恒温槽内？乌氏黏度计中的毛细管为什么不能太粗或太细？

（5）试讨论黏度法测定分子量的影响因素。

实验十一 ▶ 凝胶渗透色谱法测定聚合物的相对分子质量及其分布

一、实验目的

（1）了解凝胶渗透色谱法测定聚合物相对分子质量及其分布的原理。

（2）了解凝胶渗透色谱仪的仪器构造和初步掌握凝胶渗透色谱仪的实验技术。

（3）测定聚苯乙烯样品的相对分子质量及其分布。

二、实验设备及材料

（1）仪器　PL-GPC50、PL-AS RT 型自动进样器，电子天平，微孔滤膜，微孔过滤器，样品瓶，注射器等。

（2）材料　氯仿、聚苯乙烯标准样品，相对分子质量未知的聚苯乙烯样品。

三、实验原理

聚合物的相对分子质量及其分布是聚合物性能的重要参数之一，它对聚合物材料的力学性能和可加工性等影响很大。测定聚合物的相对分子质量及其分布的最常用、快速和有效的方法是凝胶渗透色谱法（Gel Permeation Chromatography，简称 GPC）。

1. GPC 分离机理

GPC 是一种新型液相色谱，除了能用于测定聚合物的相对分子质量及其分布外，还广泛用于研究聚合物的支化度、共聚物的组成分布及高分子材料中微量添加剂的分析等方面。与各种类型的色谱一样，GPC 具有分离功能，其分离机理比较复杂，目前还未取得一致的意见。但在 GPC 的一般实验条件下，体积排除分离机理被认为起主要作用。

体积排除分离机理的理论认为：GPC 的分离主要是由于大小不同的溶质分子在多孔性填料中可以渗透的空间体积不同而形成的。装填在色谱柱中的多孔性填料（凝胶）的表面和内部分布着大小不同的孔洞和通道。当被测试的多分散性试样随淋洗溶剂进入色谱柱后，溶质分子即向填料内部孔洞渗透，渗透的程度取决于溶质分子体积的大小。体积较大的分子只能进入较大的孔洞，而体积较小的分子除了能进入较大的孔洞外还能进入较小的孔洞，因此体积不同的分子在流过色谱柱时实际经过的路程是不同的，分子体积越大，路程越短。随着溶剂淋洗过程的进行，体积最大的分子最先被淋洗出来，依次流出的是尺寸较小的分子，最小的分子最后被淋洗出来，从而达到使不同大小的分子得到分离的目的。以上为 GPC 机理的一般解释。

按照一般的色谱理论，试样分子的保留体积 V_R（或淋出体积 V_e）可用公式（1-18）表示：

$$V_e = V_o + KV_i \tag{1-18}$$

式中，V_e 为淋出体积，即指溶液试样从进色谱柱到被淋洗出来的淋出液总体积；V_o 为柱中填料粒子的粒间体积；V_i 为柱中填料粒子内部的孔洞体积；K 为分配系数，即可以被溶质分子进入的粒子孔体积与粒子的总孔体积之比。

对于比最大孔洞还要大的分子，$K=0$，$V_e=V_o$ 首先被洗提出来，色谱柱对于这类分子没有分离作用；对于能进入填料所有孔的最小分子，$K=1$，$V_e=V_o+V_i$，最后被洗提出来，色谱柱对于这类分子也没有分离作用；对于尺寸介于上述两极端之间的分子，$0<K<1$，$V_e=V_o+KV_i$，大小不同的分子有不同的 K 值，相应的保留体积也就不同，从而这些分子将按照分子体积由大到小的次序被洗提出来。

聚合物分子在溶液中的体积决定于其相对分子质量、分子链的柔顺性、支化程度、溶剂和温度。聚合物分子链的结构、溶剂和温度确定后，聚合物分子的体积主要依赖于其相对分子质量。因此，当多分散聚合物分子随着溶剂流经 GPC 色谱柱时，这些分子将按照分子体积由大到小的次序被分离出来，实际上对应着相对分子质量由大到小次序的分离。

2. GPC 谱图的标定及校正曲线

聚合物试样被凝胶色谱柱按相对分子质量大小分级后，需要对各级分的含量和相对分子质量进行测定和标定才能得到相对分子质量的分布情况。在 GPC 技术中，淋出液的浓度直接反映级分的含量，只需采用示差折光、紫外吸收或红外吸收等检测器检测淋出液浓度，就可测出各级分的含量。常用示差折光仪测得溶液折光指数与纯溶剂折光指数之差 Δn，由于在稀溶液范围，Δn 正比于溶液浓度 c，因此 Δn 值直接反映了淋出液的浓度，即反映了各级分的含量。相对分子质量的测定有直接法和间接法。直接法是将淋出体积不同的各级分用相对分子质量检测器（如自动黏度计或小角激光光散射检测器）在浓度检测器测定溶液浓度的同时，测定其黏度或光散射，从而计算出相对分子质量及其分布的数据，计算中不需要校正曲线。间接法又称校正曲线法，是根据校正曲线，将测出的淋出体积换算成相对分子质量的方法。本实验采用间接法测定聚合物的相对分子质量。

GPC 仪由输液系统（柱塞泵）、进样器、色谱柱、检测器及一些附属电子仪器组成。图1-32 是 GPC 仪的构造示意图，淋洗液通过柱塞泵成为流速恒定的流动相，进入紧密装填多孔性微球的色谱柱，中间经过一个可将样品送往体系的进样装置。聚合物样品进样后，淋洗液带动溶液样品进入色谱柱并开始分离，随着淋洗液的不断洗提，被分离的聚合物组分陆续从色谱柱中淋出。浓度检测器不断检测淋洗液中聚合物组分的浓度响应，数据被记录得到一条 GPC 淋洗曲线，如图 1-33 所示，纵坐标为淋洗液与纯溶剂折光指数的差值 Δn，在极稀溶液中它正比于淋洗液的相对浓度 c；横坐标为保留体积 V_e，它表征分子尺寸的大小，与相对分子质量 M 有关，将 GPC 色谱图中横坐标保留体积换算成相对分子质量，需要借助于"校正曲线"。

GPC 标定（校正）曲线表示的是 V_e 与 M 关系的曲线。在相同的测试条件下测定一组已知相对分子质量 M 的窄分布标准样品的 GPC 谱图（图 1-34），求各峰值位置的保留体积

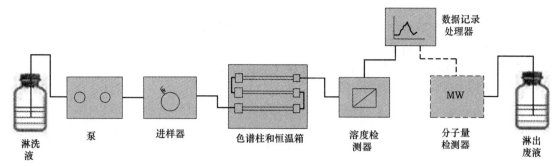

图 1-32　GPC 仪的构造示意图

V_e，以 $\lg M$ 对相应的 V_e 作图即可得到 GPC 校正曲线（图 1-35）。从其直线部分得到校正方程（1-19）

$$\lg M = A - BV_e \qquad (1\text{-}19)$$

3. GPC 数据处理方法

GPC 的数据处理一般采用"切割法"。在谱图确定基线后，将基线和淋洗曲线所包围的面积以横坐标进行等距离切割，分割成一组平行于纵坐标的宽度相等的长条（图 1-36），相当于把样品分成一系列级分，且每个级分的溶液体积相等。对于第 i 个长条的保留体积为 V_i，由校正曲线确定其相对分子质量 M_i。

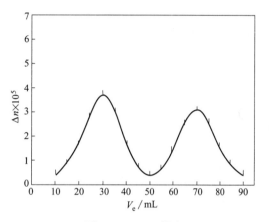

图 1-33　GPC 谱图

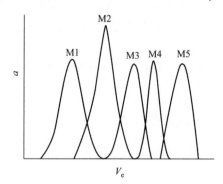

图 1-34　一系列标样的 GPC 谱图

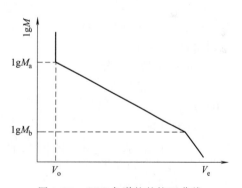

图 1-35　GPC 色谱柱的校正曲线

级分的浓度对应于检测器在 V_i 处的响应即长条的高度 H_i，每个切割条的归一化高度（高度分数）即为各级分的含量。又因 H_i 正比于级分 i 的质量 W_i，因此相对分子质量为 M_i 的第 i 级分的质量分数可表示为

$$W_i(M_i) = \frac{H_i}{\sum_i H_i} \qquad (1\text{-}20)$$

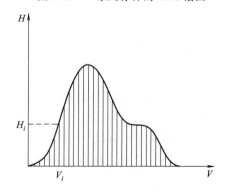

图 1-36　对 GPC 谱图归一化处理时的分割

以所有切割条的归一化高度和相应的相对分子质量列表或作图，可以得到完整的聚合物样品

的相对分子质量分布结果。计算中，运用了"每一分割条内的聚合物的相对分子质量是均一的"假定，故所取间隔越小，计算中取的点越多，假定与实际的偏差就越小。换言之，切割条数的增多有利于计算结果精度的提高，但一般切割条数达到20条以上即可，此时对相对分子质量分布描述的误差已经小于GPC方法本身的误差。

根据各种平均相对分子质量的定义，由以下各式可计算出各种平均相对分子质量和多分散系数（Polydispersity Index，PDI）：

$$\overline{M}_\mathrm{W} = \sum_i W_i M_i = \sum_i \left(M_i \frac{H_i}{\sum_i H_i} \right) = \frac{\sum_i H_i M_i}{\sum_i H_i} \tag{1-21}$$

$$\overline{M}_n = \left(\sum_i \frac{W_i}{M_i} \right)^{-1} = \left[\sum_i \left(\frac{1}{M_i} \times \frac{H_i}{\sum_i H_i} \right) \right]^{-1} = \frac{\sum_i H_i}{\sum_i \frac{H_i}{M_i}} \tag{1-22}$$

$$\overline{M}_\eta = \left(\sum_i M_i^\alpha \frac{H_i}{\sum_i H_i} \right)^{1/\alpha} \tag{1-23}$$

$$\mathrm{PDI} = \frac{\overline{M}_\mathrm{W}}{\overline{M}_\mathrm{n}} \tag{1-24}$$

四、实验步骤

（1）溶剂准备　所用溶剂（氯仿）需经过蒸馏、微孔滤膜过滤，使用前还需脱气，方可倒入溶剂储存瓶使用。

（2）样品准备

① 选取10个不同相对分子质量窄分布的聚苯乙烯标样，分为三组，每组标样分别称取一定量混在一个样品瓶中，注入一定量的溶剂（氯仿），溶解后用装有微孔滤膜的过滤器过滤，转移至样品瓶中待用。

② 称取一定量相对分子质量未知的聚苯乙烯样品于样品瓶中，加入溶剂（氯仿），通常为每3～8mg样品溶解在1.5mL溶剂中，溶解后用装有微孔滤膜的过滤器过滤，转移至样品瓶中待用。

（3）仪器开机

① 开机。打开GPC主机电源和自动进样器电源，仪器自检，等待完成。

② GPC运行条件的设定。

（4）打开运行监视窗口。

（5）采集文件的设定

① 双击打开桌面"GPC Online"图标，设置测试样品序列及信息。

a. GPC标样的设定。

b. 未知样品的设定。

② 打开自动进样器控制面板示意图，按照"GPC Online"中设置的样品序列，务必保证"Injection Sequence"中的测试样品序列与"GPC Online"中的设置相同。

（6）进样测试　待仪器基线稳定后，对GPC标样和未知样品进行测试。

① GPC标样的测定：自动进样器按照已设定顺序先后将三个混合标样溶液进样，运行，分别得到相应的GPC淋洗曲线（即GPC谱图）。

② 未知样品测定：用自动进样器将未知样品溶液进样，运行，得到其GPC谱图。

五、数据处理

（1）双击桌面的"GPC Offline"图标，打开名为"XXX"的工作簿（Workbook），点击"OK"。

（2）选择左侧的"Analysis Runlist"，在右侧会按照"Batch Name"来显示已经测试过的样品文件，双击样品名将此样品加入分析列表中。

（3）双击列表中样品的"Method"项目，选择"YYY"方法后，按 F9 键（或弯箭头）。然后点击左侧的"Analysis"，调整峰的数目以及基线的位置。

（4）最后单击右键，选择"Calculate Results"即可完成分析。

① GPC 标样分析。

② 未知样品分析。

（5）实验报告的生成。双击打开桌面的"GPC Offline"图标，依次点击"File""Produce Analysis Report""Sample Report"，选择输出方式（如 Adobe PDF），选择报告模板（如 Unknown Injection US-C），输入报告文件名。

六、实验报告要求

（1）简述凝胶渗透色谱的分离机理。

（2）为什么在凝胶渗透色谱实验中，样品溶液的浓度不必准确配制？

（3）相对分子质量相同的样品，线性分子和支化度大的分子哪个先流出 GPC 色谱柱？

（4）试比较"校正曲线"与"普适校正曲线"在用法上的不同。

第二章 ▶▶

材料性能测试

实验一 ⟶ 材料的硬度实验

硬度是指材料表面在接触应力作用下抵抗塑性变形的一种能力，是重要的力学性能之一。一般硬度值越高，表明材料抵抗塑性变形的能力越大，材料产生塑性变形就越困难。与其他力学性能相比，硬度试验简单易行，且不损坏零件，因此在工业中被广泛应用。

一、实验目的

（1）了解布氏、洛氏和维氏硬度测定的基本原理及应用范围。

（2）学会正确使用布氏硬度计、洛氏硬度计和维氏硬度计。

（3）学会根据材料性质正确选择硬度计类型和压入条件。

二、实验设备及材料

（1）HB-3000B 型布氏硬度计［图 2-1（a）］。

（2）HR-150A 型洛氏硬度计。

（3）HV-50 型维氏硬度计［图 2-1（b）］。

（4）读数显微镜。

（5）硬度试块若干。

（6）铝合金、45 钢和 T12 钢试样（正火态和淬火态，$\phi20mm\times10mm$）。

(a) 布氏硬度计

(b) 维氏硬度计

图 2-1　硬度计

三、实验原理

常用的硬度实验方法有布氏硬度、洛氏硬度和维氏硬度。布氏硬度主要用于黑色、有色金属的原材料检验，也可用于一般退火、正火后材料的硬度测定；洛氏硬度主要用于金属材料热处理后的产品性能检验；维氏硬度主要用于薄板材或材料表层的硬度测定，以及较为精确的硬度测定。

1. 布氏硬度（HB）

（1）实验原理　布氏硬度测定是将直径为 D 的钢球或硬质合金球以一定大小的试验力 F 压入被测金属材料表面，保持规定时间后卸除试验力，测量被压试样表面压痕的直径，如图 2-2 所示，最后通过计算或查表即可得硬度值，并用符号 HB 表示。

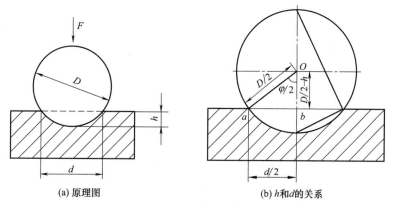

图 2-2　布氏硬度试验原理图

布氏硬度的计算公式如下

$$HB = F/\pi Dh \tag{2-1}$$

式中，HB 为布氏硬度值；F 为试验力，kgf（1kgf=10N）；D 为钢球直径，mm；h 为压痕深度，mm。

根据图 2-2（b）中 $\triangle Oab$ 的关系可求出压痕深度 h

$$h = \frac{1}{2}(D - \sqrt{D^2 - d^2}) \tag{2-2}$$

代入式（2-1）得

$$HB = \frac{F}{\pi Dh} = \frac{2F}{\pi D(D - \sqrt{D^2 - d^2})} \tag{2-3}$$

当 F 和 D 一定时，布氏硬度的大小取决于压痕直径 d。d 值越大，材料的 HB 值越小，表明材料越软；反之 HB 值越大，材料越硬。

由于金属材料有软硬、厚薄、大小等之分，为适应不同情况下的布氏硬度值测定，就要求有不同的试验力 F 和钢球直径 D。常用的钢球直径有 $\phi2.5mm$、$\phi5mm$ 和 $\phi10mm$ 三种，试验载荷有 156N、625N、1875N、2500N、7500N、10000N 及 30000N 共 7 种。为了得到统一的、可以相互进行比较的数值，在具体测量时，只需要满足 F/D^2 为常数。这样对同一种材料而言，布氏硬度值都是相同的；而对不同的材料来说，其布氏硬度值也是可以进行比较的。根据标准规定，F/D^2 的比值有 30、10 和 2.5 三种，具体试验数据和适用范围可参考表 2-1。

在试样尺寸允许的情况下，尽可能选用直径大的钢球和大的载荷，这样测出的压痕直径大，误差也小，更能接近材料的真实性能。因此，在测定钢的硬度时，尽量选用 $\phi10mm$ 的钢球和 30000N 的试验载荷。

表 2-1　布氏硬度试验规范

材料	硬度范围（HB）	试样厚度/mm	F/D^2	钢球直径 D/mm	试验力 F/kgf	载荷保持时间/s
黑色金属（如钢的正火、退火、调质状态）	140~450	>6	30	10	3000	10
		6~3		5	750	
		<3		2.5	187.5	

材料	硬度范围 （HB）	试样厚度 /mm	F/D^2	钢球直径 D/mm	试验力 F /kgf	载荷保持 时间/s
黑色金属	<140	>6 6～3 <3	10	10 5 2.5	1000 250 62.5	10
有色金属及合金（如铜、黄铜、青铜、镁合金）	36～130	>6 6～3 <3	10	10 5 2.5	1000 250 62.5	30
铝合金及轴承合金	8～35	>6 6～3 <3	2.5	10 5 2.5	1000 62.5 15.6	60

（2）布氏硬度的表示方法　符号 HB 前面的数字表示硬度值，符号后面的数字依次表示钢球直径、试验力及载荷保持时间。如 300HB5/750/10 表示直径 5mm 的硬质合金球在 7500N 试验力作用下保持 10s 时测定的布氏硬度值为 300。

（3）布氏硬度计的操作规程（以 HB-3000B 型为例）　布氏硬度计主要由机体、工作台、杠杆机构、换向开关系统和压头等部分组成。

① 根据材料选择适当的试验力、压头和保压时间。

② 接通电源，打开指示灯。

③ 将试样放在工作台上，顺时针转动手轮使工作台缓慢上升，试样与压头接触直至手轮与螺母产生相对滑动为止。

④ 按动试验力保持时间按钮（12s，30s 或 60s）。

⑤ 按动启动按钮，硬度计即可自动完成一个工作循环。

⑥ 试验结束后，逆时针转动手轮使工作台下降，取下试样，并用读数显微器测量试样表面的压痕直径。

⑦ 根据压痕直径、载荷大小、钢球直径查硬度换算表或用公式计算均可得出布氏硬度值。

（4）布氏硬度测定注意事项

① 试样表面应光滑平整，无油污或氧化皮。

② 加载时动作要稳、缓、轻，以免损坏压头。

③ 压痕中心距试样边缘的距离不小于 $2.5d$，相邻压痕中心的距离不小于 $4d$。

④ 压痕直径 d 应控制在 $0.25D<d<0.6D$，否则试验数据无效。

⑤ 用读数显微器测量压痕直径 d 时，应测量相互垂直的两个方向，然后取其平均值。

⑥ 为避免钢球压裂或变形，不能测太硬的材料。

2. 洛氏硬度（HR）

（1）实验原理　洛氏硬度是采用规定的压头压入金属表面，然后以压痕深度作为计量硬度指标，其试验原理如图 2-3 所示。洛氏硬度试验所用压头有两种：一种是顶角为 120° 的金刚石圆锥，另一种是直径为 1/16″（1.588mm）的淬火钢球。为了在同一台试验机上测定不同软硬程度材料的硬度，可采用不同的压头和试

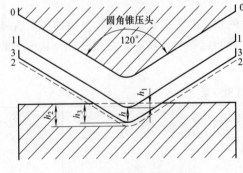

图 2-3　洛氏硬度试验原理

验力配合使用，组成不同的洛氏硬度，最常用的是 HRA、HRB 和 HRC 三种。表 2-2 列出了这三种洛氏硬度的压头、负荷及使用范围。

在测定洛氏硬度过程中，总载荷需要分两次加到规定的压头上，即预载荷和主载荷，总载荷则为两者之和。未施加载荷时，压头处于图 2-3 中 0-0 位置。测定时，首先施加一定（如 100N）的预载荷，其目的是使压头与试样表面接触良好，以保证测量结果准确。此时压入深度为 h_1，卸载后压头处于 1-1 位置。然后施加主载荷，2-2 位置为加上主载荷后的位置，此时压入深度为 h_2。随后将主载荷卸除，压头位置由于加载所产生的弹性变形已恢复而略上升到 3-3 位置，此时压入深度为 h_3。洛氏硬度就是以主载荷所引起的残余压入深度 $h = h_3 - h_1$ 来表示的。

表 2-2 洛氏硬度试验规范

标尺	符号	压头	负荷/N	硬度值有效范围	应用范围
A	HRA	120°的金刚石圆锥	600	20~88HRA	硬脆金属或表面硬化层,如硬质合金、表面淬火层、渗碳层
B	HRB	1.588mm 的钢球	1000	25~100HRB	较软金属,如有色金属、退火及正火钢
C	HRC	120°的金刚石圆锥	1500	20~70HRC	较硬金属,如调质钢、淬火钢

如果直接以压入深度 h 来表示硬度，将会出现硬的金属硬度值小，而软的金属硬度值反而大的现象，这与布氏硬度大小相反，不符合人们的习惯。为此用一常数 K 减去 h 的差值表示硬度的大小。同时，在读数上又规定压入深度 0.002mm 作为标尺刻度的一小格。

因此洛氏硬度值的计算公式如下

$$HR = \frac{K - (h_3 - h_1)}{0.002} \tag{2-4}$$

式中，h_1 为预加载荷压入试样的深度，mm；h_3 为卸除主载荷后压入试样的深度，mm；K 为常数，当以金刚石圆锥为压头时，$K = 0.2$（用于 HRA 和 HRC）；当以钢球为压头时，$K = 0.26$（用于 HRB）。

因此洛氏硬度值的计算公式可改为

$$HRC（或 HRA）= 100 - \frac{h_3 - h_1}{0.002} \tag{2-5}$$

$$HRB = 130 - \frac{h_3 - h_1}{0.002} \tag{2-6}$$

（2）洛氏硬度的表示方法　洛氏硬度值通常用洛氏硬度符号 HR 和标尺字母（A、B 和 C）来表示。

A、C 标尺洛氏硬度用硬度值、符号 HR 和使用的标尺字母来表示。如 50HRC 表示用 C 标尺测得的洛氏硬度值为 50。

B 标尺洛氏硬度用硬度值、符号 HR、使用的标尺字母和压头代号（钢球为 S，硬质合金球为 W）来表示。如 58HRBW 表示用硬质合金球在 B 标尺上测得的洛氏硬度值为 58。

（3）洛氏硬度计的操作规程（以 HR-150A 型为例）　洛氏硬度计主要由机体、工作台、加载机构、测深机构和压头等组成。

① 根据试样的硬度值范围，选择适当的压头和试验力，并安装到位。

② 将符合要求的试样平放在工作台上，将压头对准试样表面的待测位置。

③ 顺时针转动手轮，使试样缓慢接触压头，继续转动手轮直至指示盘的小指针指向小红点，此时便施加 100N 预载荷，同时要求大指针不偏离刻度盘零点±5 个刻度。

④ 转动刻度盘使其大指针指向零点位置。

⑤ 扳动加载手柄，平稳地加上主载荷，保持 3～4s，然后把手柄扳到卸载位置。

⑥ 从刻度盘的相应标尺读出指针所指的洛氏硬度值。

⑦ 逆时针旋转手轮，取出试样。

（4）洛氏硬度测定注意事项

① 试样表面需平整光洁，无油污、氧化皮及凹坑等。

② 试样厚度应不小于压痕深度的 10 倍。

③ 压痕中心至试样边缘的距离及两相邻压痕中心距离均应不小于 3mm。

④ 为防止圆柱形试样滚动，应放在带有 V 形槽的工作台上操作。

⑤ 卸载后，必须保证压头完全离开试样后方可取下试样。

⑥ 每个试样的硬度值至少应测量 3 次以上，取其平均值。

3. 维氏硬度（HV）

（1）实验原理　维氏硬度实验可以测量各种金属材料的硬度，是压入法中较精确的一种。维氏硬度的试验原理与布氏硬度类似，都是根据压痕单位面积上的试验力来计算硬度

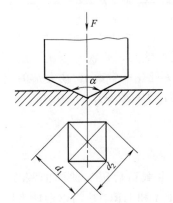

图 2-4　维氏硬度试验原理

值。所不同的是维氏硬度是用一个顶部两相对面夹角 α 为 136°的金刚石正四棱锥体压头以一定的试验力 F 压入试样表面，保持规定的时间后，卸除载荷，试样表面压出一个四方锥形的压痕，测量压痕的对角线长度 d_1 和 d_2，取其平均值 d，从而计算压痕的表面积，如图 2-4 所示。维氏硬度值正是用四棱锥压痕单位面积上所承受的平均压力来表示的，符号为 HV，可由下式计算得出

$$HV = 0.102 \times \frac{2F\sin(136°/2)}{d^2} = 0.189 \times \frac{F}{d^2} \qquad (2-7)$$

式中，F 为作用在压头上的试验力，N；d 为压痕对角线长度 d_1 和 d_2 的平均值，mm。

维氏硬度试验根据试件的硬度范围和厚薄，可在 49.03～980.7N 的范围内选择试验力，其选择原则应保证试验后压痕深度要小于试样厚度的 1/10。常用的试验力有 49.03N、98.07N、196.1N、294.2N、490.3N 和 980.7N。维氏硬度试验按试验力大小不同可分为维氏硬度试验、小负荷维氏硬度试验和显微维氏硬度试验三种，见表 2-3。

表 2-3　维氏硬度试验的三种方法

试验力范围	硬度符号	试验名称
$F \geqslant 49.03$	$\geqslant$HV5	维氏硬度试验
$1.961 \leqslant F < 49.03$	HV0.2～HV5（不包括 HV5）	小负荷维氏硬度试验
$0.09807 \leqslant F < 1.961$	HV0.01～HV0.2（不包括 HV0.2）	显微维氏硬度试验

（2）维氏硬度的表示方法　维氏硬度用符号 HV 表示，符号前面的数字为硬度值，符号后面依次用数字表示试验力 F 和保压时间，其中保压时间为 10～15s 可以不标注。如 620HV30/20 表示在试验力 300N 的作用下保持 20s 测定的硬度值为 640；而 620HV30 表示在试验力 300N 的作用下保持 10～15s 测定的硬度值为 620。

（3）维氏硬度计的操作规程（以 HV-50 型为例）　维氏硬度计主要由机体、工作台、加力机构和压痕测量装置等组成。

① 根据材料硬度范围选择适当的载荷，转动手柄使其对准相应的载荷值。

② 向左旋转转动头座，使压头转到工作台中心位置。

③ 将待测试样放在工作台上，旋转手轮使工作台上升，直至试件表面与保护套接触为止。

④ 向前拉动手柄，使试验力作用到试样上，保持一段时间后，卸除载荷。

⑤ 指示灯灭后，转动手轮使试样脱离金刚石压头。

⑥ 向右旋转转动头座，使物镜对正压痕，并转动手轮使被测压痕处于物镜焦面。

⑦ 通过测微镜旋转测量四方锥形压痕的两组对角线长度，其平均值即为此压痕的对角线长度。

⑧ 根据测出的压痕对角线长度和所使用的试验力值，在维氏硬度换算表中查出对应的硬度值；取下试样，试验完成。

（4）维氏硬度测定注意事项

① 试样表面必须平整光洁、无油污，否则会影响测量准确性。

② 为了保证测试精度，压头必须保证清洁。

③ 硬度计正在加载或载荷未卸除时，严禁转动压头，否则会造成设备损坏。

④ 在测量维氏硬度值时，只要条件允许，尽量使用大的试验力，测量相对比较准确。但当材料硬度$\geqslant 500HV$时，不宜选用大的试验力。

4. 各种硬度间的换算

布氏、洛氏和维氏硬度间的换算如表 2-4 所示。布氏硬度和洛氏硬度之间有一定的换算关系，对钢铁材料而言，$HB \approx 2HRB$，$HB \approx 10HRC$（只在 $HRC = 40 \sim 60$ 范围）。

表 2-4　各种硬度换算表

布氏硬度	洛氏硬度		维氏硬度	布氏硬度	洛氏硬度		维氏硬度
HB10/3000	HRA	HRC	HV	HB10/3000	HRA	HRC	HV
—	83.9	65	856	341	(69.0)	37	347
—	83.3	64	825	332	(68.5)	36	338
—	82.8	63	795	323	(68.0)	35	320
—	82.2	62	766	314	(67.5)	34	320
—	81.7	61	739	306	(67.0)	33	312
—	81.2	60	713	298	(66.4)	32	304
—	80.6	59	688	291	(65.9)	31	296
—	80.1	58	664	288	(65.4)	30	289
—	79.5	57	642	275	(64.9)	29	281
—	79.0	56	620	269	(64.4)	28	274
—	78.5	55	599	263	(63.8)	27	268
—	77.9	54	579	257	(63.8)	26	261
—	77.4	53	561	251	(62.8)	25	255
—	76.9	52	543	245	(62.3)	24	240
501	76.3	51	525	240	(61.7)	23	243
466	75.8	50	509	234	(61.2)	22	237
474	75.3	49	493	229	(60.7)	21	231
461	74.7	48	478	225	(60.2)	20	226
449	74.2	47	463	220	(69.7)	(19)	221
436	73.7	46	449	216	(59.1)	(18)	216
424	73.2	45	436	211	(58.6)	(17)	—
413	72.6	44	423	208	(68.1)	(16)	—
401	72.1	43	411	204	(57.6)	(15)	—
391	71.6	42	399	200	(57.1)	(14)	—
380	71.1	41	388	196	(56.5)	(13)	—
370	70.5	40	377	192	(56.0)	(12)	—
360	70.0	39	367	188	(55.5)	(11)	—
350	(69.5)	38	357	185	(55.0)	(10)	—

注：1. 本表摘自国家标准 GB 1172—1999 中所列的数据。

2. 表中带有括号"（ ）"的硬度值仅供参考。

四、实验内容

1. 布氏硬度测量

取正火态 45 钢和 T12 试样各一块，打出压痕，并从相互垂直的两个方向上测量压痕直径，取其平均值，求得 HB 值，将数据填入表 2-5 中。

表 2-5　布氏硬度实验结果

项目　　试样	实验规范				实验结果					换算成洛氏硬度	
	钢球直径 D/mm	载荷 F/N	F/D^2	保载时间 /s	第一次		第二次		平均值 HB	HRC	HRB
					压痕直径 d /mm	HB	压痕直径 d /mm	HB			

2. 洛氏硬度测量

取淬火态 45 钢和 T12 试样各一块，用洛氏硬度计测量硬度值，并将数据填入表 2-6 中。

表 2-6　洛氏硬度实验结果

项目　　试样	实验规范			实验结果				换算成布氏硬度 HB
	压头	主载荷 F/N	硬度标尺	第一次	第二次	第三次	平均值	

3. 维氏硬度测量

分别取正火态及淬火态 45 钢和 T12 试样各一块，打出压痕，并测量压痕的两个对角线长度，取其平均值，求得 HV 值，并将数据填入表 2-7 中。

表 2-7　维氏硬度实验结果

项目　　试样	实验规范			实验结果						平均值 HV
	压头	载荷 F/N	保载时间 /s	第一次		第二次		第三次		
				对角线长度 d/mm	HV	对角线长度 d/mm	HV	对角线长度 d/mm	HV	

五、实验报告要求

（1）写出实验目的。

（2）简述布氏、洛氏和维氏硬度的试验原理及应用范围。

（3）简述布氏、洛氏和维氏硬度的操作过程。

（4）将各试样的硬度测量结果填入上述各表中。

实验二 ➲ 材料的静拉伸实验

淬火、低温回火后的 45 钢具有良好的综合力学性能，能够达到的最高硬度约为 55HRC（538HB），σ_b 为 600～1100MPa，因而在中等强度水平的各种用途中，45 钢得到较为广泛的应用，除作为建筑材料外，还大量用于制造各种机械零件。

一、实验目的

（1）了解电子万能材料试验机的构造和工作原理，掌握其使用方法。

（2）掌握金属拉伸性能指标的测定方法，加深对拉伸性能指标物理意义的理解。

（3）观察 45 钢（淬火、低温回火）拉伸过程中的各种现象，分析力与变形之间的关系，并绘制拉伸图。

二、实验设备及材料

（1）电子万能实验机。

（2）45 钢标准拉伸试件。

（3）游标卡尺。

三、实验原理

材料的拉伸实验是在专用的实验机上进行的。实验机一般带有载荷传感器、位移传感器和自动记录装置，可把作用于试样上的载荷及所引起的伸长量自动记录下来，绘出载荷-伸长曲线，简称拉伸曲线。当前较先进的有电子拉伸实验机，如图 2-5 所示。该实验机配有专门的控制系统、测试软件及专用应变计，除可得到载荷-拉伸曲线外，还可直接绘出应力-应变曲线。

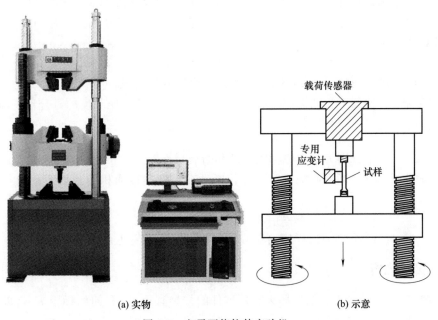

(a) 实物　　　　　　　　　(b) 示意

图 2-5　电子万能拉伸实验机

为了便于比较分析不同材料的实验结果，实验时按国家标准将材料加工成标准圆试件或标准板试件。按国家标准规定（GB 228—2010），对圆试件，$L_0/d_0=10$ 或 5，其中 L_0 为初始标距，d_0 为初始直径；对板试件，$L_0/\sqrt{A_0}=13.3$ 或 5.65，其中 A_0 为板试件的初始横截面面积。试件两端夹持部分的形状和尺寸应根据试验机的夹头要求确定。图 2-6 为圆形截面拉伸试件，两头夹持部分的长度至少应为楔形夹具长度的 3/4。

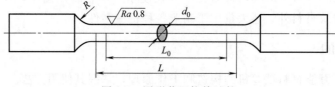

图 2-6　圆形截面拉伸试件

同低碳钢一样，45 钢（淬火、低温回火）在拉伸时也具有四个阶段，即弹性阶段、屈服阶段、强化阶段和颈缩断裂阶段。

① 弹性阶段。这一阶段试样发生完全弹性变形，当载荷完全卸除后，试样即恢复原样。

② 屈服阶段。这一阶段试样明显增长，但载荷增量较小并出现上下波动。如果忽略这种微小波动的载荷，屈服阶段在"力-延伸曲线"上可以用水平线段表示。

③ 强化阶段。由于材料在塑性变形过程中发生加工硬化，这一阶段试样在继续拉长的过程中，抗力也在不断增加，表现为曲线非比例上升。

④ 颈缩断裂阶段。试样伸长到一定程度后，载荷读数开始下降，此时可以看到试样某一部位的横截面面积显著收缩，出现颈缩现象，直至试样断裂。

45 钢（淬火、低温回火）材料拉伸过程中涉及的各性能指标物理意义如下。

① 屈服强度 σ_s。淬火、低温回火的 45 钢没有明显的物理屈服现象，应测量其屈服强度 $\sigma_{0.2}$，即为试验在拉伸过程中标距部分残余伸长达原长度 0.2% 的应力。其应力为

$$\sigma_{0.2}=F_{0.2}/A_0 \tag{2-8}$$

式中，$F_{0.2}$ 为标距部分残余伸长达原长度 0.2% 时的载荷；A_0 为试样原始横截面积。

② 抗拉强度 σ_b。将试样加载至断裂，由断裂前的最大载荷所对应的应力即为抗拉强度。其应力计算公式为

$$\sigma_b=F_b/A_0 \tag{2-9}$$

式中，F_b 为断裂前的最大载荷；A_0 为试样原始横截面积。

③ 伸长率 δ。伸长率为试样拉断后标距长度的增量与原标距长度的百分比，即

$$\delta=[(L_1-L_0)/L_0]\times100\% \tag{2-10}$$

式中，L_0 与 L_1 分别为试样原标距长度和断裂后标距间的长度。

④ 断面收缩率 ϕ。断面收缩率为试样拉断后缩颈处横截面积的最大缩减量与原横截面积的百分比，即

$$\phi=[(A_0-A_1)/A_0]\times100\% \tag{2-11}$$

式中，A_0 与 A_1 分别为试样原始横截面积和断裂后缩颈处的最小横截面积。

四、实验内容

（1）测定 45 钢（淬火、低温回火态）试件的初始直径 d_0 和初始标距 L_0，以及试样断裂后的最小直径 d_1 和标距长度 L_1，并将测量数据记录于表 2-8 和表 2-9 中。

表 2-8　实验前试样尺寸

材料	热处理状态	初始标距 L_0/mm	初始直径 d_0/mm				初始横截面积 A_0/mm^2
			截面 1	截面 2	截面 3	平均值	
45 钢							

表 2-9　实验后试样尺寸

断裂后标距长度 L_1/mm	断口(颈缩)处最小直径 d_1/mm				断口处最小横截面积 A_1/mm^2
	截面 1	截面 2	截面 3	平均值	

（2）在实验过程中，注意观察 45 钢（淬火、低温回火态）材料的屈服、强化、卸载规律、颈缩和断裂等各种现象，分析力与变形之间的关系，并绘制拉伸曲线图。

（3）根据测得的实验数据，计算 45 钢（淬火、低温回火态）材料的强度指标和塑性指标。

五、实验报告要求

（1）写出实验目的。

（2）简要说明 45 钢（淬火、低温回火态）拉伸图大致分为几个阶段，以及各阶段的主要特征。

（3）计算 45 钢（淬火、低温回火态）材料的强度指标和塑性指标，并绘制拉伸曲线图。

（4）分析讨论 45 钢（淬火、低温回火态）材料破坏情况及原因。

实验三 ➲ 铁碳合金的压缩

压缩实验是测定材料在轴向静压力作用下的力学性能的实验，是材料力学性能实验的基本方法之一。压缩实验主要适用于脆性材料，如铸铁、轴承合金和建筑材料等。对于塑性材料，无法测出压缩强度极限，但可以测量出弹性模量、比例极限和屈服强度等。

一、实验目的

（1）测定压缩时低碳钢的屈服极限 σ_s 和铸铁的强度极限 σ_b。

（2）观察并比较低碳钢和铸铁压缩时的变形和破坏现象。

二、实验设备及材料

（1）电子万能实验机。

（2）游标卡尺。

（3）低碳钢和铸铁压缩试件。

三、实验原理

压缩实验是在压力实验机上进行的。低碳钢和铸铁等金属材料的压缩试样一般制成圆柱形，高 h_0 与直径 d_0 之比在 1～3 的范围内。目前常用的压缩实验方法是两端平压法。当试样受压时，其上下两端面与实验机支承垫板之间会产生很大的摩擦力，使试样两端的横向变形受到阻碍，导致测得的抗压强度较实际偏高，且压缩后试样呈鼓形。摩擦力的存在会影响试样的抗压能力甚至破坏形式。为了尽量减小摩擦力的影响，实验时试样两端必须保证平行，并与轴线垂直，使试样受轴线压力；同时两端面应保证较高的光洁度。

1. 低碳钢

以低碳钢为代表的塑性材料在进行轴向压缩时同样存在弹性极限、比例极限和屈服极限，而且数值和拉伸所得的相应数值差不多，但并不像拉伸那样具有明显的屈服阶段。因此，要仔细观察才能确定屈服载荷 P_s。在缓慢均匀加载下，测力指针等速转动，当材料发生屈服时，测力指针的转动将出现减慢，这时所对应的载荷即为屈服载荷 P_s。由于指针转动速度的减慢不十分明显，故还要结合自动绘图装置上绘出的压缩曲线中的拐点来判断和确定 P_s。

图 2-7 所示为低碳钢的压缩图（P-ΔL 曲线）。超过屈服之后，低碳钢试样由原来的圆柱形被逐渐压成鼓形，即如图 2-8 所示。继续不断施加载荷后，试样将愈压愈扁，但总不破坏。横截面增大时，其实际应力不随外载荷增加而增加，故不可能得到最大载荷 P_b，即不能得到强度极限，所以在实验中是以变形来控制加载的。因此，一般不测塑性材料的抗压强度，而通常认为抗压强度等于抗拉强度。

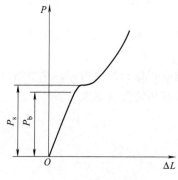

图 2-7 低碳钢压缩曲线

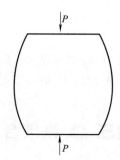

图 2-8 低碳钢变形示意图

2. 铸铁

以铸铁为代表的脆性金属材料，压缩实验时可利用实验机的自动绘图装置，绘出铸铁试样的压缩曲线（P-ΔL 曲线），如图 2-9 所示。由于铸铁试样轴向压缩塑性变形很小，所以尽管端面有摩擦，膨胀效应却并不明显，在达到最大载荷 P_b 前试样被压成鼓形而断裂，此时实验机测力指针迅速倒退，可直接从指针处读取最大载荷 P_b 值，断裂面与试样轴线大约成 $45°\sim55°$ 方向，如图 2-10 所示。这是由于脆性材料的抗剪强度低于抗压强度，从而使试样被剪断。

铸铁试样的断裂有两个特点：①试样断口为斜断口。铸铁压缩时沿斜截面断裂，其主要

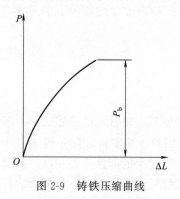

图 2-9 铸铁压缩曲线

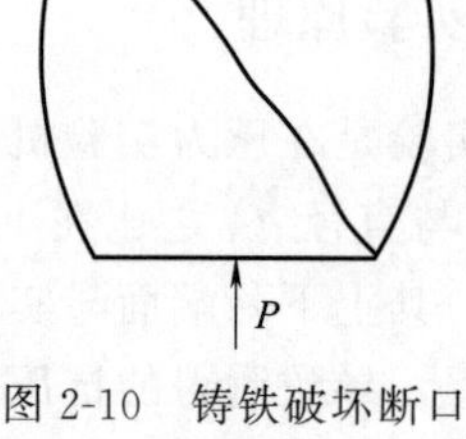

图 2-10 铸铁破坏断口

原因是由剪应力引起的。若测量铸铁受压试样斜断口倾角 α，则可发现它略大于 $45°$，且不是最大剪应力所在截面，这是由于试样两端存在摩擦力造成的。②根据 P_b/A_0 求得的 σ_b 远比拉伸时的大，大致是拉伸时的 $3\sim4$ 倍。这是由于材料本身情况（内因）和受力状态（外因）不同，导致灰铸铁材料的抗拉和抗压能力相差较大。

四、实验内容

（1）用游标卡尺在试样高度中央取一处予以测量，沿两个互相垂直的方向各测一次取其算术平均值作为 d_0 来计算截面面积 A_0，用游标卡尺测量试样的高度 L，并将测量结果记录于表 2-10 中。

表 2-10　压缩前试样尺寸

材料	直径 d_0/mm			高度 L/mm	L/d_0	截面面积 A_0 /mm^2
	1	2	平均值			
低碳钢						
铸钢						

（2）低碳钢压缩时，缓慢而均匀地加载，注意观察测力指针的转动情况和绘图纸上曲线，以便及时而正确地确定屈服载荷 P_s，并记录之，根据下式计算出屈服极限 σ_s

$$\sigma_s = P_s/A_0 \tag{2-12}$$

（3）对于铸铁试样，缓慢而均匀地加载，同时使用自动绘图装置绘出 P-ΔL 曲线，直到试件破裂为止，记下破坏载荷 P_b，并根据公式（2-13）计算出强度极限 σ_b

$$\sigma_b = P_b/A_0 \tag{2-13}$$

（4）观察低碳钢和铸铁试样压缩时的变形和破坏现象，并进行比较。

五、实验报告要求

（1）写出实验目的。
（2）分别绘出低碳钢和铸铁的载荷-位移压缩曲线。
（3）根据实验记录及压缩曲线，分别计算压缩时低碳钢的屈服极限 σ_s 和铸铁强度极限 σ_b。
（4）观察铸铁试样的破坏断口，并分析其破坏原因。
（5）试比较塑性材料和脆性材料在压缩时的变形及破坏形式的差异。

实验四 ⊙ 铸铁弯曲实验

弯曲实验测定材料承受弯曲载荷时的力学特性，是材料力学性能实验的基本方法之一。弯曲实验主要用于测定脆性和低塑性材料（如铸铁、高碳钢和工具钢等）的抗弯强度并能反映塑性指标的挠度，也可用来检查材料的表面质量。

一、实验目的

（1）采用三点弯曲对矩形横截面铸铁试件施加弯曲力，测定其弯曲力学性能。
（2）学习并掌握万能实验机的使用方法及工作原理。

二、实验设备及材料

（1）电子万能实验机。

（2）游标卡尺。

（3）矩形截面铸铁试件。

三、实验原理

弯曲实验是在万能材料机上进行的，有三点弯曲和四点弯曲两种施加载荷方式，这里采用三点弯曲施加载荷，如图 2-11 所示。其中 F 为所施加的弯曲力，L_s 为跨距，f 为挠度，M 为弯矩。弯曲实验所用试样形状简单，操作方便。试样的截面有圆形和矩形，实验时的跨距一般为直径的 10 倍。对试样的形状、尺寸和加工的技术要求参见国家标准 GB/T 232—2010。

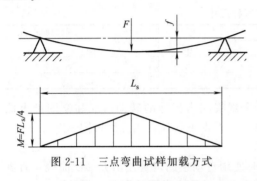

图 2-11　三点弯曲试样加载方式

弯曲实验可以用试样弯曲的挠度显示材料的塑性，这样可以有效地测定脆性材料或低塑性材料的塑性。通常用弯曲试件的最大挠度 f_{max} 表示材料的变形性能。实验时，在试件跨距的中心测定挠度，绘成弯曲力-挠度曲线，称为弯曲曲线（见图 2-12）。弯曲曲线又称 F-f 曲线，它是将载荷 F 作为纵坐标，试样的挠度 f 作为横坐标，表示载荷与试样中心线偏离原始位置的关系。

对于高塑性材料，弯曲实验不能使试件发生断裂，其曲线的最后部分可延伸很长，因此，弯曲实验难以测得塑性材料的强度，而且实验结果的分析也很复杂，故塑性材料的力学性能由拉伸实验测定，而不采用弯曲实验。

对于脆性材料，可根据弯曲曲线求得抗弯强度，即

$$\sigma_{bb} = M/W \qquad (2\text{-}14)$$

式中，σ_{bb} 为抗弯强度，即最大弯曲应力；M 为最大弯矩，采用三点弯曲时，$M = F_{bb}L_s/4$，F_{bb} 为最大弯曲力，L_s 为跨距；W 为试样抗弯截面系数，对于宽度为 b、高度为 h 的矩形试样，$W = bh^2/6$。

弯曲实验还可以测定弯曲弹性模量和断裂挠度 f_b 等力学性能。在弯曲曲线上可直接读取断裂挠度 f_b 以及弹性直线段的弯曲力增量 ΔF 和相应的挠度增量 Δf，按下式计算弯曲弹性模量

$$E = \frac{L_s^3}{48I} \times \frac{\Delta F}{\Delta f} \qquad (2\text{-}15)$$

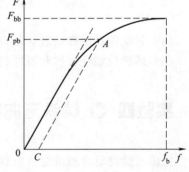

图 2-12　弯曲曲线（F-f 曲线）

式中，I 为试样截面对中性轴的惯性矩，$I = bh^3/12$。

四、实验内容

（1）用游标卡尺在矩形横截面试件跨距的两端和中间处分别测量其高度和宽度，取用三处宽度测量值的算术平均值和三处高度测量值的算术平均值，作为试件的宽度和高度，将测量结果记录下来。

（2）实验时将试样加载，使其弯曲到一定程度，观察试样表面有无裂缝。

（3）通过配套软件自动记录弯曲力-挠度曲线，记录下最大弯曲力 F_{bb} 和最大挠度 f_b 等

数据。

（4）根据公式计算材料的弯曲弹性模量 E_b 和抗弯强度 σ_{bb}。

五、实验报告要求

（1）写出实验目的。

（2）绘制材料的弯曲力-挠度曲线（F-f 曲线）。

（3）计算材料的弯曲弹性模量 E_b 和最大弯曲应力 σ_{bb}。

实验五 ➡ 材料的冲击实验

为了评定材料承受冲击载荷的能力，揭示材料在冲击载荷下的力学行为，需要进行冲击实验。

一、实验目的

（1）了解冲击实验的基本原理。

（2）掌握低碳钢和铸铁冲击韧度的测量方法。

（3）观察低碳钢和铸铁的冲击断裂宏观形貌特征。

二、实验设备及材料

（1）冲击实验机。

（2）游标卡尺。

（3）低碳钢和灰铸铁冲击试件。

三、实验原理

在冲击载荷作用下，材料产生塑性变形和断裂过程吸收能量的能力，定义为材料的冲击韧性。通过实验条件测定材料的冲击韧性时，是把材料制成标准试样，置于专用冲击实验机上进行冲击，并用冲断试样断口处单位面积吸收的冲击功来衡量。

按照国家标准 GB/T 229—2007《金属材料　夏比摆锤冲击试验方法》，金属冲击实验所采用的标准冲击试样为 10mm×10mm×55mm 并开有 2mm 或 5mm 深的 U 形缺口的冲击试样（图 2-13）以及 45°张角 2mm 深的 V 形缺口冲击试样（图 2-14）。如材料不能制成标准试样，则可采用宽度为 7.5mm 或 5mm 等的小尺寸试样，其他尺寸与相应缺口的标准试样相同，缺口应开在试样的窄面上。加工缺口试样时，应严格控制其形状、尺寸精度以及表面粗糙度。试样缺口底部应光滑、无与缺口轴线平行的明显划痕。试样的制备也应避免由于加

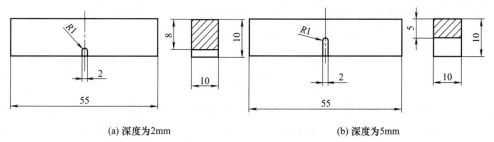

(a) 深度为2mm　　　　　　　　　(b) 深度为5mm

图 2-13　夏比 U 形冲击试样

工硬化或过热而影响其冲击性能。

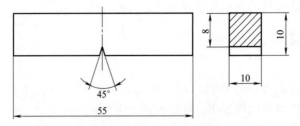

图 2-14　夏比 V 形冲击试样

冲击实验主要用来测定材料的冲击韧性，其利用的是能量守恒原理，即冲击试样消耗的能量是摆锤实验前后的势能差。实验时，把试样放在图 2-15 的支座 B 处，将摆锤举至高度为 H 的 A 处自由落下，将试样冲断。

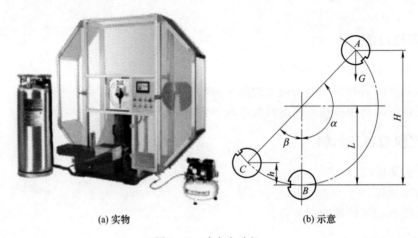

(a) 实物　　　　　　　(b) 示意

图 2-15　冲击实验机

摆锤在 A 处所具有的势能为

$$E = GH = GL(1-\cos\alpha) \tag{2-16}$$

冲断试样后，摆锤在 C 处所具有的势能为

$$E_1 = Gh = GL(1-\cos\beta) \tag{2-17}$$

势能之差 $E-E_1$，即为冲断试样所消耗的冲击功 U_k

$$U_k = E - E_1 = GL(\cos\beta - \cos\alpha) \tag{2-18}$$

式中，G 为摆锤重力，N；L 为摆长（摆轴到摆锤重心的距离），mm；α 为冲断试样前摆锤扬起的最大角度；β 为冲断试样后摆锤扬起的最大角度。

在设计冲击实验时，α 一般设计成固定值，同时为适应不同冲击能量的需要，一般冲击实验机需配备多种不同重量的摆锤。β 值则随材料抗冲击能力的不同而变化。

冲击韧性是指带缺口试件断口单位面积所消耗的能量，即

$$\alpha_k = \frac{U_k}{A} \tag{2-19}$$

式中，α_k 为材料的冲击韧性，J/mm^2；A 为实验前试样断口处的最小截面积，mm^2。

冲击韧性是反映材料抵抗冲击载荷的综合性能指标，α_k 值越大，表示材料抵抗冲击载荷能力越好。冲击韧性随着试样的绝对尺寸、缺口形状、实验温度等的变化而不同。常温冲

击实验一般在 10~35℃的温度下进行，温度不在这个范围时，应标明实验温度。

四、实验内容

（1）测量试样的几何尺寸及缺口处的横截面尺寸。

（2）初步估算材料的冲击韧性值，选择实验机冲击能量范围。

（3）摆锤停摆后从刻度盘上读取冲断试样所消耗的能量 U_k。每种材料需作三次以上，取其算术平均值，作为计算 α_k 的依据。

（4）观察两种材料冲击断裂后断口的宏观形貌，并绘制草图。

（5）比较两种材料的抗冲击能力，确定韧脆性。

五、实验报告要求

（1）写出实验目的。

（2）简述冲击试样要有缺口的原因。

（3）对实验数据进行记录与处理，填入表 2-11 中。

（4）比较低碳钢和灰铸铁两种材料的冲击韧度，绘出两种材料的宏观断口形貌，并指出各自的特征。

表 2-11　数据记录与处理

材料	试样缺口处的横截面尺寸			试样所吸收的能量 U_k/J	冲击韧度 α_k /J·mm^{-2}
	宽度/mm	高度/mm	截面面积/mm^2		
低碳钢					
铸铁					

实验六 ▷ U75V 钢轨摩擦磨损实验

为满足新运输形势下的需要，国内铁路正向着高速与重载方向快速发展。但列车行驶速度的提高，重载的增大，这势必导致钢轨损伤加剧，因此许多关键技术问题尚待解决，其中钢轨的摩擦磨损就是铁路运输中复杂的技术问题之一。

一、实验目的

（1）掌握摩擦磨损实验机的工作原理和使用方法。

（2）掌握磨损量和摩擦系数的测定方法。

（3）了解载荷、磨损时间和转速对 U75V 钢轨摩擦磨损性能的影响。

二、实验设备及材料

（1）M-2000 型磨损实验机。

（2）电子天平。

（3）超声波清洗仪。

（4）吹风机。

（5）无水乙醇。

（6）U75V 钢轨若干（尺寸为 30mm×7mm×7mm）。

三、实验原理

摩擦磨损实验是测定材料在一定摩擦条件下抵抗磨损能力的一种实验方法，通过这种实验可以比较材料的耐磨性优劣。与其他实验相比，磨损实验受载荷、运动速度、温度、周围介质、工件表面质量、润滑剂和偶合材料等因素的影响更大。因此，实验条件应尽可能与实际条件一致，才能保证实验结果的可靠性。

1. 磨损实验原理

磨损实验是在试样与对磨材料之间加上中间物质，使其在一定的负荷下按一定的速度作相对运动，如图 2-16 所示，然后在一定的时间或摩擦距离后测量其磨损量。所以，一台磨损实验机应包括试样、对磨材料、中间材料、加载系统、运动系统和测量设备。

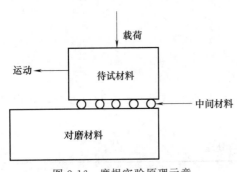

图 2-16　磨损实验原理示意

加载方式大多采用压缩弹簧或杠杆系统。运动方式有滑动、滚动及滑动＋滚动。试样形状、表面状态和工作环境则根据相关国家标准或实际工况而定。中间材料既可以是固体（如磨料），也可以是液体（如润滑油）或气体（空气等）。对磨材料既可以与试样材料相同，也可以不同，应按实验目的而定。

2. 摩擦磨损实验设备

实验室用的摩擦磨损实验机的原理如图 2-17 所示。

图 2-17（a）所示为杆盘式磨损实验机实物，是将试样加上载荷压紧在旋转的圆盘上，试样既可在圆盘半径方向往复运动，也可以是静止的。

图 2-17（b）所示为杆筒式磨损实验机磨损原理，采用杆状试样紧压在旋转圆筒上进行实验。本实验机可做各种金属材料及非金属材料（尼龙、塑料等）在滑动摩擦、滚动摩擦、滚滑复合摩擦和间歇接触摩擦等多种状态下的耐磨性能实验，用于评定材料的摩擦机理和测定材料的摩擦系数。并可模拟各种材料在干摩擦、湿摩擦、磨料磨损等不同工况下摩擦磨损实验。该机采用计算机控制系统，可实时显示实验力、摩擦力矩、摩擦系数、实验时间等参数，并可记录实验过程中摩擦系数-时间曲线。由于该机功能多，结构简单可靠，使用方便，有多个标准实验方法建立在该机型上，且在国外使用较多，所以在国内摩擦学研究领域也有

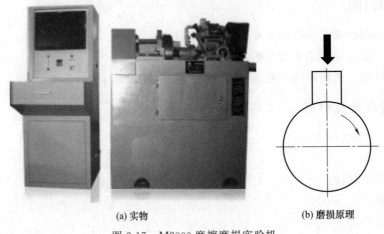

(a) 实物　　　　　　　　　　(b) 磨损原理

图 2-17　M2000 摩擦磨损实验机

非常广泛的应用。

3. 耐磨性能评定方法

材料耐磨性的评定,关键是磨损试样中磨损量的测定。磨损量的测量常采用称重法,即采用精密分析天平称量试样实验前后的质量变化来确定磨损量。注意,在实验前试样需要预磨一段时间。试样在磨损前后必须严格进行去油污,烘干后再进行称量,否则残余油污会影响实验数据的准确性。

磨损量 M 可用下式表示

$$M = M_0 - M_1 \qquad\qquad (2\text{-}20)$$

式中,M_0 为试样实验前的质量;M_1 为试样实验后的质量。

在相同条件下磨损量越小,材料的耐磨性越高。为了与习惯的概念一致,常用磨损量的倒数来表征材料的耐磨性。

由于磨损实验结果很分散,所以试样数量要充足,一般需有 4～5 对摩擦副,按实验数据的平均值处理,分散度大时按均方根值处理数据。根据数据作出该材料在一定时间内的磨损量-压力关系曲线或在一定压力下的磨损量-时间关系曲线。

四、实验内容

① 全班分成三组,每组三个试样,三组实验结果数据共用,按表 2-12 所列实验条件进行 U75V 钢轨摩擦磨损实验,分别讨论载荷、转速和磨损时间对钢轨摩擦磨损性能的影响。

② 测定实验前后的试样质量,数据必须测三次以上,取其算术平均值,同时记录实验结束后的摩擦系数,并将数据填入表中。

③ 在相同实验条件下,对试样在不同时间下的摩擦系数进行记录,并对数据进行处理和分析。

表 2-12 实验数据记录表

测试内容	试样编号	转速/(r/min)	载荷/N	磨损时间/min	实验前试样质量/g	实验后试样质量/g	磨损量/g	摩擦系数
载荷的影响	1							
	2							
	3							
转速的影响	4							
	5							
	6							
磨损时间的影响	7							
	8							
	9							

五、实验报告要求

(1)写出实验目的。

(2)简述在实验前试样需预磨一定时间的原因。

(3)根据实验数据,绘制出不同实验条件下的摩擦系数-时间变化曲线。

(4)分析和讨论载荷、转速和磨损时间对 U75V 钢轨材料摩擦磨损性能的影响,并将实验数据填入表 2-12 中。

实验七 ➡ 金属材料扭转实验

扭转问题是工程中经常遇到的一类问题。金属材料的室温扭转实验通过对试样（低碳钢和铸铁）施加扭矩，测量扭矩及其相应的扭角（一般扭至断裂），来测定材料的扭转力学性能指标。国家标准 GB/T 10128—2007《金属材料室温扭转实验方法》是本实验的参考。

一、实验目的

（1）了解 GB/T 10128—2007《金属材料室温扭转实验方法》所规定的定义和符号、试样、实验要求、性能测试方法。
（2）了解扭转实验机的基本构造和工作原理，掌握其使用方法。
（3）测定金属材料扭转时的上下屈服强度、抗扭强度和响应的扭角。
（4）比较不同材料在扭转时的力学性能及其破坏情况。

二、实验设备

扭转实验机（图 2-18）、游标卡尺，扭转试样采用圆柱形试样，材料为低碳钢和铸铁。

(a) 宏观图　　　　　　　　　　　　　　(b) 装夹夹具

图 2-18　扭转实验机

三、实验原理

使直杆发生扭转的外力，是一对大小相等、转向相反、作用面垂直于杆轴线的外力偶。在这种外力偶作用下，杆表面的纵向线将变成螺旋线，即发生扭转变形。当发生扭转的杆是等直圆柱时，杆的物理性能和横截面几何形状具有对称性，杆的变形满足平面假设（横截面像刚性平面一样绕轴线转动，这是最简单的扭转问题）。表 2-13 列出了扭转破坏试样常用的几种指标的符号、名称和单位。

表 2-13　扭转实验中常见符号、名称及单位

符号	名称	单位	符号	名称	单位
L_e	扭转计标距	mm	τ_p	规定非比例扭转强度	MPa
T	扭矩	N·mm	τ_{eH}	上屈服强度	MPa
ϕ_{max}	最大非比例扭角	(°)	τ_{eL}	下屈服强度	MPa
I_p	极惯性矩	mm⁴	τ_m	抗扭强度	MPa
W	截面系数	mm³	γ_{max}	最大非比例切应变	%

1. 规定非比例扭转强度的测定

图解法：根据实验机自动记录的扭矩-扭角曲线，在曲线上延长弹性直线段交扭角轴于 O 点，截取 OC（$OC = 2L_e\gamma_p/d$）段，过 C 点作弹性直线段的平行线 CA 交曲线于 A 点，A 点对应的扭矩为所求扭矩 T_p，如图 2-19 所示。按公式 $\tau_p = T_p/W$ 求得。

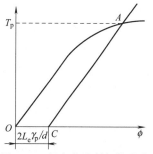

图 2-19 规定非比例扭转强度

2. 上屈服强度（τ_{eH}）和下屈服强度（τ_{eL}）的测定

图解法：实验时用自动记录方法记录扭转曲线（扭矩-扭角曲线和扭矩-夹头转角曲线）。首次下降前的最大扭矩为上屈服扭矩；屈服阶段中不计初始瞬间时效应的最小扭矩为下屈服扭矩，如图 2-20 所示。按公式 $\tau_{eH} = T_{eH}/W$ 和 $\tau_{eL} = T_{eL}/W$ 求得。

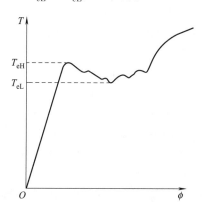
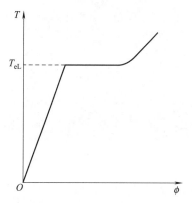

图 2-20 上、下屈服强度

3. 抗扭强度（τ_m）的测定

对试样连续施加扭矩，直至扭断。从记录的扭转曲线（扭矩-扭角曲线或扭矩-夹头转角曲线）上读出试样扭断前所承受的最大扭矩，如图 2-21 所示。按公式 $\tau_m = T_m/W$ 计算求得。

4. 最大非比例切应变（γ_{max}）的测定

实验时对试样连续施加扭矩，记录扭矩-扭角曲线，直至扭断。过断裂点 K 作曲线的弹性直线段的平行线 KJ 交扭角轴于 J 点，OJ 即为最大非比例扭角，如图 2-21 所示，按公式 $\gamma_{max}(\%) = (\phi_{max}d/2L_e) \times 100\%$ 计算最大非比例切应变。

图 2-21 抗扭强度

5. 测得性能数值的修约

实验结果数值按照表 2-14 的要求进行修约。

表 2-14 性能结果的修约间隔

扭转性能	范围	修约间隔
τ	≤200MPa	1MPa
	>200～1000MPa	5MPa
	>1000MPa	10MPa
γ	—	0.5%

6. 断口分析

在线弹性范围内，等直圆杆扭转时横截面上任一点处的剪应力为 $\tau_\rho = T_\rho/I_\rho$，可见，当

ρ 等于横截面半径 r 时，即横截面周边上的各点处，剪应力将达到其最大值 τ_{max}，$\tau_{max}=T_r/I_\rho$。而在纯剪切应力状态下，杆件表面任意截面上的正应力和剪应力分别为：$\sigma_\alpha=-\tau_{max}\sin2\alpha$ 和 $\tau_\alpha=-\tau_{max}\cos2\alpha$。在 $\alpha=0°$ 和 $90°$ 两个面上的剪应力绝对值最大，均等于 τ_{max}，而在 $\alpha=-45°$ 和 $45°$ 两个斜截面上的正应力分别为最大、最小值，绝对值均等于 τ_{max}，分别为拉应力和压应力。

上述应力分析所得结果可从圆杆在扭转实验中的破坏现象得到验证。对于抗剪切强度低于抗拉强度的材料（低碳钢），破坏首先是从杆的最外层沿截面发生剪断而产生的。对于抗拉强度低于抗剪切强度的材料（铸铁），破坏首先是在杆的最外层沿着与杆轴线约成 $45°$ 倾角的螺旋形曲面发生拉断而产生的，如图 2-22 所示。

图 2-22　断口分析

四、实验步骤

1. 试样的测量

圆柱形试样应在标距两端及中间处两个相互垂直的方向上各测一次直径，并取其算术平均值中的最小值计算试样的截面系数。

2. 实验机的准备

选择实验机的加载范围，熟悉测力刻度盘。打开实验机的启动开关，打开控制软件，设定实验参数，扭矩、扭角调零。根据试样长度调整夹头位置，保证试样两端夹持充分。试样夹紧后取下夹头上配备的加力扳手，置于适当位置。用记号笔在试样上沿轴线画一条直线，能够直观地观察到试样的变形情况。

3. 加载

开机缓慢加载，注意观察试样、测力计和记录纸，记录主要数据，在低碳钢扭转时，有屈服现象，记录测力盘指针摆动的最小扭矩为屈服扭矩 T_s，直至实验结束记录最大扭矩 T_{max}。铸铁在扭转时无屈服现象，直至实验结束记录最大扭矩 T_{max}。

4. 保持、整理实验数据

实验完毕后，取下试样，注意观察试样破坏断口的形貌。保存好实验得到的相关数据和扭转曲线图，并按照实验报告的要求提取实验结果。

5. 整理实验现场

将断裂试样放到指定位置，清理实验台，将工具放回原来位置。

五、实验报告要求

（1）绘制断口示意图并分析破坏原因。
（2）根据原始数据，计算低碳钢的剪切屈服强度极限、剪切强度极限和铸铁剪切强度极限。
（3）简述低碳钢剪切强度测试原理及过程。
（4）分析铸铁压缩破坏和扭转破坏断口形貌。

实验八 ◎ 差热分析实验

物质在加热或冷却过程中，往往会发生熔化、凝固、晶型转变、分解、化合、吸附和脱附等物理化学变化，并伴有焓值变化，因而产生热效应，具体表现为试样与外界环境之间产生温度差。差热分析（Differential Thermal Analysis，简称 DTA）就是通过测量温差来确定物质的物理化学性质的一种热分析方法，广泛应用于硅酸盐、陶瓷、矿物金属、航天耐温材料等领域。

一、实验目的

（1）掌握差热分析工作原理和定性解释差热图谱。
（2）用差热分析仪测定和绘制 $CuSO_4 \cdot 5H_2O$ 等样品的差热图。

二、实验设备及材料

（1）差热分析仪。
（2）样品：$CuSO_4 \cdot 5H_2O$。
（3）镊子。
（4）参比物：Al_2O_3。

三、实验原理

1. 差热分析的工作原理

DTA 的工作原理就是在程序温度控制下，将试样与参比物在相同条件下加热或冷却，通过热偶电极连续测定试样与参比物间的温度差，以时间为横坐标，从而得到差热曲线，通过对其分析处理获取所需信息。

参比物要求在整个实验温度范围内不发生任何物理化学变化，没有任何热效应，其热导率和比热容等物理参数尽可能与试样相同，故也称为惰性物质（标准物质或中性物质）。

差热分析仪主要由加热炉、样品座、测温热电偶、差热信号放大器和温度显示仪等组成。差热分析仪的装置原理如图 2-23 所示。

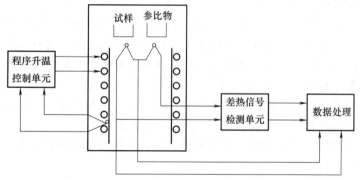

图 2-23 差热分析仪的装置原理

在进行 DTA 测试时，将样品和参比物分别放于加热炉内，两只热电偶的热端分别置于样品和参比物中，将热电偶上两相同极连接在一起，另外两个相同极接于检流计上。当试样加热过程中无热效应时，两热电偶所处的温度相同，差热电偶的冷端输出的差热电势为零；如果试样加热过程中产生热效应时，两热电偶所处的温度便不相同，则输出相应的差热电势。通过检流计是否偏转来检测差热电势的正负，从而推断该热效应是吸热还是放热。如果在插入参比物热电偶的冷端连接温度显示仪表，便可知道试样产生热效应时所对应的温度。

图 2-24 所示为理想条件下的差热分析曲线。如果参比物和样品的热导率和比热容大致

相同，且试样加热过程中又无热效应，则两者的温差为零，此时得到如图 2-24 中 *ab*、*de* 和 *gh* 段所示的平滑直线，这些直线称为基线。如果试样加热过程中产生热效应，在差热分析曲线上就会出现如 *bcd* 和 *efg* 段的峰。一般规定，峰顶向上的峰为放热峰，此时试样的焓变小于零，其温度高于参比物；而峰顶向下的峰为吸热峰，此时试样的温度低于参比物。

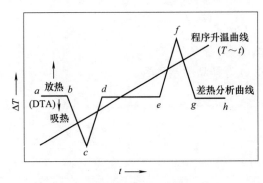

图 2-24　理想条件下的差热分析曲线

差热曲线中峰的数目、位置、方向、高度、宽度和面积等均能表达出一定的信息。峰的数目表示在测温范围内试样产生热效应的次数；峰的位置表示试样产生热效应时所对应的温度；峰的方向则表示该热效应是吸热还是放热；峰的面积表示该热效应的大小等等。因此，利用差热曲线的这些数据，可以对试样进行定性、定量分析。

差热分析曲线的峰（或谷）面积的大小与热效应的大小有着直接的联系，Speil 指出峰面积与相应过程的焓变成正比，即

$$A = \int_{t_1}^{t_2} \Delta T \mathrm{d}t = \frac{m \Delta H}{g \lambda} = K(m \Delta H) = K Q_{\mathrm{p}} \tag{2-21}$$

式中，A 为差热曲线上的峰面积，可用图解积分法计算求得；m 为样品的质量；t_1、t_2 为峰的起始时刻和终止时刻；K 为系数。在 A 和 K 值已知后，即能求得待测物质的热效应 Q_{p} 和焓变 ΔH。

在实际测定过程中，由于样品与参比物间往往存在着比热容、热导率、粒度及装填均匀性等方面的差异，以及样品在该过程中可能出现收缩或膨胀，这些均会导致差热曲线发生偏移，其基线与时间轴不平行，峰的前后基线也不在一条直线上，差热峰可能较为平坦，使各转折点不明显，这时可通过作切线的方法来确定其转折点，从而确定峰的面积。

2. 差热分析的影响因素

影响差热分析的因素主要包括升温速率、试样的粒度和用量以及试样装填的均匀性等。

（1）升温速率　升温速率是差热分析中一个重要的参数指标，它直接影响 DTA 曲线的形状和特征。一般升温速率增大，热峰（或谷）变得尖而窄，形态拉长，反应出现的温度滞后。升温速率一般不超过 $10 \, ℃/\mathrm{min}$。

（2）试样的粒度和用量　试样的粒度对 DTA 曲线有直接影响。一般来说，试样的粒度越大，热峰产生的温度越高，范围越宽，峰形趋于扁而宽。

一般来说，用少量试样可得到较为明显的热峰。试样用量通常控制在 $0.2\mathrm{g}$ 左右，可以获得较好的灵敏度。

（3）试样装填的均匀性　装样的均匀性程度对 DTA 曲线也有一定的影响。试样在坩埚中应装得尽量薄而均匀。

四、实验内容及步骤

（1）用坩埚装填好待测样品和参比物，小心振动坩埚，使其中物质自然堆积紧密，并尽量使堆积紧密程度相同。

（2）开启计算机，设定量程、升温范围、升温速率、样品名称、样品质量等参数，启动数据记录软件，开始加热。

（3）记录升温曲线和差热曲线（表 2-15），待图中出现 3 个脱水峰后，温度曲线趋于平

稳，停止实验。

（4）采集数据，利用 Origin 画出 DTA 图，并标出热效应的起始和终止温度。

（5）对差热分析曲线作初步解谱。

表 2-15　数据记录

编号	起始温度/℃	终止温度/℃	升温速率/(℃/min)	保温时间/min
1				
2				
3				

五、实验报告要求

（1）写出实验目的。

（2）简述差热峰的方向与样品吸放热的关系。

（3）数据采集后，用 Origin 绘制以 ΔT 对 t 表示的差热分析曲线。

（4）根据差热分析曲线，判断各反应是吸热反应还是放热反应，以及找出各峰的起止温度、峰温度和热量值。

实验九 ⊜ 热重分析实验

热重分析法（Thermogravimetric Analysis，简称 TG 或 TGA）是在程序控制温度下，测量物质的质量随温度（或时间）变化关系的一种热分析技术，用来研究材料的热稳定性和组分。TG 在研发和质量控制方面都是比较常用的检测手段，广泛应用于塑料、涂料、橡胶、催化剂、药品、无机材料与金属材料等各领域的研究开发、工艺优化及质量监控。

一、实验目的

（1）了解热重分析的基本原理。

（2）测定 $CuSO_4 \cdot 5H_2O$ 试样的热重曲线，分析样品的失水过程。

（3）了解影响热重分析结果的因素。

二、实验设备及材料

（1）热重分析仪。

（2）样品：$CuSO_4 \cdot 5H_2O$。

（3）镊子。

三、实验原理

物质在加热过程中会在某一特定温度下发生分解、脱水、氧化和升华等一系列的物理化学变化而出现质量变化，而发生质量变化的温度及质量变化百分数随物质的结构和组成而异，因此，可以利用物质的热重分析曲线来研究物质的热变化过程，从而推测物质的反应机理及产物。

1. 差热分析的原理

热重分析仪主要由天平测量系统、微分系统、温度控制系统、气氛和冷却系统、数据处理系统、计算机和打印机等组成。其工作原理如图 2-25 所示。

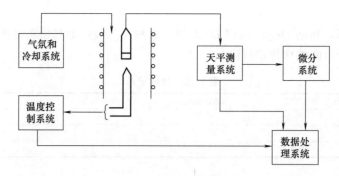

图 2-25　仪器工作原理

热重分析仪的原理就是将加热试样的质量转变成电流，即电流大小代表质量的大小。当天平左边秤盘放入一定质量的试样时，天平横梁连同线圈和遮光小旗发生逆时针转动，这时通过光电转换等输出一电流，电流在磁场下受力而产生顺时针转动。只有当试样质量产生的力矩和线圈产生的力矩相等时，才达到平衡。此时，试样质量正比于电流、电压，经放大后，通过接口单元送入计算机处理。试样质量 m 在升温过程中不断变化，便可得到热重曲线。

图 2-26 所示为热分解反应 $A(s) \rightarrow B(s) + C(g)$ 的热重曲线。图中 T_1 为起始温度，即累积质量变化达到热天平可检测的温度；T_2 为终止温度，即累积质量变化达到最大值时的温度。热重曲线上质量基本不变的部分为基线或平台。若试样初始质量为 W_0，失重后试样质量为 W_1，则失重百分数 $W(\%)$ 为

$$W(\%) = \frac{W_0 - W_1}{W_0} \times 100\% \qquad (2-22)$$

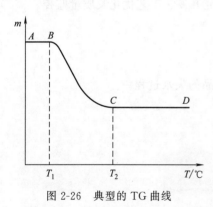

图 2-26　典型的 TG 曲线

通过分析热重曲线，可以知道样品及其可能产生的中间产物的组成、热稳定性、热分解情况及生成的产物等与质量相联系的信息。热重法的主要特点是定量性强，能准确测量物质的质量变化及变化的速率。因此，只要物质受热时发生质量变化，都可采用热重法来分析。

2. 影响因素

由于温度的动态特性和天平的平衡特性，使得影响热重曲线（TG 曲线）的因素非常复杂。影响热重分析结果的因素主要包括仪器因素、实验条件因素和样品因素等。

为了减小或避免上述因素对热重分析结果的影响，需采取以下措施。

(1) 通常选择在真空条件下进行热重分析。

(2) 选用小而浅的坩埚，选择对试样、中间产物、最终产物和气氛没有反应活性和催化活性的惰性材料作为坩埚的材料，如 Pt、Al_2O_3。

(3) 升温速率一般为 $5 \sim 10℃/min$。

(4) 一般在严格控制的条件下采用的动态气氛，气体流量为 $20mL/min$。

(5) 实验时应根据天平的灵敏度，尽量减小试样量，且试样应装填得尽量薄而均匀。

(6) 试验证明，仪器预热 $1.5h$ 后得到的 TG 曲线比较准确。

四、实验内容及步骤

（1）实验前将坩埚放在天平上称量，记下数值，然后将待测试样放入已称坩埚中称量，记下试样的初始质量。

（2）将称好的样品坩埚放入加热炉中吊盘内，开启冷却水，通入惰性气体，按给定速率 10℃/min 升温。

（3）每隔 5min 称重一次，记录质量数值及相应的温度，试样开始失重时，每隔 1min 记录一次，注意记录失重开始和失重结束时的质量及相应的温度数值。

（4）切断电源，待温度降低至 100℃时切断冷却水。

（5）数据处理，选定每个台阶的起始和终止位置，求算出各个反应阶段的 TG 失重百分比、失重起始和终止温度以及失重速率最大点温度。依据失重百分比，推断 $CuSO_4 \cdot 5H_2O$ 的失水过程。

五、实验报告要求

（1）写出实验目的。

（2）将实验数据导入到 Origin 软件中绘制热重分析曲线。

（3）根据 TG 曲线，确定各次失重的起始温度、终止温度、失重速率最大点的温度以及计算各次失重的失重率。

（4）依据失重率，推断 $CuSO_4 \cdot 5H_2O$ 的失水过程。

实验十 ⊙ 材料热膨胀系数的测定

热膨胀是指物体的长度或体积随温度升高而增大的现象。热膨胀系数是材料的主要物理性质之一，它是衡量材料热稳定性好坏的一个重要指标。

一、实验目的

（1）掌握测定材料热膨胀系数的原理和方法。
（2）学会使用热膨胀系数测定仪测量不同材料的热膨胀系数。

二、实验设备及材料

（1）ZRPY-1600 热膨胀系数测定仪（图 2-27）。

（2）游标卡尺。

（3）铁块和铝块［试样尺寸：ϕ（6～10）mm × 50mm 或 10mm × 10mm × 50mm］。

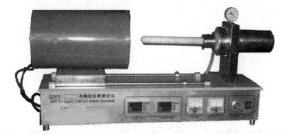

图 2-27 ZRPY-1600 热膨胀系数测定仪

三、实验原理

1. 基本原理

对于一般的普通材料，通常所说的膨胀系数是指线膨胀系数，其意义是温度每升高 1℃ 时单位长度上所增加的长度，单位为 $cm \cdot cm^{-1} \cdot ℃^{-1}$。

假设物体原来的长度为 L_0，温度升高后的增加量为 ΔL，则

$$\alpha_1 = \frac{\Delta L}{L_0} \times \Delta T \tag{2-23}$$

式中，α_1 为线膨胀系数，即温度每升高 $1℃$ 时，物体的相对伸长。

当物体温度从 T_1 升高到 T_2 时，其体积也从 V_1 变化为 V_2，则该物体在 $T_1 \sim T_2$ 的温度范围内，温度每上升一个单位，单位体积物体的平均增长量为

$$\beta = \frac{V_1 - V_2}{V_1} \times (T_1 - T_2) \tag{2-24}$$

式中，β 为平均体膨胀系数。

从测试技术来说，测体膨胀系数较为复杂。因此，在讨论材料的热膨胀系数时，常常采用线膨胀系数。

$$\alpha = \frac{L_1 - L_2}{L_1} \times (T_1 - T_2) \tag{2-25}$$

式中，α 为试样的平均线膨胀系数；L_1 为试样在温度 T_1 时的长度；L_2 为试样在温度 T_2 时的长度。

线膨胀系数 α 与体膨胀系数 β 满足下列关系式：

$$\beta = 3\alpha + 3\alpha^2 \Delta T^2 + \alpha^3 \Delta T^3 \tag{2-26}$$

式（2-26）中的第二项和第三项非常小，在实际中一般略去不计，而取 $\beta \approx 3\alpha$。

膨胀系数实际上并不是一个恒定的值，而是随温度变化的，故上述膨胀系数都是在一定温度范围 ΔT 内平均值的概念，因此使用时要注意它适用的温度范围。

2. 热膨胀系数测定设备

热膨胀系数测定仪主要由传感器装置、电阻炉、小车、基座、电器控制柜等五部分组成。该膨胀仪连接计算机可实现自动控温、记录、存储和打印数据，打印温度-膨胀系数曲线。所有试验操作均由计算机界面完成，操作方便。

电炉升温后，炉膛内的试样将发生膨胀，若忽略系统的热变形量，顶在试样端部的测试杆将产生与试样膨胀等量的位移量。这一位移量由电感位移计精确地测量出来，并通过位移表显示出来。为消除系统的热变形量对测试结果的影响，在计算试样的真实膨胀值时需加上相应的补偿值。

试样升温达到测试温度后，根据记录结果，按下式计算出试样加热至 t 时的线膨胀百分率 δ 和平均线膨胀系数 $\bar{\alpha}$：

$$\delta = \frac{\Delta L_t - K_t}{L} \times 100\% \tag{2-27}$$

$$\bar{\alpha} = \frac{\Delta L_t - K_t}{L(t - t_0)} \tag{2-28}$$

式中，L 为试样室温时的长度，mm；ΔL_t 为试样加热至 t 时测得的线变量值（仪表显示值），mm；t 为试样加热温度，$℃$；t_0 为试样加热前的室温，$℃$；K_t 为测试系统 t 时补偿值，mm。

仪器的补偿值 K_t 需预先测定和计算，$1000℃$ 以下用石英标样进行升温测试，$1000℃$ 以上用刚玉标样进行升温测试，测试时记录出标样的测试曲线，曲线中包括了标样、试样管及测试杆的综合膨胀值。而补偿值 K_t 应只是试样管及测试杆在相应温度下的综合膨胀值，所以应从测量的膨胀量中除去标样在相应温度下的膨胀值即为仪器的补偿值 K_t，可根据下式求得

$$K_t = \Delta L_t - \bar{\alpha} \times L \times (t - t_0) \qquad (2\text{-}29)$$

例如：用石英标样测试 400℃时仪器补偿值 K_{400}，升温前测得标样长度 $L=50.1\text{mm}$，从室温 $t_0=20℃$ 升温至 400℃时，仪表显示 $\Delta L_{400} = -0.11\text{mm}$，同时查得 400℃石英标样的平均线膨胀系数为 $0.55 \times 10^{-6}℃^{-1}$，则补偿值 K_{400} 为

$$\begin{aligned} K_{400} &= \Delta L_{400} - \bar{\alpha} \times L \times (400 - 20) \\ &= -0.11 - 0.55 \times 10^{-6} \times 50.1 \times 380 \\ &= -0.1205 \ (\text{mm}) \end{aligned}$$

四、实验内容及步骤

（1）游标卡尺测量铁棒在室温时的长度，重复测量三次，取平均值。

（2）将试样放入膨胀试样室内，调整支架将试样放入高温炉中，装好传感器和感温探头。

（3）开启计算机，根据所选试样材料，选择好试验载荷、升温速率、最大变形量，调节试验螺旋测微仪，使位移传感器在零点附近。

（4）点击"开始试验"按钮，仪器自动进行试验，并显示试验曲线。

（5）根据记录结果，计算出铁块的平均线膨胀系数。

（6）更换铁块试件为铝棒，重复以上测量。

（7）导出试验记录数据，绘出两种材料的热膨胀曲线。

五、实验报告要求

（1）写出实验目的。

（2）分别计算两种材料从 20℃加热至 400℃时的线膨胀百分率和平均线膨胀系数。

（3）以伸长量为纵坐标，温度为横坐标，绘制两种材料的热膨胀曲线。

实验十一 ➡ 材料热导率测定

热导率是材料的基本热物理性能参数之一，是一种宏观可测的物理量。在工程设计、施工和新材料研制中，材料热导率的测定已成为工程界普遍关心的重要问题。

一、实验目的

（1）通过实验使学生加深对傅里叶导热定律的认识。

（2）学习利用稳态平板法测定材料热导率的方法。

（3）确定材料热导率与温度的关系。

二、实验设备及材料

（1）热导率测试仪。

（2）铜-康导热电偶。

（3）游标卡尺。

（4）数字毫伏表、台秤（公用）。

（5）杜瓦瓶、秒表、冰块。

（6）待测样品（橡胶盘、铝芯）。

三、实验原理

热导率是表征材料导热能力的物理量。不同的材料具有不同的热导率，即使同一种材料，热导率还会随着温度、压力、湿度、物质的结构和重度等因素而变化。

热导率的测定是在热导率测定仪上进行的，热导率测定仪如图 2-28 所示。A、P 为铜材料制成的圆柱体，其 A 端加热成为高温端，P 端通水冷却成为低温端，则热量由高温端流向低温端，在待测样品 B 长度方向上存在温差，如图 2-29 所示。加热一段时间后，使圆柱试样的热传导达到稳定状态后开始计时。若忽略圆柱体侧面散失的热量，在 t 时间内，沿圆柱体各截面流过的热量 Q 满足公式（2-30）：

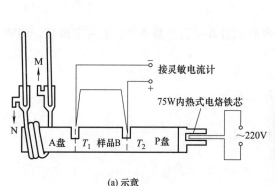
(a) 示意

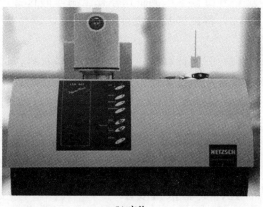
(b) 实物

图 2-28　热导率测定仪

$$Q = \lambda S t \frac{T_1 - T_2}{h} \tag{2-30}$$

式中，λ 为该物质的热导率，W/(m·K)；S 为圆柱体横截面积；$T_1 - T_2$ 为横截面 $A_1 B_1$、$A_2 B_2$ 处的温度差；h 为两截面间的距离。

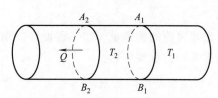

图 2-29　热导率测定仪测量原理

在支架上先放上圆铜盘 P，在 P 的上面放上待测样品 B，再把带发热器的圆铜盘 A 放在 B 上，发热器通电后，热量从 A 盘传到 B 盘，再传到 P 盘，由于 A、P 都是良导体，其温度即可以代表 B 盘上、下表面的温度 T_1、T_2，T_1、T_2 分别通过插入 A、P 盘边缘小孔的热电偶 E 来测量。热电偶的冷端则浸在杜瓦瓶中的冰水混合物中，通过"传感器切换"开关 G，切换 A、P 盘中的热电偶与数字电压表的连接回路。由式（2-31）可以知道，单位时间内通过待测样品 B 任一圆截面的热流量为

$$\frac{\Delta Q}{\Delta t} = \lambda \frac{T_1 - T_2}{h_B} \pi R_B^2 \tag{2-31}$$

式中，R_B 为样品的半径；h_B 为样品的厚度。

当热传导达到稳定状态时，T_1 和 T_2 的值不变，于是通过 B 盘上表面的热流量与由铜盘 P 向周围环境散热的速率相等，因此可通过铜盘 P 在稳定温度 T_2 的散热速率来求出热流量 $\Delta Q/\Delta t$。实验中，在读得稳定时 T_1 和 T_2 后，即可将 B 盘移去，而使 A 盘的底面与铜盘

P 直接接触。当铜盘 P 的温度上升到高于稳定时的 T_2 值若干摄氏度后，再将 A 移开，让 P 自然冷却。观察其温度 T 随时间 t 变化情况，然后由此求出铜盘在 T_2 的冷却速率，这样求出的是铜盘 P 在完全表面暴露于空气中的冷却速率。然而，在观察测量样品的稳态传热时，P 盘的上表面是被样品覆盖着的，并未向外界散热，考虑到物体的冷却速率与它的表面积成正比，在稳态时铜盘散热速率的表达式应作如下修正

$$\frac{\Delta Q}{\Delta t}=mc\frac{\Delta T}{\Delta t}\bigg|_{T=T_2}\frac{(\pi R_P^2+2\pi R_P h_P)}{(2\pi R_P^2+2\pi R_P h_P)} \tag{2-32}$$

将式 (2-32) 代入式 (2-31) 得

$$\lambda=mc\frac{\Delta T}{\Delta t}\bigg|_{T=T_2}\frac{(R_P+2h_P)h_B}{(2R_P+2h_P)(T_1-T_2)}\times\frac{1}{\pi R_B^2} \tag{2-33}$$

四、实验内容及步骤

(1) 测量 P 盘和待测样品的直径、厚度，测 P 盘的质量，将测量结果记录于表 2-16。

① 用游标卡尺测量待测样品直径和厚度，各测 5 次。

② 用游标卡尺测量 P 盘的直径和厚度，各测 5 次。

③ 用电子秤称出 P 盘的质量。

(2) 材料热导率的测量

① 实验时，先将待测样品放在散热盘 P 上面，然后将发热盘 A 放在样品盘 B 上方，并用固定螺母固定在机架上，再调节三个螺旋头，使样品盘的上下两个表面与发热盘和散热盘紧密接触。

② 在杜瓦瓶中放入冰水混合物，将热电偶的冷端插入杜瓦瓶中，热端分别插入加热盘 A 和散热盘 P 侧面的小孔中，并分别将其插入加热盘 A 和散热盘 P 的热电偶接线，连接到仪器面板的传感器Ⅰ、Ⅱ上。分别用专用导线连接仪器机箱后的接头和加热组件圆铝板上的插座。

③ 接通电源，在"温度控制"仪表上设置加热的上限温度。将加热选择开关由"断"打向"1～3"任意一挡，此时指示灯亮，当打向 3 挡时，加温速度最快。

④ 大约加热 40min 后，传感器Ⅰ、Ⅱ的读数不再上升时，说明已达到稳态，读取稳态时试样上下表面的温度，每隔 5min 记录 T_1 和 T_2 的值，将数据记录于表 2-17。

⑤ 测量散热盘在稳态值 T_2 附近的散热速率。移开铜盘 A，取下样品盘 B，并使铜盘 A 的底部与铜盘 P 直接接触，当 P 盘的温度上升到高于稳态值的 T_2 值若干度后，再将铜盘 A 移开，让铜盘 P 自然冷却，每隔 30s 记录此时的 T_2 值，根据测量值计算出散热速率，将数据记录于表 2-18。

五、实验报告要求

① 写出实验目的。

② 将测试数据和整理结果填入下列各表中。

③ 根据实验结果，计算所测材料的热导率，并求出相对误差。

表 2-16 试样盘和散热铜盘的几何尺寸及质量

测试项目	测试次序	1	2	3	4	5	平均值
试样盘 B	厚度/mm						
	直径/mm						

测试项目	测试次序	1	2	3	4	5	平均值
散热铜盘 P	厚度/mm						
	直径/mm						
	质量/g						

表 2-17　稳态时试样上下表面的温度

试样两表面温度状态	上表面温度 T_1	下表面温度 T_2
温度单位/℃		

表 2-18　散热铜盘在 T_2 附近自然冷却时的温度示值及散热速率

测量次序	1	2	3	4	5	6	7	8	9	10
冷却时间/s										
温度值/℃										
散热速率/(J/s)										

第三章 ▶▶
材料表面强化

实验一 ➤ U75V 钢轨表面激光熔覆实验

随着高速铁路与重载的飞速发展，对钢轨的寿命提出了越来越高的要求，而钢轨的滚动接触疲劳性能及耐磨性能是影响钢轨使用寿命的两大重要因素，这也是铁路运输中急需解决的关键问题之一。为提高钢轨的耐用性，可通过粉末成分设计在钢轨表面激光熔覆一层性能优异的涂层，从而达到钢轨表面强化的目的（图 3-1）。

(a) 过程   (b) 涂层

图 3-1　激光熔覆

一、实验目的

（1）了解激光熔覆的原理、特点和工艺方法。
（2）了解激光加工设备工作原理。
（3）掌握激光熔覆强化的基本操作方法。

二、实验设备及材料

（1）LDM2500-60 半导体激光成形设备（图 3-2）。
（2）K1000M4i-A 数控系统。
（3）DPSF-2 送粉器（图 3-3）。
（4）洛氏硬度计。
（5）U75V 钢轨、熔覆粉末。

图 3-2　激光成形设备

图 3-3　DPSF-2 送粉器

三、实验原理

1. 激光熔覆的原理及特点

激光熔覆技术是采用高能量激光作为加工热源，在基体表面熔覆一层具有特殊性能的粉末材料，熔覆材料和基体表层经激光辐照加热后快速熔化和凝固，从而形成与基体呈冶金结合的熔覆层。激光熔覆能极大地提高材料的表面性能，显著改善熔覆层的耐磨性、耐热性、耐腐蚀及热稳定性等，从而达到表面改性或修复的目的，目前已广泛应用于航空航天、机械、石油、电力、汽车和军事等行业。

与其他表面涂层技术相比，激光熔覆技术具有下列特点。

（1）材料选择范围广。从理论上讲，几乎所有的金属粉末和陶瓷粉末都可作为激光熔覆材料。

（2）熔覆层稀释率较低，可通过调整激光能量密度来精确控制，并且熔覆层与基体能够实现冶金结合。

（3）熔覆热影响区较小，基体变形小，可对工件表面进行局部熔覆处理。

（4）可对形状复杂的零件、微小件进行加工，还可在真空中进行加工。

（5）根据实际工况需要，可选择不同合金粉末对熔覆层材料进行成分设计，得到符合要求的理想熔覆层。

（6）制造周期短、高度柔性化。整个制造过程完全实现数字化，可以方便快捷地制造出形状和结构较为复杂的零件。

（7）加工无噪声，对环境无污染。未熔覆的粉末可多次利用，材料不浪费。

（8）可修复失效零件，延长其使用寿命。

2. 激光加工设备

激光加工设备主要包括激光器、导光系统、加工机床和辅助系统等几部分，统称为激光加工系统。

（1）激光器　激光器是激光加工设备的主体之一，其作用是把电能转换成光能，产生激光束。常见的激光器主要有气体激光器、半导体激光器以及固体激光器，这里主要介绍半导体激光器。

半导体激光器的工作物质是半导体材料，它具有效率高、体积小、重量轻且耗电少、价格低、运转可靠等特点。半导体激光器的工作原理是激励方式，利用半导体物质（即利用电子）在能带间跃迁发光，用半导体晶体的解理面形成两个平行反射镜面作为反射镜，组成谐振腔，使光振荡、反馈，产生光的辐射放大，输出激光。

半导体激光器是依靠注入载流子工作的，发射激光必须具备以下三个基本条件。

① 要产生足够的粒子数反转分布，即高能态粒子数足够大于处于低能态的粒子数。

② 有一个合适的谐振腔能够起到反馈作用，使受激辐射光子增生，从而产生激光震荡。

③ 要满足一定的阈值条件，使光子增益等于或大于光子的损耗。

（2）导光系统 激光加工过程中，根据加工条件和要求，以及被加工工件的形状，要确定不同的光束导向和光束聚焦，因此需要一定的导光系统。导光系统根据光学元件的作用不同，可以分为以下三种。

① 光束转折系统，如转折反射镜。

② 聚焦系统，如凹面镜、凸透镜。

③ 匀光系统，用于形成均匀能量分布的光斑，如积分镜和振镜系统。

（3）加工机床 加工机床主要用于固定工件和保证其在加工过程中的位移和旋转运动的装置。机床的运动是由数控系统来控制的，一般是多维的。

（4）辅助系统 辅助系统包括冷却装置、供气装置和保护装置等。冷却装置可避免光学元件温度过高而产生热变形，甚至烧坏；供气装置可提供惰性气体，防止工件表面氧化烧蚀等。

3. 激光熔覆工艺方法

激光熔覆根据提供粉末材料的方式不同，可将其工艺方法分为两类，即同步送粉法和预置粉末法，如图 3-4 所示。

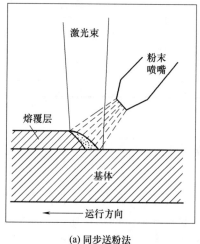

(a) 同步送粉法

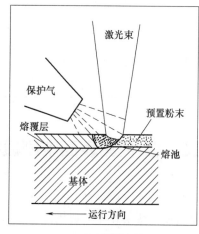

(b) 预置粉末法

图 3-4 激光熔覆工艺方法示意

同步送粉法，又称一步法。是在激光熔覆处理过程中，借助配套的送粉装置将熔覆材料直接输送到熔覆区内，在高能量激光束作用下，熔覆粉末和基体表面同时快速熔化，冷却凝固后，在基体表面形成良好冶金结合的熔覆层。

预置粉末法，又称两步法。是在激光熔覆处理前，在熔覆基体表面预先均匀涂覆与黏结剂混合好的合金粉末，然后对该表面进行激光辐照，熔覆粉末吸收能量后快速熔化，同时激光高能量在短时间内传至基体表面使基体表层也快速熔化，快速冷却凝固后，形成与基体呈冶金结合的熔覆层。

激光熔覆的主要工艺参数包括激光功率、光斑直径、扫描速度及送粉量等。一般来说，随着激光功率和送粉量的增加，以及扫描速度和光斑直径的减小，熔覆层的高度、稀释率和热影响区均增加。在熔覆材料成分一定时，熔覆层的性能主要与激光熔覆工艺参数有关。

四、实验内容

（1）对 U75V 钢轨表面进行预处理，去除待熔覆钢轨表面的油污，并选定合适的熔覆粉末材料。

（2）根据激光熔覆加工要求，编写简单的数控程序代码，并试运行。

（3）调整激光功率、扫描速率等工艺参数，在 U75V 钢轨表面进行激光熔覆实验，观察并对比熔覆层宏观形貌，优化参数得到外观良好的熔覆层。

（4）采用洛氏硬度计，测量激光熔覆后涂层的硬度值，重复测量 3 次，取平均值，并与基体硬度值比较。

五、实验报告要求

（1）写出实验目的。

（2）简述激光熔覆的原理及特点。

（3）测量激光熔覆各工艺条件下涂层的硬度值，并对实验数据进行处理（表 3-1）。

（4）分析激光功率和扫描速率对熔覆层宏观形貌及硬度的影响。

表 3-1　实验数据处理

名称 材料	激光功率 /W	扫描速率 /(mm/min)	涂层硬度值（HRC）				基体硬度值（HRC）				改性效果
			1	2	3	均值	1	2	3	均值	

实验二 ▷ 模具表面电刷镀实验

随着我国高速铁路建设的快速发展，模具在高速铁路建设中起到非常重要的作用。目前，由于我国模具技术存在制造周期长、寿命短以及精度低等问题，还不能完全适应现代铁路发展的需要，所以当前急需解决的问题是提高模具寿命。模具表面电刷镀技术为延长模具寿命提供了最直接且经济有效的方法，为我国高速铁路建设的发展提供了新的方向。

一、实验目的

（1）了解电刷镀的基本原理及特点。

（2）了解电刷镀在模具上的应用。

（3）熟悉电刷镀的工艺过程。

二、实验设备及材料

（1）TD-60 电刷镀电源（图 3-5）。

（2）C620-1 车床。

（3）电刷镀溶液。

（4）连接导线若干。

（5）游标卡尺。

（6）洛氏硬度计。

（7）待镀工件。

三、实验原理

1. 电刷镀基本原理

电刷镀技术是采用电解的方法在工件表面获得镀层的过程，其目的是提高工件表面性能，也可修复因磨损而报废的工件等，因而在工业上得到广泛的应用。

图 3-5 电刷镀电源

电刷镀技术采用的是专用的直流电源、电刷镀笔以及刷镀溶液，其工作原理如图 3-6 所示。电刷镀时，电源的负极连接工件作为阴极；电源的正极连接镀笔作为阳极。镀笔采用的是高纯度的石墨块作为不溶性阳极材料，且在石墨块阳极上包裹一层棉花和耐磨的涤棉套，其主要作用是存储镀液。刷镀时，使浸满镀液的镀笔保持适当的压力与工件表面接触，并以一定的相对运动速度移动。在电场的作用下，镀液中的金属离子会定向扩散到工件表面，并在表面获得电子被还原成金属原子，然后在工件表面结晶形成镀层，从而达到镀覆及修复的目的。

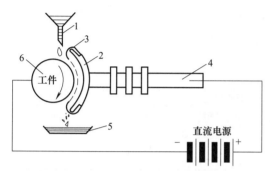

图 3-6 电刷镀工作原理
1—电镀液加入管；2—石墨电极；3—棉花和涤棉套；
4—镀笔；5—电镀液回收盘；6—工件

随着刷镀电流和刷镀时间的增长，镀层逐渐增厚，其关系式如下所示

$$\delta = \frac{It}{CS} \tag{3-1}$$

式中，δ 为镀层厚度，μm；I 为刷镀时的电流，A；t 为时间，h；C 为镀液耗电系数，$A \cdot h/(dm^2 \cdot \mu m)$；$S$ 为镀层面积，dm^2。

电刷镀技术具有工艺灵活、镀层种类繁多、沉积速度快以及结合强度高等特点；由于镀笔与工件接触面小，故可用大电流进行刷镀而不使工件过热；因镀笔在工件表面不断运动，沉积结晶形成镀层过程中不断地受到中断放电和外力作用的干扰，故镀层组织具有大量高密度位错和超细晶粒，其硬度、强度较高，从而在模具表面起到强化作用。

2. 电刷镀在模具上的应用

电刷镀技术在模具制造及失效修复中应用广泛。

（1）解决模具因磨损或加工超差、涂层脱落以及崩块等，从而修复模具的尺寸和形状精度。

（2）可在模具表面镀 Ni、Cu、Cr、Co 和 Ni-W-Co 等，从而达到强化模具表面的目的。

（3）采用非晶态电刷镀层，可使各种冷热模具的使用寿命进一步提高 $50\% \sim 200\%$。

（4）将电刷镀技术应用于汽车零件（如曲轴、连杆、齿轮等）的热锻模具，可使模具寿

命提高 20%～100%。

（5）在塑料模具表面镀镍，可提高模具表面的耐蚀能力及表面质量。随着塑料工业的发展，采用槽镀方法已很难对大型模具进行表面处理，而电刷镀方法可以很方便地进行大型模具的镀层问题。

3. 模具常用的电刷镀溶液

电刷镀技术的关键是电刷镀溶液的配方，表面预处理溶液主要有电解脱脂的电净液和对表面进行电解刻蚀的活化液。模具常用的电刷镀溶液如下。

（1）特殊镍镀液　特殊镍镀液配方见表 3-2。

表 3-2　特殊镍镀液配方

原料	单位	含量	原料	单位	含量
硫酸镍	g/L	395～397	乙酸	g/L	68～70
氯化钠	g/L	14～16	盐酸	g/L	20～28

（2）镍-钨 D 合金镀液　镍-钨 D 合金镀液配方见表 3-3。

表 3-3　镍-钨 D 合金镀液配方

原料	单位	含量	原料	单位	含量
硫酸镍	g/L	395	钨酸钠	g/L	23
硼酸	g/L	31	柠檬酸	g/L	42
硫酸镁	g/L	2	无水硫酸钠	g/L	6.5
硫酸钴	g/L	2	硫酸锰	g/L	2
冰醋酸	mL/L	20	甲酸	mL/L	35
氟化钠	g/L	5	十二烷基硫酸钠	g/L	0.01～0.001

除镍-钨合金外，近年来发展起来的镍-钴合金也非常适合模具表面的刷镀，主要是因为其硬度高（达 550HBW），耐磨性好，获得的镀层应力低。

4. 电刷镀技术的应用实例

（1）例 1：电动机轴孔冲模的电刷镀修复处理

模具材料为 Cr12，冲模下模刃口加工超差为 0.1mm，淬火后采用电刷镀技术进行尺寸修复。刷镀时先用特殊镍镀液镀底层，然后用镍-钨 D 合金镀液镀工作层。其具体的工艺操作如下。

① 先用砂纸和油石打磨工件表面，随后用丙酮擦拭。

② 采用电净液脱脂，工件接负极，工作电压为 12～15V，工作时间为 15～30s，使下模刃口处表面的水膜均匀摊开且不呈珠状。

③ 用清水冲洗干净。

④ 用铬活化液活化，工件接正极，工作电压为 12～15V，工作时间为 10～30s；之后将工作电压降到 10～12V，工作时间调整为 10～20s，使工件表面呈现银灰色即可。

⑤ 用特殊镍镀液打底层，无电擦拭 3～5s，工件接负极，工作电压为 18～20V，工作时间为 3～5s，然后调整工作电压至 15V，阴、阳极的相对运动速度为 10～15m/min，镀层厚度为 2mm。

⑥ 采用镍-钨 D 合金镀液镀工作层，镀前将镀液温度应加热至 30～50℃。工作时电压为 10～15V，这时阴、阳极相对运动速度为 6～20m/min，镀层厚度直到规定尺寸为止。

（2）例 2：组合模具的尺寸恢复和表面强化

以 T10A 中碳钢材料为例，经多年使用后，单面磨损 0.2mm，为使尺寸恢复和表面强化，首先用特殊镍镀液镀底层，然后在耐磨工作表面镀镍-钨 D 合金镀液。其具体操作工艺如下。

① 先用砂纸和油石打磨工件表面，然后用丙酮擦拭。

② 采用电净液脱脂，工件接负极，工作电压为 10～14V，阴、阳极的相对运动速度为 4～8m/min，电净时间约为 8～10s，工件表面上的水珠均匀摊开且无干斑。

③ 用清水冲洗干净。

④ 采用氯化钠和盐酸配制的活化液进行活化，工件接正极，工作电压为 10～14V，阴、阳极的相对运动速度为 6～8m/min，至于活化时间可根据镀笔和工件被镀面的大小而定，一个部位的接触时间为 30～60s，直至工件表面呈均匀的黑灰色。

⑤ 用清水冲洗干净。

⑥ 采用硫酸铵和硫酸配制的活化液进行活化，工件接正极，工作电压为 18～25V，阴、阳极的相对运动速度为 10～15m/min，一个部位的接触时间为 30～60s，直至工件表面呈银灰色。

⑦ 用清水冲洗干净。

⑧ 用特殊镍镀液镀底层，无电擦拭 3～5s，工件接负极，工作电压为 18～20V，工作时间为 3～5s，然后调整工作电压至 15V，阴、阳极的相对运动速度为 10～15m/min，镀层厚度为 2mm。

⑨ 采用镍-钨 D 合金镀液镀工作层，镀前应将镀液温度加热至 30～50℃。工作时电压为 10～15V，这时阴、阳极相对运动速度为 6～20m/min，镀层厚度直到规定尺寸为止。

四、实验内容

（1）对待镀工件进行表面打磨、表面清洗、电净处理以及活化处理等镀前预处理。

（2）分别调整刷镀时的电流和刷镀时间对待镀零件进行刷镀处理，并测定各工艺条件下的镀层厚度，记录在表 3-4 中。

（3）根据公式计算理论镀层厚度，并与实验结果进行比较，同时分析误差产生的原因。

（4）采用洛氏硬度计，测量施镀后各试样的硬度值，重复测量 3 次，取平均值，并与镀前硬度值进行比较，将结果填入表 3-4。

表 3-4　实验任务表

名称 序号	镀层面积 S/dm^2	刷镀时的电流 I/A	刷镀时间 t/h	耗电系数 $C/[A \cdot h/(dm^2 \cdot \mu m)]$	镀层厚度 δ /μm		硬度值 (HRC)		
					理论	实际	镀前	镀后	改性效果
1									
2									
3									
4									
5									

五、实验报告要求

（1）写出实验目的。

（2）简述电刷镀的基本原理及特点。

（3）将实验数据整理后填入表中。

（4）计算各工艺条件下的相对误差，并分析误差产生的原因。

实验三 ➤ 铁路辙叉堆焊实验

铁路道岔的辙叉是用高锰奥氏体钢（ZGMn13）制造的零部件，由于其工作环境十分恶劣，损坏量较大，因而辙叉的报废率较高。因此，对辙叉进行修旧利废，循环使用，成为提高辙叉使用寿命且降低运输成本的重要途径。而堆焊技术作为一种经济而快速的材料表面改性工艺方法，已越来越广泛地应用于冶金、建筑、铁路、车辆以及石油等各个领域。

一、实验目的

（1）了解堆焊的基本原理及用途。
（2）掌握堆焊简单的操作方法。
（3）掌握堆焊不同工艺参数的控制。

二、实验设备及材料

（1）BX3-300-2 型交流弧焊机。
（2）ZX7-400（PE22-400）型直流弧焊机。
（3）KD-286 或 D256 堆焊焊条。
（4）焊接电缆、焊钳、面罩、手套。
（5）HV-50 型维氏硬度计。
（6）高锰钢辙叉试样若干。

三、实验原理

堆焊是用焊接的方法将具有一定使用性能的材料堆覆在基材表面，使母材具有特殊使用性能或使零件恢复原有形状尺寸的工艺方法。堆焊的目的是为了修复零件尺寸或是在零件表面获得耐磨、耐热、耐蚀等特殊性能的熔覆金属层。

常用的堆焊方法有手工电弧堆焊、氧-乙炔堆焊、埋弧堆焊、等离子弧堆焊以及气体保护堆焊（图 3-7 所示为常用自动堆焊机）等，本实验采用手工电弧堆焊。

图 3-7　自动堆焊机

1. 手工电弧堆焊

手工电弧堆焊是一种基本的焊接方法，其设备简单、操作方便，应用较为广泛。焊接前，电源的一极接工件，另一极与焊条相接，并将焊条夹持在焊钳中。焊接时，焊件与焊条之间在外电场的作用下产生电弧，该电弧的弧柱温度可高达 5000～8000K，阴极温度达 2400K，阳极温度达 2600K。电弧高温将焊件与焊条局部熔化形成熔池，当焊条移开后，熔池金属很快冷却、凝固形成焊缝，使工件的两部分牢固地连接在一起。

手工电弧堆焊电焊机按电源种类分为交流弧焊机和直流弧焊机。

（1）交流弧焊机　交流弧焊电源是一种特殊的降压变压器，用以将电网的交流电变成适宜弧焊的交流电。它具有结构简单、噪声小、价格便宜、使用可靠、维护方便等优点。常用的型号有 BX1-400、BX3-500 等，其中 B 表示输出电源是交流，X 表示下降特性电源，1 表示动铁芯式，3 表示动线圈式，400、500 表示输出最大电流为 400A 和 500A。

(2) 直流弧焊机 直流弧焊电源输出端有正、负极之分，焊接时电弧两端极性不变。焊接厚板时，为获得较大的熔深，一般采用直流正接。焊接薄板时，为了防止烧穿，常采用反接。在使用碱性低氢钠型焊条时，均采用直流反接。

直流弧焊机按变流的方式不同又可分为以下三种。

① 旋转式直流弧焊机。旋转式直流弧焊机是由一台三相感应电动机和一台直流弧焊发电机组成的，又称弧焊发电机。其特点是能够获得稳定的直流电，因此引弧容易，电弧稳定，焊接质量较好。但这种直流弧焊机结构复杂，价格较贵，且维修较困难，噪声大。目前这种弧焊机已停止生产。

② 整流式直流弧焊机。整流式直流弧焊机的结构相当于在交流弧焊机上加上整流器，从而把交流电变成直流电。它既弥补了交流弧焊机电弧稳定性不好的缺点，又比旋转式直流弧焊机结构简单，消除了噪声。

常用的型号有 ZXG-500 等，其中 Z 表示输出电源为直流，X 表示电源下降特性，G 为硅整流式，500 表示输出最大电流为 500A。

③ 逆变式弧焊变压器。逆变是指将直流电变为交流电的过程，可通过逆变改变电源的频率，得到预期的焊接波形。其特点是：提高了变压器的工作频率，使主变压器的体积大大缩小，方便移动；提高了电源的功率因数；有良好的动特性；飞溅小，可一机多用，可完成多种焊接。

常用型号有 ZX7-400 等，其中 Z 表示输出电源是直流，X 表示电源下降特性，7 表示逆变技术，400 表示输出的最大电流为 400A。

(3) 交、直流弧焊电源特点比较 弧焊电源在焊接设备中是决定电气性能的关键部分。尽管它具有一定的通用性，但不同类型的弧焊电源，其结构、电气性能和主要技术参数是不同的，即在不同场合表现出来的工艺特点和经济性是有区别的，如表 3-5 所示。因此，必须根据具体工作条件正确选择弧焊电源，确保焊接过程的顺利进行，提高生产效率，并获得良好的焊接接头。

表 3-5 交、直流弧焊电源特点比较

项目	交流	直流	项目	交流	直流
电弧的稳定性	低	高	构造与维修	较简单	较复杂
磁偏吹	很小	较大	噪声	不大	较小
极性可换性	无	有	成本	低	较高
空载电压	较高	较低	供电	一般单相	一般三相
触电危险	较大	较小	重量	较轻	较

2. 手工电弧焊焊接工艺规范

手工电弧焊的焊接工艺规范包括焊接电流、焊条直径、焊接速度、电弧长度（电压）和多层焊焊接层数等，其中电弧长度和焊接速度一般由操作者根据焊条牌号和焊缝所在空间的位置，在施焊过程中适度调节，其他参数均在焊接前确定。

(1) 焊条直径 焊条直径根据焊件的厚度和焊接位置来选择。一般厚焊件用粗焊条，薄焊件用细焊条。

(2) 焊接电流 焊接电流是影响焊接接头质量和生产率的主要因素。若电流过大，金属熔化快，熔深大且金属飞溅大，同时易产生烧穿、咬边等缺陷；但电流过小，金属熔化慢，易产生未焊透、夹渣等缺陷。确定焊接电流时，主要应考虑选用的焊条直径大小。一般细焊条选小电流，粗焊条选大电流。焊接低碳钢时，焊接电流和焊条直径的关系可由下列经验公式确定：$I=(30\sim60)d$，式中，I 为焊接电流（A），d 为焊条直径（mm）。

（3）焊接电压 焊接电压的大小是由弧长来决定的，电弧长则电压高，电弧短则电压低。在焊接过程中应采用不超过焊条直径的短电弧，否则易出现电弧燃烧不稳、飞溅大、熔深小，且易使焊缝产生未焊透、咬边和气孔等缺陷。

（4）焊接速度 焊接速度对焊接质量有较大影响。焊接速度过快，易使焊缝产生熔深小及未焊透等缺陷；焊接速度过慢，焊缝熔深大，对于薄件易产生烧穿现象。一般来说，在保证焊接质量的前提下，尽量采用较大的焊接电流值；在保证焊透且焊缝成形良好的前提下尽可能快速施焊，以提高生产率。

（5）焊缝层数 焊缝层数视焊件厚度而定。中、厚板一般都采用多层焊。焊缝层数较多，有利于提高焊缝金属的塑性和韧性。对质量要求较高的焊缝，每层厚度最好不大于 $4\sim5$mm。

（6）焊缝空间位置 依据焊缝在空间的位置不同，有平焊、立焊、横焊和仰焊四种。平焊易操作，劳动条件好，生产效率高，焊缝质量易保证，所以焊缝布置应尽可能放在平焊位置。立焊、横焊和仰焊时，应尽量避免由于重力作用导致被熔化的金属向下滴落而造成施焊困难。

3. 手工电弧堆焊的工艺特点

① 为降低稀释率应采用小电流、慢速度和短弧长的方法，焊接电流应比普通焊条小 $10\%\sim15\%$。

② 为防止堆焊层开裂，对于一些用于与泥沙、粉尘、矿石直接磨损的工件，堆焊金属一般选用高铬合金铸铁堆焊条；如基体为低碳钢、低合金钢，韧性较好，可以允许堆焊层存在密集的小裂纹。

防止堆焊层开裂的主要工艺措施有以下几种。

① 在保证堆焊层性能的前提下，为减小由于线膨胀系数不同造成的热应力，应尽量选择与基体材料线膨胀系数相近的堆焊合金。

② 采取预热、中间消氢热处理、焊后缓冷的工艺方法。

③ 为防止工件变形，对批量较大的工件，应采用专用工、卡、夹具工装，也可采用预制反变形法。

四、实验内容

（1）观察和熟悉堆焊方法，并进行实际操作。

（2）通过控制不同的焊接电流对高锰钢辙叉进行堆焊、敲渣，观察堆焊层的外观质量。

（3）记录堆焊过程中的电流和电压。

（4）用线切割方法将焊件切块，用维氏硬度计测量不同电流下焊件（包括焊缝、热影响区和母材）的硬度值，并记录数据。

五、实验报告要求

（1）写出实验目的。

（2）简述堆焊的基本原理及用途。

（3）测量不同堆焊电流下焊件的硬度值，并对实验数据进行处理（见表3-6）。

（4）分析堆焊电流对焊件宏观质量及硬度的影响。

表 3-6　实验数据处理

试样序号	焊条直径/mm	堆焊电流/A	焊件焊接接头硬度值（HV）								
			焊缝区				热影响区				母材
			1	2	3	均值	1	2	3	均值	均值
1											
2											
3											
4											

实验四 ▶ 材料 CVD 实验

化学气相沉积（Chemical Vapor Deposition，CVD）是利用反应物质在气态条件下发生化学反应，生成固态物质沉积在加热的基片表面，进而得到固体材料的工艺技术。该技术不仅应用于耐热物质的涂层，而且应用于高纯度金属的制备、粉末合成、半导体薄膜等技术领域。

一、实验目的

（1）了解化学气相沉积（CVD）的基本原理。
（2）学会使用透射电镜观察纳米材料，并估算纳米材料的尺寸。

二、实验设备及材料

（1）CVD 法制备设备（图 3-8），包括石英管、电炉、温控仪、热电偶等。
（2）透射电镜。
（3）Fe、Co 或 Ni 等催化剂。
（4）基片。
（5）乙炔气体。

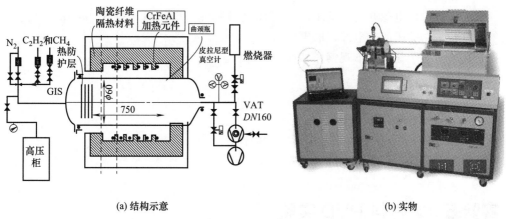

(a) 结构示意　　　　　　　(b) 实物
图 3-8　化学气相沉积（CVD）系统

三、实验原理

化学气相沉积一般包括三个过程：产生挥发性物质；将挥发性物质输运到沉积区；发生

化学反应生成固态产物。因此，CVD反应体系必须具备三个条件：①反应物必须具有足够高的蒸汽压，并能以适当的速度被引入反应室；②除涂层物质外，其他反应产物都必须是挥发的；③沉积物和基体材料必须具有足够低的蒸汽压。

本实验采用CVD法制备纳米碳管，其主要是利用纳米金属催化剂的催化作用，使在高温条件下分解的碳氢化合物能够重新自组装形成纳米碳管。实验中以乙炔气体为原料，在Fe、Co、Ni等催化剂（固体表面）上裂解后，可制备高纯度、高产量的多壁纳米碳管。其工艺过程为：将一定质量的催化剂放于石英舟底部中，置于石英管中部后，开始升温。待温度达到一定高度后通入H_2以还原催化剂。继续慢升温至裂解反应温度后，通入原料乙炔气体，同时混以一定比例的氮气作为压制气体，开始合成纳米碳管。裂解温度为$600\sim800℃$，乙炔/氢气为$1:1$，流量为$200\sim300mL/min$，且裂解时间小于$30min$。

具体的裂解反应式为：

$$C_2H_2 \xrightarrow{600\sim800℃} 2C+H_2 \tag{3-2}$$

纳米金属催化剂对纳米碳管的生长起到至关重要的作用。首先该金属是亲碳金属（Fe、Co、Ni等过渡金属），使碳离子可以在金属上吸附、扩散，并达到超饱和状态，最后析出而形成纳米碳管。另外，纳米碳管的生长还受催化剂载体、制备温度、气体成分与流量等条件的影响。因此，通过催化剂种类与粒度的选择及工艺条件的控制，则可获得纯度较高、尺寸分布较均匀的纳米碳管。

化学气相沉积法不仅设备简单，操作简单，而且也最有可能实现纳米碳管的规模化生产以及对纳米碳管结构进行一定的控制。

四、实验内容及步骤

（1）称取少量催化剂，放入石英舟内，将石英舟放入石英管的中部位置。

（2）打开温控仪开关开始升温，当温度升到一定高度后，打开氢气流量计开关，通入氢气以还原催化剂。

（3）温度升到热解温度后，打开乙炔气体流量计开关，通入原料乙炔气体，高温下乙炔分解出碳，在金属颗粒催化下生长出纳米碳管。

（4）关闭温控仪电源开关，关闭乙炔气体流量开关，继续通入氢气30min左右后，关闭氢气流量开关，关闭所有电源，取出样品。

（5）在透射电子显微镜下观察样品形貌和分析。

五、实验报告要求

（1）写出实验目的。

（2）简述采用CVD法制备纳米碳管实验的操作流程。

（3）附上实验产物形貌图，进行简要分析。

实验五 ⊘ 材料 PVD 实验

物理气相沉积（Physical Vapor Deposition，PVD）是指在真空条件下，采用物理方法将材料汽化成原子、分子或是使其电离成为离子，并通过气相过程在基体材料表面形成一层薄膜。该技术不仅可沉积金属膜和合金膜，还可以沉积化合物、半导体、陶瓷和聚合物膜等。

一、实验目的

（1）学习真空镀膜的基本原理及方法。

（2）掌握真空镀膜的操作步骤。

（3）了解影响真空度镀膜层质量的因素。

二、实验设备及材料

（1）JCP-350 磁控溅射/真空镀膜机。

（2）金相显微镜。

（3）基片。

（4）铝丝。

三、实验原理

物理气相沉积的主要方法有真空蒸发镀膜、溅射镀膜、电弧等离子体镀膜、离子镀膜及分子束外延等。这里只介绍真空蒸发镀膜的方法。

1. 真空蒸发镀膜基本原理

本实验采用真空蒸发镀膜制备金属薄膜材料。真空蒸发镀膜基本原理是在真空条件下，使金属、金属合金或化合物蒸发，然后沉积在基体表面上逐渐形成一层薄膜。图 3-9 所示为真空蒸发镀膜系统，主要包括真空容器、蒸发源、基片、基片架以及加热器。

各部分的作用如下。

（1）真空容器：提供蒸发所需的真空环境。

（2）蒸发源：为蒸镀材料的蒸发提供热量。

（3）基片：即被镀工件，在它上面形成蒸发料沉积层。

（4）基片架：安装夹持基片。

真空蒸发镀膜主要包括以下几个物理过程。

（1）采用各种形式的热能转换方式，使镀膜材料蒸发或升华，成为具有一定能量（0.1～0.3eV）的气态粒子（原子、分子或原子团）。

（2）气态粒子通过基本上无碰撞的直线运动方式传输到基片。

（3）粒子沉积到基片表面上并凝聚成薄膜。

真空镀膜对真空度有一定要求，这是因为真空度足够高时，可以使蒸汽分子以射线状从蒸发源向基体发射，大大提高了蒸发材料的利用率及沉积速率。一般要求气体分子平均自由程是蒸发源到基体距离的 2～3 倍。真空室内，残余气体分子的平均自由程 $\bar{\lambda}$ 为

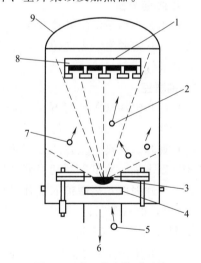

图 3-9 真空蒸发镀膜系统

1—基片架和加热器；2—蒸发料释出的气体；
3—蒸发源；4—挡板；5—返流气体；6—真空泵；
7—解吸的气体；8—基片；9—钟罩

$$\bar{\lambda} = \frac{kT}{\sqrt{2}\pi d^2 P} \tag{3-3}$$

式中，T 为环境温度；d 为分子直径；P 为气体压强。由此可见，气体分子平均自由程与 P 成反比，即气体分子平均自由程与真空度成正比。对于蒸发源到基体距离为 0.15～

0.25m 的真空镀膜机，要求其真空度在 $10^{-5} \sim 10^{-2}$ Pa 之间。

由于物质的平衡蒸汽压随温度上升增加很快，因而蒸发源温度的高低直接影响到镀膜材料的蒸发速率和蒸发方式。蒸发温度过低时，镀膜材料蒸发速率过低，薄膜生长速率低；而过高的蒸发温度，会造成蒸发速率过高，从而产生蒸发原子相互碰撞、散射等现象，还可能产生由于镀料中含有气体迅速膨胀而形成镀料飞溅。

2. 真空蒸发镀膜工艺过程

（1）对真空装置及被镀零件进行净化处理，去除油污、尘埃等。

（2）把净化处理后的零件装入渡槽的支架上。

（3）补足蒸发物质。

（4）抽真空。先用回转泵抽至 13.3Pa，再用扩散泵抽至 133×10^{-6} Pa。

（5）在高真空下对零件加热。加热的目的是去除水分（100～200℃）和增加结合力（300～400℃）。

（6）对蒸镀物通电加热。先输入较低的功率使蒸发物脱水脱气后，增大到蒸镀所需要的功率，打开蒸发源上部的盖板，蒸镀即开始；镀膜厚度可根据蒸发源的功率大小及时间长短确定，但多用膜厚监测器控制。达到镀膜厚度后，关闭盖板并停电。

（7）停电后需在真空条件下放置 15～30min，待冷却到 100℃ 左右后关闭真空阀，导入空气，取出镀件。

四、实验内容及步骤

1. 镀膜前准备

（1）用无水酒精清洗基片和铝丝，用电吹风吹干。

（2）打开镀膜室，先向钟罩内充气一段时间，然后升钟罩，安装好基片、电极钨丝和铝丝，并降下钟罩。

2. 抽真空

（1）打开电源开关，打开"机械泵"开关，接通双热偶程控真空计。接通扩散泵冷却水。高阀处于"关"状态，低阀处于"抽系统"位置。

（2）观测系统真空度在 3Pa 以上后，将低阀切换到"抽钟罩"位置；观测钟罩内真空度在 3Pa 以上后，将低阀再切换到"抽系统"位置。

（3）打开高阀，接通扩散泵开关对扩散泵加热。检测钟罩内真空度，当真空度超过 4×10^{-3} Pa 时，准备镀膜。

3. 镀膜

（1）当真空度达到 5×10^{-3} Pa 以上时打开"蒸发"按钮，调节变压器，逐渐加大电流（小于 12A）使铝丝预熔，同时钟罩内真空度下降。

（2）当钟罩内真空度恢复到 5×10^{-3} Pa 以上时，再加大蒸发电流（20A），此时从观察窗中可以看到铝丝逐渐熔化形成液体小球，然后迅速蒸发，基片上边附着了一层铝膜。

4. 镀膜后处理

（1）调节变压器蒸发电流为 0，关高阀，关扩散泵开关，低阀仍处于"抽系统位置"，过 5min 开"充气"，之后打开钟罩，去除镀件。

（2）清理镀膜室，降下钟罩。

（3）60min 后停机械泵，关闭总电源，关闭扩散泵冷却水。

（4）在显微镜下观察镀件薄膜效果，分析镀膜质量高低的影响因素。

五、实验报告要求

（1）写出实验目的。

（2）简述必须在足够高的真空度下才能实现真空镀膜的原因。

（3）通过实验分析镀膜质量高低的影响因素。

实验六 ⊙ 列车铝合金电子束表面改性

目前，铝合金已广泛应用于承受铁道车辆主要载荷的车体机构，同时在铁路动车组和客车的车窗、车门、座椅和行李架等非承载主体部件上也有大量应用。但由于铝合金存在硬度较低、强度不高、耐磨性差以及润滑性不好等缺点，在很大程度上限制了其应用范围。电子束表面改性技术的出现，为铝合金车体表面强化提供了一种新的有效方法。

一、实验目的

（1）了解电子束表面改性的基本原理及特点。

（2）了解电子束加工设备的结构。

二、实验设备及材料

（1）电子束焊机。

（2）HV-50 型维氏硬度计。

（3）铝合金车体薄板。

（4）Al-Fe 混合粉末。

三、实验原理

1. 电子束表面改性原理

电子束表面改性是利用电子束的高能、高热特点对材料表面进行改性处理，使材料表面组织及结构得到改善，强度和硬度得到大幅提高，耐腐蚀性和防水性也相应得到增强。主要的改性手段有：电子束表面合金化、电子束表面淬火、电子束表面熔覆、电子束表面熔凝以及制造表面非晶态层。

在真空中从灼热的灯丝阴极发射出的电子，在高电压（30～200kV）作用下达到很高的速度，通过电磁透镜聚成一束高功率密度（$10^5 \sim 10^9 \mathrm{W/cm^2}$）的电子束。当高速电子束照射到金属表面时，电子能深入金属表面一定深度，与基体金属的原子核及电子发生相互作用。电子与原子核的碰撞可看作弹性碰撞，电子束的动能立即以热的形式传递给金属表层原子，从而使被处理金属的表层温度迅速升高，足以使任何材料瞬时熔化、汽化，从而可进行焊接、穿孔、刻槽和切割等加工。由于电子束和气体分子碰撞时会产生能量损失和散射，因此电子束加工一般要在真空中进行。

2. 电子束表面改性设备

电子束表面改性设备（见图 3-10）主要由电子枪、控制系统、真空系统、电源及传动系统等组成。

（1）电子枪　电子枪是电子束表面改性获得电子束的关键设备，它包括电子发射阴极、控制栅极和加速阳极等。其中阴极经电流加热发射电子，带负荷的电子高速飞向带高电位

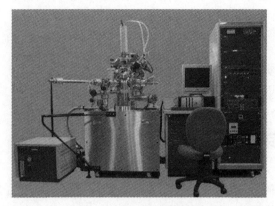

图 3-10　电子束表面改性设备

的阳极，在飞向阳极的过程中，经过加速又通过电磁镜把电子束聚焦成很小的束流。

发射阴极一般用纯钨或钽做成阴极，大功率时用钽做成块状阴极。在电子束打孔装置中，电子枪阴极在工作过程中受到损耗，因此每过 10～30h 就需进行定期更换。

控制栅极为中间有孔的圆筒形，其上加以负偏压，用以初步聚集和控制电子束的强弱。加速阳极通常接地，而在阴极加以很高的负电压以使电子加速，从而获得足够大的动能。电子枪的亮度与电子电流、加速电压成正比，而与阴极热力学温度成反比。

（2）控制系统　控制系统是由束流聚焦控制、束流位置控制、束流强度控制以及工作台位移控制等装置组成。

束流聚焦控制是为了提高电子束的能量密度，使电子束聚焦成很小的束流，它基本上决定着加工点的孔径或缝宽。它是利用电子透镜，通过磁场进行聚焦的。根据电子学原理，为消除相差，获得更细的焦点，常进行二次聚焦。

束流位置控制目的是改变电子束的方向，常用电磁偏转来控制电子束焦点的位置。

束流强度控制是为了使电流得到更大的运动速度，常在阴极上加上 50～150kV 以上的负高压。加工时，为了避免热量扩散到无需加热的部位，常使用电子束间歇脉冲性的运动。

工作台的位移控制是为了在加工过程中控制工作台的位置。

（3）真空系统　真空系统是为了保证在电子束加工时达到 $1.33 \times 10^{-4} \sim 1.33 \times 10^{-2}$ Pa 的真空度。因为只有在高真空时，电子才能高速运动。为了消除加工时的金属蒸气影响电子发射，确保电子稳定高速运动，需要不断地把加工中产生的金属蒸气抽去。它一般由机械旋转泵和油扩散泵或涡轮分子泵两部分组成，先用机械旋转泵把真空室抽至 0.14～1.4Pa 的初步真空度，然后由油扩散泵或涡轮分子泵抽至 0.00014～0.014Pa 的高真空度。

（4）电源系统　电子束加工设备对电源电压的稳定性要求较高，要求波动范围不超过 1%。这是因为电子束聚焦和阴极发射强度与电压波动的关系密切，因此常用稳压设备。

3. 电子束表面改性的特点及应用

电子束工艺是一种较为先进的表面改性技术，与传统的表面处理工艺相比，它具有以下特点。

（1）电子束能聚焦成很小的束斑，且大小可控，可用于精密加工。

（2）电子束加工是在真空状态下进行的，可保证加工过程中工件表面不被氧化，同时对环境几乎无污染。

（3）无机械接触作用，工件变形小，且无工具损耗问题。

（4）功率密度高，能加工各种高熔点和难加工的材料，如钨、钼、不锈钢、金刚石、蓝宝石、水晶、玻璃、陶瓷和半导体材料等。

（5）能量的发生和供应源可精确地灵活移动，并具有高的加工生产率。

由于电子束加工具有以上特点，目前已被广泛地应用于高硬度、易氧化或韧性材料的微细小孔的打孔、复杂形状的铣切、金属材料的焊接、熔化和分割、表面淬硬、光刻和抛光，以及电子行业中的微型集成电路和超大规模集成电路等的精密微细加工。但是，由于电子束加工使用高电压，会产生较强 X 射线，必须采取相应的安全措施；同时电子束加工对设备和系统的真空度要求较高，使得电子束加工价格昂贵，这在一定程度上限制了其在生产中的应用。

四、实验内容及步骤

（1）用丙酮清洗去除钢板表面氧化物和油污，再用无水乙醇清洗吹干。

（2）将铝合金板放入真空室中，并在基板上铺上一定厚度和比例的 Al-Fe 混合粉末，刮平。

（3）通过调节电子枪或工作台的位置，使粉床中心对准电子枪中心。

（4）关上真空室的门开始抽真空，电子枪真空和真空室真空分别达到各自设定的真空度之后系统自动进入电子束加工准备状态。

（5）调整束流和扫描时间等电子束参数在铝合金表面进行电子束扫描加工，观察并对比涂层宏观形貌。

（6）测量电子束加工后各试样的硬度值，重复测量 3 次，取平均值，并与基板硬度值比较。

五、实验报告要求

（1）写出实验目的。

（2）简述电子束表面改性的基本原理及特点。

（3）测量电子束加工各工艺条件下涂层的硬度值，并对实验数据进行处理（见表 3-7）。

（4）简要分析束流和扫描时间对涂层宏观形貌及硬度的影响。

表 3-7　实验数据处理

加速电压/kV	束流/mA	扫描时间/s	硬度值（HV）	基体硬度值（HV）	改性效果

实验七 ➲ 镁合金表面离子注入

镁合金由于其优良的性能，在航空、航天以及汽车等领域得到了广泛应用，同时在轨道交通领域也有一定应用，如空调通风口、车窗防护栏以及衣帽钩等。但镁合金本身存在着耐蚀性差、硬度低等缺点，从而制约了其广泛应用。离子注入作为一种重要的表面改性技术，是近期发展的可提高镁合金耐蚀性能的有效方法。

一、实验目的

（1）了解离子注入技术的基本原理及工艺过程。

（2）了解离子注入改性的影响因素。

二、实验设备及材料

（1）MEVVA Ⅱ A-H 型离子注入机。

(2) HV-50 型维氏硬度计。

(3) 氮气（纯度：99.99%）。

(4) AZ31 镁合金板材（尺寸：15mm×15mm×4mm）。

三、实验原理

离子注入技术是将某种元素的原子或携带该元素的分子进行电离，并使该离子在强电场中进行加速，获得较高的动能后，使之注入工件表面一定深度的真空处理工艺，从而引起材料表层的成分和结构变化，最终导致材料的各种物理、化学或力学性能发生变化。

1. 离子注入基本原理

高能离子进入工件表面后，与工件内原子和电子发生一系列碰撞。这一系列的碰撞包括三个独立的过程。

(1) 电子碰撞　电子碰撞是入射离子进入工件后，与工件内电子的非弹性碰撞。碰撞结果可能引起离子源激发原子中的电子或原子获得电子、电离或 X 射线发射等。

(2) 核碰撞　核碰撞是入射离子与工件原子核的弹性碰撞。碰撞结果使工件中产生离子大角度散射和晶体中产生辐射损伤等。

(3) 离子与工件内原子作电荷交换　无论哪种碰撞都会损失离子自身能量，离子经多次碰撞后，能量耗尽而停止运动，并作为一种杂质原子留在工件材料中。离子这种能量衰减的过程就是金属基体中能量传递和离子沉积的过程，衰减区实际上就是离子注入深度。一般而言，用于表面改性的离子注入能量范围为 35~200keV，相应的离子注入深度为 0.01~0.5μm。

离子注入深度是离子能量和质量以及基体原子质量的函数。一般情况下，离子能量越高，离子注入深度越大；离子或基体原子质量越小，注入深度越大。研究表明，具有相同初始能量的离子在工件内的投影射程符合高斯函数分布。因此注入元素在离表面 x 处的体积离子数 $n(x)$ 为

$$n(x) = n_{max} e^{-\frac{1}{2}x^2} \tag{3-4}$$

式中，n_{max} 为峰值体积离子数。

设 N 为单位面积离子注入量，L 为离子在工件内行进距离的投影，d 为离子在工件内行进距离投影的标准偏差，则注入元素的浓度可根据下式计算得出

$$n(x) = \frac{N}{d\sqrt{2\pi}} \exp\left[-\frac{(x-L)^2}{2d}\right] \tag{3-5}$$

离子进入工件后，对工件表面性能发生的作用除离子挤入工件内的化学作用之外，还有辐照损伤（离子轰击所产生的晶体缺陷）和离子溅射作用，这些在材料改性中都有重要的意义。

2. 离子注入设备

离子注入设备按能量大小可分为：低能注入机（5~50keV）、中能注入机（50~200keV）和高能注入机（0.3~5MeV）。图 3-11 所示为离子注入系统。离子注入机主要由离子源、质量分析器、加速器、中性束偏移器、聚焦系统、偏转扫描系统和工作室等七个部分组成。离子源用于产生各种强度的离子束；质量分析器用来去除不需要的杂质离子，分离出所需的杂质离子，且离子束很纯；加速器是高压静电场，用来对离子束进行加速，且该加速能量是决定离子注入深度的重要参量；中性束偏移器利用偏移电极和偏移角度分离中性原子；聚焦系统用来将加速后的离子聚焦成直径为数毫米的离子束；偏转扫描系统用来实现离子束 x、y 方向一定面积内的扫描；工作室用来安装需要注入的样品，其位置可调。

离子注入的过程是将需要注入的元素在离子源中进行离子化，以数千伏的电压把形成的

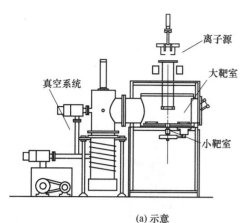
(a) 示意

(b) 实物

图 3-11　离子注入系统

离子引入质量分析器，在质量分析器中把具有一定质量/电荷比的离子分选出来，并导入加速系统，在高速电压作用下，将离子加速到最终要求的高能状态，高能离子在扫描电场作用下可在材料表面中纵横扫描，从而实现高能离子对材料表面的均匀注入。

四、实验内容

（1）将工件用不同型号砂纸依次打磨并抛光至镜面，然后用酒精超声波清洗。

（2）通入高纯氮气，接通电源，靶室真空度为 2×10^{-3} Pa，加速电压为 45kV。

（3）调整注入剂量和注入时间等工艺条件，按表 3-8 进行离子注入实验。

（4）测定离子注入后各试样的维氏硬度，研究不同注入剂量和注入时间对硬度的影响。

表 3-8　实验任务表

注入元素	加速电压 /kV	注入剂量 /(mA/cm^{-2})	注入时间 /h	硬度值 （HV）	基体硬度值 （HV）	改性效果 /%
N						

五、实验报告要求

（1）写出实验目的。

（2）简述离子注入技术的基本原理。

（3）将实验测试结果填入表 3-8 中。

（4）简要分析注入 N 离子使改性层硬度明显提高的原因。

实验八 ⊃ 模具钢表面渗碳处理

一、实验目的

在金相显微镜下观察碳化层组织，并结合相图分析组织构成。

二、实验设备

(1) 渗碳炉 (图 3-12)。
(2) 金相切割机。
(3) 金相研磨机、抛光机。
(4) 金相显微镜。

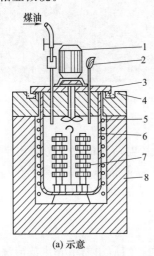
(a) 示意

(b) 实物

图 3-12 渗碳炉

1—风扇发动机；2—废弃火焰；3—炉盖；4—砂封；5—电阻丝；6—耐热罐；7—工件；8—炉体

三、实验原理

1. 渗碳工艺

模具钢表面渗碳是指为了增强模具表面的含碳量，将模具型腔放入渗碳介质中加热保温，使碳原子渗入型腔表层的表面处理工艺。渗碳分为以下三个阶段。

(1) 渗碳介质的分解　渗碳剂在高温下将分解，当炉膛稳定为 910~970℃时，渗碳介质分解生成活性碳原子，炉膛内充满高浓度的活性碳原子。以煤油渗碳剂为例，煤油分解后产生的各种成分非常复杂，如表 3-9 所示。反应产物中的 C_nH_{2n+2}、C_nH_{2n}、CO、CO_2 等都能起到渗碳作用，它们在高温下直接和模具钢零件的表面接触，并进一步分解生成活性强、渗入能力大的活性碳原子。渗碳时只有分解产生的碳呈原子态才具有渗碳能力，当碳以分子状态存在时就没有渗碳能力。

表 3-9　煤油热解后产生的产物

产物成分	C_nH_{2n+2}	C_nH_{2n}	CO	CO_2	H_2	O_2	N_2
含量/%	10~10.5	≤0.6	10~20	≤0.4	50~75	≤0.4	≤5

(2) 吸收阶段　模具钢在高温下转变成单一的奥氏体组织时，由于其处于碳原子浓度很大的气氛当中，碳原子就会很容易通过晶界渗入零件表层，并渗入奥氏体中，形成间隙固溶体。根据铁碳合金相图，钢在 920℃时，奥氏体的含碳量最大可达到 1.2%，因此对于含碳量低于 0.25% 的低碳钢，表层经过渗碳处理后含碳量可达 1.0%，成为高碳钢组织。

(3) 扩散阶段　扩散阶段是指被钢零件表面吸收的活性碳原子自钢的表面向表层深处迁移扩散，形成具有一定厚度的扩散渗碳层。扩散层的厚度随着保温时间的增加而增加，其厚度的增大速度符合扩散抛物线规律，可用式（3-6）表达

$$\delta^2 = KT \tag{3-6}$$

式中，δ 为扩散层深度，mm；T 为扩散时间，h；K 为常数。

2. 渗碳层组织及性能

经过高温下渗碳的工件，随着冷却方式不同，可以得到不同的组织形貌。同时渗透操作过程中由于操作不当会出现各种缺陷。渗碳钢经过高温渗碳后在缓慢冷却的条件下，可得到平衡状态组织，其组织由表及里可分为过共析层、共析层、亚共析过渡层和心部原始组织。

过共析层在工件的最表面，其碳浓度最高，在一般的工艺条件下，该层含碳量在 0.8%～1.0%之间；共析层的含碳量在 0.77%左右，其组织全部是片状珠光体；亚共析过渡层在相邻的共析层基础上析出铁素体，一直延伸到与心部组织交界为止；心部组织即为原材料的原始组织。

图 3-13 是 20CrMnTi 钢的渗碳层组织，其表层白色块状组织为渗碳体，灰色针状为高、中碳马氏体，其余为残余奥氏体，残余奥氏体含量及左而右渐渐减少。适当的渗碳层深度取决于零件的使用条件以及心部钢材的强度，渗碳淬火后，表层高碳层的强度高于心部的强度，当工件受外力作用时，表面应力最大，并向心部逐渐减少，所以工件渗碳淬火的硬化层，应能保证传递到心部的应力小于心部材料的强度，以保证工件不被破坏，这是渗碳层深度一般选择原则。另外，为保证工件有足够的耐磨性，要使在整个磨损层内的碳浓度不低于共析成分，因而要求渗碳层内过共析层及共析层的总和应比允许磨损量稍大一些。

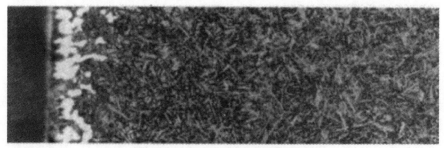

图 3-13 20CrMnTi 钢的渗碳层组织

四、实验步骤

(1) 前期渗透处理。

(2) 切样、镶样，金相磨制。

(3) 金相侵蚀和组织观察。

五、实验报告要求

(1) 明确实验目的，了解渗碳工艺及过程。

(2) 分析渗碳层的显微组织，并绘制简图。

(3) 讨论组织形成原因，提出工艺控制方法。

实验九 ◯ 材料表面冷喷涂涂层制备

一、实验目的

(1) 理解材料表面冷喷涂涂层基本制备方法和工艺。

（2）掌握涂层制备设备的操作规程、方法及步骤。

二、实验设备及材料

（1）冷喷涂装置。

（2）直尺。

（3）粉末（Cu 粉）。

（4）基板（不锈钢）。

三、实验原理

冷喷涂技术的过程是指经过一定低温预热的高压气体（He 或 N_2）通过缩放喷管产生超音速气体射流，将喷涂粒子从轴向送入气体射流中加速，以固态的形式撞击基体形成涂层。

冷喷涂技术不同于传统热喷涂（超速火焰喷涂、等离子喷涂等），它不需要将喷涂的金属粒子熔化，冷喷涂采用压缩空气加速金属粒子到临界速度，经喷嘴喷出，金属粒子撞击到基板表面后发生物理形变。严重塑性变形的金属粒子撞击在基板表面并牢固附着，整个过程金属粒子没有被熔化，喷涂基体表面的温度一般不超过 150℃。冷喷涂的原理如图 3-14 所示。

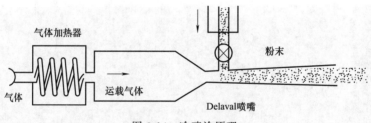

图 3-14　冷喷涂原理

冷喷涂过程中，高速粒子撞击基板后，是形成涂层还是对基板产生喷丸或冲蚀作用，或是对基板产生穿孔效应，取决于粒子撞击基板前的速度。对于一种材料存在着一定临界速度 v_c，当粒子速度大于 v_c 时，粒子碰撞后将沉积在基板表面；当粒子速度小于 v_c 时，将发生冲蚀现象（基板表面损坏，金属粒子掉落）。v_c 因粉末种类而不同，一般为 $500 \sim 700 \text{m/s}$，具体如表 3-10 所示。因此，为了增加气流的速度，提高粒子的速度，冷喷涂技术还可以将加速气体预热后送入喷枪，通常预热温度小于 600℃；同时为了获得高的粒子速度与沉积效率，要求粉末粒度及其分布范围要小，一般为 $1 \sim 50 \mu m$。

表 3-10　不同材料的临界速度

材料	铜	镍	铁	铝
临界速度/(m/s)	560~580	620~640	620~640	680~700

冷喷涂技术根据压缩空气的压力不同，分为高压冷喷涂和低压冷喷涂，其中高压冷喷涂使用的压缩空气为 15 个大气压以上，低压冷喷涂使用的压缩空气为 10 个大气压以下。对比传统的热喷涂技术，冷喷涂技术具有以下优点。

（1）可以用于喷涂多类别、具有一定塑性的材料，获得导电、导热、防腐、耐磨等涂层，比如纯金属 Zn、Cu、Fe、Ni 和 Ti 等，不锈钢、青铜等合金，也可以制备 Ni 高温合金等。

（2）冷喷涂粒子低温而高速，可以避免粒子在加速与加热过程发生物理化学反应，适用于对温度敏感（纳米、非晶）、对氧化敏感（Cu、Ti 等）和对相变敏感（金属陶瓷）材料的涂层制备。

（3）对基板的热影响小。被喷涂基板的表面瞬间温度不超过 150℃，体感温度大约为 70℃（具体温度与喷涂粒子的速度、喷枪移动速度有关），可以避免基板热变形、材料组织破坏。

（4）可以在任何金属、玻璃、陶瓷和岩石表面喷涂。

（5）喷涂致密性好，涂层厚度大，可以达到 10mm 以上。由于高速粒子经过剧烈塑性变形实现沉积，涂层组织致密，并在涂层将产生较大的压应力，可以制备厚涂层。

（6）金属粒子可以回收。由于没有经历明显的热过程，基本不发生组织结构的变化，未沉积的粒子可以回收利用。

四、实验内容

（1）首先打开气体预热器电源进行温度设定，待温度达到设定值后至少 10min 开始喷涂实验。

（2）打开控制面板上的电源锁按钮（Power）。

（3）将控制面板上的主气流量控制阀（Primary Gas Flow）调到最大。

（4）根据实际喷涂需要调整主气控制管上的减压器，使得主气压力输出在 0.5～3.5MPa 之间。

（5）调整送粉气控制管上的减压器，使得送粉气压力比主气压力高出 0.5MPa 左右。

（6）按下控制面板上的喷涂按钮（Spray）。

（7）当温度升高到实验设定的喷枪腔室温度后，按下控制面板上的送粉按钮（Powder Feed），同时调整送粉气流量控制阀（Carrier Gas Flow）使得喷枪送出均匀的粉末。

（8）喷涂结束后，首先关掉送粉按钮，然后关掉喷涂按钮，同时将送粉气流量控制阀调到最小状态。

五、实验报告要求

（1）简述实验原理。

（2）明确操作步骤和注意事项。

（3）做好原始记录，观察涂层表面质量。

实验一 ➲ 车身用钢 CO_2 气体保护焊

客车车身的质量直接关系到整台客车的性能和安全。客车车身零件主要选用焊接性能良好的低碳钢薄壁型杆件，其中焊缝是成型过程中较难控制连接的相贯线。CO_2 气体保护焊是应用在高速列车上最具代表性的焊接方法之一，对客车车身采用 CO_2 气体保护焊进行焊接（图 4-1），既能保证焊接接头处的硬度和强度，也能保证其受力不变形。

图 4-1　汽车车身总装

一、实验目的

（1）了解 CO_2 气体保护焊的原理及工艺特点。

（2）熟悉和掌握 CO_2 气体保护焊的熔滴过渡特点。

（3）掌握焊接工艺参数对焊接成形的影响规律。

（4）初步掌握 CO_2 气体保护焊施焊的基本技能。

二、实验设备及材料

（1）CO_2 气体保护焊机。

（2）氧化性气体流量计。

（3）CO_2 保护气体。

（4）$\phi 1.2mm$ 的焊条 H08Mn2Si。

（5）低碳钢薄板。

（6）导电嘴。

（7）电弧防护面罩。

三、实验原理

CO_2 气体保护焊以 CO_2 气体作为保护介质使电弧及熔池与周围空气隔离，防止空气中氧、氮、氢对熔滴和熔池金属的有害作用，从而获得优良的机械保护性能。生产中一般是利用专用的焊枪，形成足够的 CO_2 气体保护层，依靠焊丝与焊件之间的电弧热，进行自动或半自动熔化极气体保护焊接。

CO_2 气体保护焊主要用来焊接低碳钢和低合金钢，焊接过程中为防止出现 CO 气体和减少飞溅，并保证焊接接头性能，需要使用含脱氧剂的焊丝，如常用的 H08Mn2Si 焊丝。H08Mn2Si 焊丝是目前 CO_2 气体保护焊中应用最广泛的一种焊丝。它具有较好的工艺性能、力学性能及抗热裂纹能力，适宜焊接低碳钢、$\sigma_s \leqslant 490 \text{N/mm}^2$ 的低合金钢以及焊后热处理强度 $\sigma \leqslant 1176 \text{N/mm}^2$ 的低合金高强度钢。

1. CO_2 气体保护焊的工艺特点

（1）CO_2 气体易生产，焊接成本低，只有焊条电弧焊的 40%～50%。

（2）CO_2 焊穿透能力强，焊接电流密度大（100～300A/m^2），变形小，生产效率比焊条电弧焊高 1～3 倍。

（3）焊缝抗锈能力强，含氢量低，冷裂纹倾向小。

（4）焊缝成形不够美观，金属飞溅较多，设备复杂。

（5）不能焊接易氧化的金属材料，抗风能力差，室外作业困难。

（6）焊接弧光强，必须注意弧光辐射。

2. CO_2 气体保护焊设备

CO_2 气体保护焊设备主要由焊接电源、送丝机构、焊枪、气路系统（包括气瓶、流量计、预热器、减压器、干燥器、胶管、气阀等）和控制系统组成。

CO_2 气体保护焊机应满足的要求如下。

（1）电源应具有良好的动态特性。

（2）用等速送丝时，电源应具有平或上升的外特性。

（3）电压和电流能在一定范围内灵活调节。

3. CO_2 气体保护焊的熔滴过渡特点

在实验采用焊丝直径为 $\phi 1.2 \text{mm}$ 的情况下，熔滴的过渡形式主要是短路过渡和颗粒状过渡。

短路过渡是在细丝、低电压和小电流情况下产生的过渡形式。焊接过程中，焊丝末端的熔滴长大到一定大小后和熔池表面接触，造成焊接回路短路、电弧熄灭。由于电磁挤压力和表面强力的作用，焊丝末端和熔池中间形成金属小桥，使熔池过渡，在短路电流峰值作用下使缩颈破断，进而熔滴完全进入熔池，焊丝末端出现间隙，电弧又重新复燃。

短路过渡除与焊接电源动态特性有关外，在很大程度上取决于电弧电压，当采用焊丝直径为 $\phi 1.2 \text{mm}$ 时，短路过渡时最稳定的电弧电压范围为 18～21V。同时短路过渡的性质也与电压有着密切关系，当电压较低时以正常短路（短路时间＞2ms）为主，短路时间较长，飞溅较小；而电压较高时，瞬间短路（短路时间＜2ms）增加，飞溅也增加。

短路过渡的工艺特点如下：①短路过渡过程中燃弧与短路始终交替更换着；②由于焊丝直径小，相对电流密度高，电弧燃烧稳定，因而短路过渡过程十分稳定；③电弧能量集中，工件变形小，非常适用于薄板以全位置焊接场合；④短路过渡时负载变化大，对电源动态特性要求高；⑤短路过渡焊接具有热辐射与光辐射低、烟尘较小的优点。

当焊丝直径为 $\phi 1.2 \text{mm}$，采用大电流（达到 300A 左右）、高电压（27～30V）进行焊接时，熔滴呈颗粒状过渡。当颗粒尺寸增加时，会使飞溅增大、电弧不稳定、焊缝成形质量差。这种过渡形式很适合用于中厚板的填充焊缝，而不适合于空间位置焊缝。

4. CO_2 气体保护焊接工艺

CO_2 气体保护焊（图 4-2）的工艺参数包括电弧电压、焊接电流、气体流量和焊丝伸出长度等，短路过渡焊接时还包括短路电流峰值和短路电流上升速度。

（1）电弧电压和焊接电流　短路过渡焊接时，电弧电压和焊接电流呈周期性的变化。电流和电压表上的数值是其有效值，而不是瞬时值，一定的焊丝直径具有一定的电流调节范围。

（2）气体流量　气体流量过小时，保护气体的力度不足，焊缝容易产生气孔等缺陷；气体流量过大时，保护气流的紊流度增大，反而会把外界空气卷入焊接区。通常小电流时，气体流量在 $5\sim15\text{L/min}$ 之间；大电流时，气体流量在 $15\sim20\text{L/min}$ 之间。

（3）焊丝伸出长度　焊丝伸出长度是指导电嘴端面到工件之间的距离。合适的伸出长度应为焊丝直径的 $10\sim15$ 倍，一般以 $5\sim15\text{mm}$ 为宜。

（4）电源极性　CO_2 气体保护焊一般采用直流反接，飞溅小，电弧稳定，成形质量好。

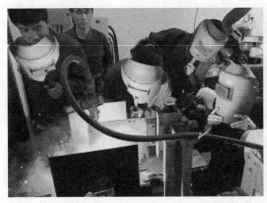
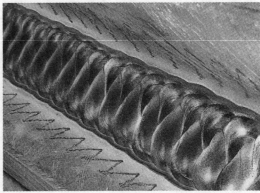

(a) 焊接现场　　　　　　　　　　　　　　　　(b) 焊缝

图 4-2　CO_2 气体保护焊

四、实验内容

（1）观察和熟悉 CO_2 气体保护焊的工艺过程，并进行实际操作。

（2）根据表 4-1 中的焊接规范，通过改变电弧电压和焊接电流对钢板进行焊接。

（3）观察各工艺条件下焊接过程中电弧形态和熔滴过渡特点，并注意飞溅率的大小及焊缝成形特点。

表 4-1　CO_2 气体保护焊工艺实验规范

序号	实际规范	电弧形态和熔滴过渡特点	飞溅及焊缝成形特点
1	$U_1 =$ $I_1 =$		
2	$U_2 =$ $I_2 =$		
3	$U_3 =$ $I_3 =$		

五、实验报告要求

（1）写出实验目的。

（2）简述 CO_2 气体保护焊的熔滴过渡特点。

（3）将实验结果整理填入表 4-1 中。

（4）对 CO_2 气体保护焊的特点进行分析讨论。

实验二 ➡ 车体用铝合金钨极氩弧焊工艺

铝合金车体具有重量轻、耐腐蚀、外观平整度高以及易于制造复杂曲面车体的优点，因而生产制造铝合金车体是世界各国铁路运输和城市铁道车辆发展的必然趋势。由于铝合金具有较好的冷热加工性能和焊接性，几乎所有焊接方法对铝合金都适用，而钨极氩弧焊（TIG）具有热功率大、能量集中以及保护效果好等特点，因而成为铝合金最常用的焊接方式。

一、实验目的

（1）了解钨极氩弧焊的原理及工艺特点。
（2）掌握钨极氩弧焊中各焊接参数对焊缝成形的影响。
（3）初步掌握钨极氩弧焊施焊的基本技能。

二、实验设备及材料

（1）钨极氩弧焊机（图 4-3）。
（2）TIG 焊工作台。
（3）惰性气体流量计、氩气。
（4）填入焊缝的焊丝。
（5）电弧防护面罩。
（6）铝合金车体薄板。

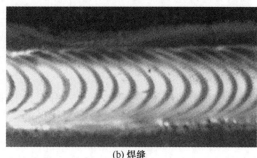

(a) 焊机   (b) 焊缝

图 4-3 钨极氩弧焊机及焊缝

三、实验原理

1. TIG 焊原理及特点

钨极氩弧焊（TIG）是以高熔点的钨极作为不熔化极，氩气作为保护气体，利用钨电极和工件间产生的电弧热熔化母材和填充焊丝实现焊接的方法。氩气主要用于保护钨电极、焊缝金属熔池及邻近热影响区在电弧加热区域不被空气氧化，从而形成优质的焊接接头。

TIG 焊电弧燃烧过程中，由于电极不熔化，易维持恒定的电弧长度，焊接过程稳定；氩气是惰性气体，不与液态金属反应且不溶解于液态金属中，能有效地保护熔池金属；TIG 焊热量集中，从喷嘴喷出的氩气又有冷却作用，因而形成的焊缝热影响区小，焊件变形小；

同时用氩气保护无熔渣，焊缝成形美观且质量好；除黑色金属外，可用于焊接铝、铜等有色金属、不锈钢及合金钢。但 TIG 焊接效率低、成本高，需要特殊的引弧措施，且氩弧焊产生的紫外线强度大、臭氧浓度高；另外，钨极有一定放射性，目前推广使用的铈钨极危害较小。

2. TIG 焊设备组成

TIG 焊机可分为手动 TIG 焊机和自动 TIG 焊机两类。手动 TIG 焊机主要由焊接电源、焊枪、水冷和供气系统、控制系统等组成。对于自动 TIG 焊机，除上述几部分外，还应有小车行走机构及送丝装置（图 4-4）。

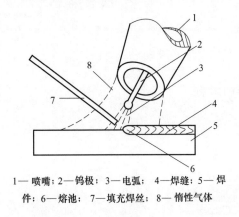

1——喷嘴；2——钨极；3——电弧；4——焊缝；5——焊件；6——熔池；7——填充焊丝；8——惰性气体

(a) 示意图　　　　　　　　　　　(b) 现场图

图 4-4　焊接工装组成

（1）焊接电源　TIG 焊可以采用直流、交流或交、直流两用电源。无论是直流还是交流都应具有陡降外特性或垂直下降外特性，以保证在弧长发生波动时，减小焊接电流的变化。交流焊机电源常用动圈漏磁式变压器；直流焊机可用它励式焊接发电机或磁放大器式硅整流电源；交、直流两用焊机常采用饱和电抗器或单相整流电源。

（2）焊枪　TIG 焊焊枪的作用是夹持钨极、传导焊接电流和输送氩气流，它应具备：①良好的导电性能；②能使保护气产生合适的流态，以获得可靠的保护；③更换钨极方便，喷嘴与电极间绝缘良好；④冷却充分，以保证持久工作；⑤重量轻，结构紧凑，装拆维修方便。

TIG 焊焊枪可分为水冷式焊枪和气冷式焊枪两种。气冷式焊枪使用方便，当使用焊接电流小于 150A 时可用气冷式焊枪，当焊接电流大于 150A 就必须使用水冷式焊枪。

（3）水冷和供气系统　TIG 焊机的水冷系统主要用来冷却焊接电缆、焊枪和钨极。如果焊接电流小于 100 A 时，就不需要水冷。为保证冷却水接通并有一定的压力才能启动焊接设备，通常在氩弧焊机中设置水压开关。

供气系统用来控制保护气的通断，主要由氩气瓶、减压器、流量计及电磁气阀组成。

（4）控制系统　TIG 焊机的控制系统是通过控制线路，对供电、供气、引弧与稳弧等各个阶段的动作程序实现控制的，主要由引弧器、稳弧器、行车（或转动）速度控制器、程序控制器、电磁气阀和水压开关等组成。

对控制系统的要求：①提前送气和滞后停气，以保护钨极和引弧、熄弧处的焊缝；②自动控制引弧器、稳弧器的启动和停止；③手工或自动接通和切断焊接电源；④焊接电流能自动衰减。

3. TIG 焊的分类

为适应不同材料的焊接要求，TIG 焊可以使用交流、直流和脉冲电流。

（1）交流 TIG 焊　以交流电弧焊电源为焊接电源，电极、母材正负极性相互变化。电极为正时，电极过热消耗大，可去除母材表面的氧化膜，即所谓的清洗作用。正是由于该清洗作用，在焊接铝、镁及其合金时，一般都选择交流 TIG 焊。

（2）直流 TIG 焊　以直流电弧焊接电源作为焊接电源，以电极为负、母材为正的焊接方法，广泛应用于不锈钢、钛、铜及铜合金等的焊接。直流 TIG 焊没有极性变化，电弧燃烧很稳定，当采用直流正极性时，钨极是阴极，钨极的熔点高，在高温时电子发射能力强，电弧燃烧稳定性更好。

（3）脉冲 TIG 焊　脉冲 TIG 焊是用经过调制而周期变化的焊接电流进行焊接的一种电弧焊方法，其中焊接电流由脉冲电流和基值电流两部分组成。脉冲电流的作用是使母材熔化形成熔池，基值电流的作用是只维持电弧燃烧，这时已形成的熔池开始凝固，焊缝是由许多相互重叠的焊点组成。脉冲 TIG 焊分为低频（$0.1 \sim 10\,Hz$）、中频（$10 \sim 500\,Hz$）和高频（$10 \sim 20\,kHz$），其中以低频脉冲 TIG 焊应用最为普遍。

4. TIG 焊规范

TIG 焊的工艺参数主要包括焊接电流种类及大小、焊接速度、钨极直径及端部形状、氩气流量和喷嘴直径等。

（1）焊接电流种类及大小　焊接电流种类一般根据工件材料来选择，其大小则主要根据工件材料、厚度、接头形式、焊接位置，有时还需考虑焊工技术水平等因素选择。

（2）焊接速度　焊接速度主要根据工件厚度决定，并和焊接电流、预热温度等配合以保证获得所需的熔深和熔宽。在高速自动焊时，还要考虑焊接速度对气体、保护效果的影响。

（3）钨极直径及端部形状　钨极直径主要根据焊接电流种类及大小来选择，如表 4-2 所示。

根据所用焊接电流种类，选用不同的钨极端部形状。钨极端部的尖端角度大小会影响钨极的许用电流、引弧及稳弧性能。小电流焊接时，选用小直径钨极和小的锥角，可使电弧容易引燃和稳定；在大电流焊接时，选用大的锥角可避免尖端过热熔化，减少损耗。

表 4-2　纯钨电极的许用焊接电流推荐值

钨极直径/mm	直流电流/A		交流电流/A
	正极性接法	负极性接法	
$1 \sim 2$	$65 \sim 150$	$10 \sim 20$	$20 \sim 100$
3	$140 \sim 180$	$20 \sim 40$	$100 \sim 160$
4	$250 \sim 340$	$30 \sim 50$	$140 \sim 220$
5	$300 \sim 400$	$60 \sim 100$	$200 \sim 280$

（4）气体流量和喷嘴直径　在一定条件下，气体流量和喷嘴直径有一个最佳范围，此时气体保护效果最佳，有效保护区最大。因此气体流量和喷嘴直径要有一定配合。一般手工氩弧焊喷嘴孔径和保护气流量的选用见表 4-3 。

表 4-3　喷嘴孔径和保护气流量选用范围

焊接电流/A	直流		交流	
	喷嘴孔径/mm	流量/(L/min)	喷嘴孔径/mm	流量/(L/min)
$10 \sim 100$	$4 \sim 9.5$	$4 \sim 5$	$8 \sim 9.5$	$6 \sim 8$
$101 \sim 150$	$4 \sim 9.5$	$4 \sim 7$	$9.5 \sim 11$	$7 \sim 10$
$151 \sim 200$	$6 \sim 13$	$6 \sim 8$	$11 \sim 13$	$7 \sim 10$

焊接电流/A	直流		交流	
	喷嘴孔径/mm	流量/(L/min)	喷嘴孔径/mm	流量/(L/min)
201～300	8～13	8～9	13～16	8～15
301～500	13～16	9～12	16～19	8～15

5. 铝合金车体 TIG 焊接工艺规程

（1）焊前准备

① 焊前应对母材接头及焊丝表面进行去油污和氧化膜等清理，以防止气孔、夹渣等产生。

② 焊前可在接缝下放置一垫板，且在垫板表面开一圆弧形槽，这样既保证焊件被焊透且不会焊穿，也可保证反面焊缝成形。垫板可选用石墨、不锈钢或碳钢等材料。

③ 对一些薄而小的焊件，一般不需要焊前预热，而对于一些厚度超过 6mm 的焊件，为使接缝附近达到所需要的温度，应对焊件进行焊前预热，预热温度一般为 80～100℃。

（2）焊丝及保护气体的选择

① HS311 是铝及铝合金通用的一种焊丝。采用 HS311 焊丝焊接时，金属流动性好，有较高的抗热裂性能，且具有一定的强度。

② TIG 焊常用的保护气体为氦气、氩气或其混合气体。由于铝合金车体大都为薄板件，故一般采用纯氩气作为保护气体。

（3）焊接工艺参数的选择　铝及铝合金钨极手工氩弧焊工艺参数见表 4-4。

表 4-4　铝及铝合金钨极手工氩弧焊工艺参数（交流电源）

板材厚度/mm	焊丝直径/mm	钨极直径/mm	预热温度/℃	焊接电流/A	氩气流量/(L/min)	焊接层数 正/反	坡口 形式	坡口 间隙/mm
1	1.5～2	2		50～60	4～5	1	Ⅱ	0～2
1.5	2	2		50～70	4～6	1	Ⅱ	0～2
2	2～3	2		60～90	5～6	1	Ⅱ	0～2
3	3	3		90～100	5～6	1	Ⅱ	0～2
4	3～4	3		150～180	6～8	1～2/1	Ⅱ	0～2
5	4	3～4		160～180	9～12	1～2/1	V60～70℃	0～2
6	4	4		240～280	16～20	1～2/1	V60～70℃	0～2
8	4～5	5	100	260～320	16～20	2～3/1	V60～70℃	0～2
10	4～5	5	100～150	280～340	16～20	3～4/1～2	V60～70℃	0～2
12	4～5	5	150～200	300～360	18～22	3～4/1～2	V60～70℃	0～2
14	5～6	5～6	180～200	340～380	20～24	3～4/1～2	V60～70℃	0～2

四、实验内容

（1）了解 TIG 焊机及焊枪结构，了解它的特点和性能，并掌握使用方法。

（2）分别在低碳钢和不锈钢板上施焊，观察直流正接 TIG 焊的焊接过程及熔深特性；调节焊接电流，观察焊接电流对焊缝成形的影响，并将实验结果填入表 4-4。

（3）在铝合金板上施焊，观察交流 TIG 焊的焊接过程及熔深特性。

（4）分别调节焊接电流和气体流量，观察焊接电流和气体流量对焊缝成形的影响，并将实验结果分别填入表 4-5 和表 4-6。

表 4-5　焊接电流对熔深的影响

焊接电流/A			
焊缝宽度/mm			
焊缝成形（正反面）			
钨极烧损/mm			

表 4-6　气体流量对熔深的影响

氩气流量/L·min^{-1}			
焊缝宽度/mm			
焊缝成形（正反面）			
钨极烧损/mm			

五、实验报告要求

（1）写出实验目的。

（2）TIG 焊的原理及工艺特点。

（3）将实验数据整理后分别填入表 4-5 和表 4-6 中。

（4）讨论焊接铝合金时为什么采用交流 TIG 焊，而焊接低碳钢和不锈钢时采用直流正接 TIG 焊。

实验三 ➡ 汽车用铝合金搅拌摩擦焊工艺

铝合金由于具有比强度高、韧性和耐腐蚀性好以及加工性能优良等优点，在汽车、轨道车辆和航空航天等领域具有广泛的应用。随着汽车轻量化的快速发展，作为汽车轻量化的首选材料，铝合金将发挥越来越大的作用。搅拌摩擦焊作为一种新型的固相连接工艺，具有高效、节能且焊后变形小等特点，以及在焊接低熔点合金时具有的显著优势，在铁路机车制造和航空航天等领域具有广阔的应用前景。

一、实验目的

（1）了解搅拌摩擦焊的基本原理。

（2）熟悉搅拌摩擦焊的设备及其工艺流程。

（3）初步掌握焊接工艺参数（焊接速度、搅拌头转速等）对搅拌摩擦焊焊缝成形的影响。

二、实验设备及材料

（1）搅拌摩擦焊机。

（2）圆柱形搅拌头。

（3）维氏硬度计。

（4）7075 铝合金板材。

三、实验原理

搅拌摩擦焊与传统摩擦焊类似，也是利用摩擦热作为焊接热源。不同的是，搅拌摩擦焊是利用一个特殊形状的搅拌头高速旋转插入工件的接缝处，然后沿待焊工件的焊缝运动，通过搅拌头与工件材料的搅拌和摩擦，使待焊材料温度升高至热塑性状态，同时在高速旋转搅拌头的作用下，处于塑性状态的金属由搅拌头前方向后方流动，另外由于搅拌头对焊缝金属的挤压作用，在该热-机械共同作用下材料扩散连接形成致密的原子间固相连接。图 4-5 所示为搅拌摩擦焊。

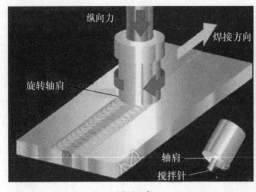

(a) 原理示意   (b) 焊缝

图 4-5 搅拌摩擦焊

搅拌摩擦焊是一种固态焊接方法，焊接过程中接头部位金属不发生熔化，故可避免熔化焊时可能出现的各种缺陷，焊缝质量较好。同时由于搅拌摩擦焊接过程中接头部位无大范围的热塑性变化过程，因而焊后接头热影响区显微组织、焊后结构的残余应力或变形均较熔化焊时小得多。与其他传统焊接方法相比，搅拌摩擦焊焊接过程中无烟尘和飞溅，且噪声低，对环境的污染小；同时由于搅拌摩擦焊唯一依靠的是搅拌头的旋转和移动，并不需要焊丝、焊条、焊剂及保护气体等其他焊接材料，因而更节省能源。与普通摩擦焊相比，搅拌摩擦焊可用于板结构的连接，不受轴类零件的限制，同时操作过程方便，易实现机械化、自动化，对作业环境要求低。

四、实验内容

（1）了解搅拌摩擦焊的基本原理和工艺过程。

（2）焊前对 7075 铝合金板材进行去油污清洗处理，然后再进行搅拌摩擦焊接。

（3）分别改变焊接速度和搅拌头转速等工艺参数进行搅拌摩擦焊，同时观察并对比各工艺条件下形成的焊缝外观形貌。

（4）采用维氏硬度计测量各焊件的焊缝硬度值，重复测量取平均值。

五、实验报告要求

（1）写出实验目的。

（2）简述搅拌摩擦焊工艺的基本原理及特点。

（3）测量搅拌摩擦焊各工艺条件下焊缝的硬度值，并对实验数据进行处理（见表 4-7）。

表 4-7 实验数据处理

焊接速度/(mm/min)	搅拌头转速/(r/min)	焊缝平均硬度值(HV)	焊缝宏观形貌

（4）简要分析焊接速度和搅拌头转速对焊缝宏观形貌和硬度值的影响。

实验四 ➲ 斜 Y 形坡口焊接裂纹实验

冷裂纹是焊接后冷却时温度达到 M_s 点附近或更低的温度区间内产生的，主要发生在低合金钢、中合金钢、中碳和高碳钢的热影响区。冷裂纹直接影响焊接接头性能，甚至产生脆性断裂。

一、实验目的

（1）了解斜 Y 形坡口实验方法及特点。
（2）评定碳钢和低合金高强度钢焊接热影响区对冷裂纹的敏感性。

二、实验设备及材料

（1）直流电弧焊机。
（2）$\phi 4mm$ 的焊条 E5515-B2（R307）。
（3）游标卡尺。
（4）砂轮切割机。
（5）角向砂轮机。
（6）Q235 钢板和 15CrMo 钢板。
（7）渗透剂。

三、实验原理

焊接冷裂纹倾向的测定方法很多，常用的有最高硬度法、斜 Y 形坡口焊接裂纹实验法（又称"小铁研式"抗裂实验）、拉伸拘束实验（TRC 实验）、刚性拘束裂纹实验（RRC 实验）、插销实验等。其中斜 Y 形坡口焊接裂纹实验一般用于评定碳钢和低合金高强度钢焊接热影响区的裂纹倾向，由于该实验方法简便，是目前国际上采用较多的抗裂性实验方法之一。

斜 Y 形坡口焊接裂纹实验所用试样的形状和尺寸如图 4-6 所示，试件板厚 $\delta = 9\sim$

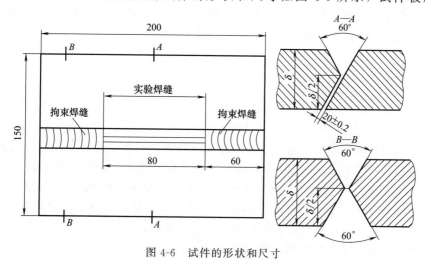

图 4-6　试件的形状和尺寸

38mm，试件的坡口采用机械切削加工，两端各 60mm 范围内先用焊缝固定。在试板中间处进行焊接实验（单道焊），焊接规范采用标准规范，焊条直径为 4mm，焊接电流为 170A，焊接电压为 24V，焊接速度为 150mm/min，焊缝如图 4-7 所示。实验焊缝两端都不得有拘束焊缝，并保持 2～3mm 的间隙。拘束焊缝采用双面焊，要保证填满，并注意防止角变形和未焊透。实验焊缝采用手弧焊或埋弧焊，焊后应至少放置 24h 再进行裂纹检测。

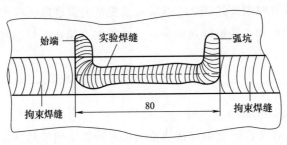

图 4-7　实验焊缝

采用肉眼或其他适当方法来检查焊接接头的表面和断面是否有裂纹。裂纹的长度按图 4-8 进行检测，裂纹长度为曲线按直线长度检测，裂纹重叠时不必分别计算。

1. 表面裂纹率

表面裂纹率可用下式计算

$$C_f = \frac{\sum L_f}{L} \times 100\% \tag{4-1}$$

式中，C_f 为表面裂纹率，%；$\sum L_f$ 为表面裂纹长度之和，mm；L 为实验焊缝长度，mm。

2. 根部裂纹率

将试件采用适当的方法着色后拉断或弯断，然后按图 4-8（b）检测根部裂纹，并按下列公式计算根部裂纹率

$$C_r = \frac{\sum L_r}{L} \times 100\% \tag{4-2}$$

式中，C_r 为根部裂纹率，%；$\sum L_r$ 为根部裂纹长度之和，mm；L 为实验焊缝长度，mm。

3. 断面裂纹率

对试件的五个横断面进行断面裂纹检查，按图 4-8（c）检测断面裂纹，并根据下式分别计算这五个横截面的断面裂纹率，然后求其平均值

$$C_s = \frac{\sum H_s}{\sum H} \times 100\% \tag{4-3}$$

式中，C_s 为断面裂纹率，%；$\sum H_s$ 为断面裂纹的长度之和，mm；$\sum H$ 为试样焊缝的最小厚度之和，mm。

另外，断面裂纹率也可以采用另一种方法进行计算，即将实验焊缝采用适当办法着色，然后用断裂面的裂纹面积与全断面面积之比以百分率的形式来表示断面裂纹率。

斜 Y 形坡口对接裂纹实验的特点：①由于接头拘束度大，根部尖角又有应力集中，因此认为实验中只要表面裂纹率不超过 20%，在实际生产中就是安全的；②斜 Y 形坡口对接裂纹实验主要用于评价打底焊缝及其热影响区冷裂纹倾向，对于焊缝金属则用直角坡口对接裂纹实验，其实验方法及程序与斜 Y 形坡口相同。

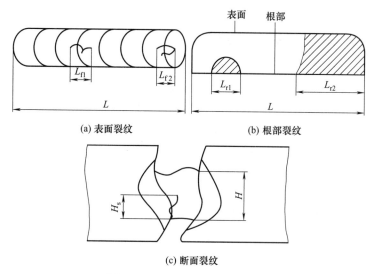

図 4-8　裂纹长度的测量与计算

四、实验内容及步骤

（1）按图 4-6 装配，先焊拘束焊缝。

（2）用 $\phi 4\text{mm}$ 的 R307 焊条、焊接电流（170±10）A、焊接电压（24±2）V、焊接速度（150±10）mm/min 进行焊缝焊接实验。

（3）焊后试件经自然冷却 48h 后喷渗透剂并放置 10min，测量其表面裂纹，并计算表面裂纹率。

（4）用砂轮切割机切断试样，并用角向砂轮磨平，检测根部裂纹，计算根部裂纹率。

（5）在试验焊缝上切下 5 块试片，并用角向砂轮磨平，检测 5 个断面上的裂纹深度，计算断面裂纹率。

（6）对斜 Y 形坡口对接裂纹实验的结果进行分析。

五、实验报告要求

（1）写出试验目的。

（2）画出斜 Y 形坡口焊接裂纹实验试件的坡口。

（3）测定碳钢和低合金高强度钢斜 Y 形坡口焊接裂纹实验试件的表面、根部和断面裂纹率，记录于表 4-8。

（4）试分析焊接接头冷却速度和焊缝含氢量对冷裂纹的影响。

表 4-8　实验数据记录

编号	钢种	焊条牌号	焊接电流/A	焊接电压/V	表面裂纹长度/mm	根部裂纹长度/mm	断面裂纹长度/mm	表面裂纹率	根部裂纹率	断面裂纹率
1										
2										
3										
4										
5										
6										

实验五 ➡ 焊接热裂纹实验

焊接热裂纹是指在焊接过程中，焊缝和热影响区金属冷却到固相线附近的高温区所产生的裂纹，具有沿晶界分布的特征。焊接热裂纹是焊接过程中普遍存在而又十分严重的问题，它是引起焊接结构发生破坏的主要原因。

一、实验目的

（1）掌握材料可焊性的概念。

（2）能正确使用实验手段分析材料可焊性的好坏。

（3）学会使用主要焊接设备和仪器。

二、实验设备及材料

（1）二氧化碳气体保护焊机。

（2）手工电弧焊焊机。

（3）计算机控制应力分析仪。

（4）HJK-CK4 综合焊接设备。

（5）金相显微镜。

（6）Q235、16Mn、1Cr18Ni9Ti 和工业纯铝等板材。

（7）二氧化碳气体保护焊可选择 H08Mn2Si 焊丝。

（8）手工电弧焊焊条可选择 E4303（J422）。

三、实验原理

焊接热裂纹通常出现于焊缝金属内，有时也出现在焊接熔合线邻近的热影响区内。它是在焊接熔池金属结晶过程中，由于存在一些有害元素或低熔点共晶体且在焊接拉应力作用下产生的。

常用焊接热裂纹敏感性实验方法有：T 形热裂纹实验法、压板对接（Fisco）焊接裂纹实验法、可调拘束裂纹实验法、十字搭接裂纹实验法以及鱼骨状裂纹实验法。这里主要介绍压板对接（Fisco）焊接裂纹实验法和可调拘束裂纹实验法。

1. 压板对接（Fisco）焊接裂纹实验法

压板对接（Fisco）焊接裂纹实验法适用于评定碳钢、低合金钢、不锈钢及其焊条的热裂倾向。该实验法要求制件少、制备方便，且实验结果重复性好，已作为我国焊条验收检查的主要实验方法之一。

Fisco 焊接裂纹实验装置如图 4-9 所示。焊件材料分别选择 Q235、16Mn 和 1Cr18Ni9Ti 板材进行直缝焊。试板的标准尺寸为 200mm×120mm，共两块对接，板厚根据实验要求而定。焊接前用螺栓将试板紧固在槽钢架上，依次焊接 4 条长度为 40mm 的实验焊缝，焊缝间距 5～10mm。焊接电流选为 100～120A，焊接速度控制在 100mm/min 左右。焊后冷却约 10min 后取下试件检查焊缝及热影响区有无裂纹等缺陷，并根据下式计算其表面裂纹率

$$Q = \frac{\sum L_i}{L} \times 100\% \qquad (4-4)$$

式中，Q 为表面裂纹率，%；L_i 为每段焊缝的裂纹长度，mm；L 为 4 条焊缝的长度之

和，mm。

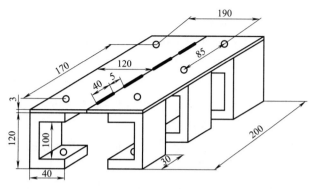

图 4-9　Fisco 焊接裂纹实验装置

2. 可调拘束裂纹实验法

可调拘束裂纹实验法是一种定量评定材料热裂纹敏感性的实验方法，主要用于评定低合金钢各种热裂纹敏感性。其实验原理是在焊缝凝固后期施加不同的应变，从而研究焊缝金属或热影响区在不同应变量作用下裂纹产生的规律。当外加应变量在某一温度区间超过焊缝或热影响区金属的塑性变形能力时，就会产生裂纹，以此来评定产生焊接热裂纹的敏感性。

根据试验目的的不同，可确定进行横向或纵向可调拘束裂纹实验，两者的实验设备及过程均相同，焊缝承受的拉伸应变方向及试件尺寸不同。实验时，只需将焊接方向改变 90°即可。

横向可调拘束裂纹实验装置如图 4-10（a）所示，施加应变的方向垂直于焊接轴线方向，实验时将试件的一端以悬臂梁的形式固定在弯曲模块的上方，然后在试件上从 A 点到 C 点进行焊接，当焊接到 B 点时，及时将力 F 施加在试件上面，使试件在压头作用下以某一速度单向弯曲，直到试件与弯曲模块完全贴合为止。电弧在 B 点弯曲之后继续前进，直到焊接到 C 点位置断弧。焊件材料分别选择 Q235、1Cr18Ni9Ti、16Mn 和工业铝板材，试板尺寸如图 4-10（b）所示。

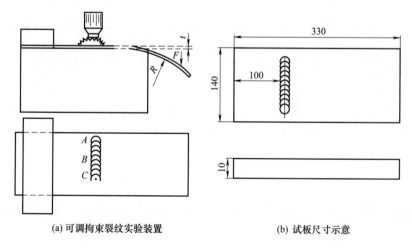

(a) 可调拘束裂纹实验装置　　　　　　　　　(b) 试板尺寸示意

图 4-10　可调拘束裂纹实验装置及试板尺寸示意图

在焊接过程中对试板施加的应变由弯曲模块的曲率半径来控制，试件表面所承受的应变根据纯弯曲的变形公式简化为

$$\varepsilon = \frac{t/2}{R+t/2} \times 100\% \approx \frac{t}{2R} \times 100\% \tag{4-5}$$

式中，t 为试件厚度；R 为弯曲模块的曲率半径。

实验时通过变换不同曲率半径的弯曲模块，在焊缝金属表面施加不同的应变量。当应变量超过某一数值时，在焊缝上就会出现裂纹，此应变量称为临界应变量。通过金相显微镜分别观察不同的应变量作用下裂纹的数量和长度，可获得以下数据：①不产生裂纹的最大应变量；②某一应变下最大裂纹的长度；③某一应变下裂纹的总长度；④某一应变下裂纹的总条数。通过这些数据来分析不同材料裂纹敏感性大小。

可调拘束裂纹实验能测得比较直观反映材料凝固裂纹敏感性的裂纹长度和数量等参数外，还能定量地测出材料产生裂纹的临界应变量、脆性温度区间、在脆性温度区间内的塑性变形能力——凝固塑性曲线，及产生凝固裂纹的临界应变速率等定量参数。这些参数的确定有利于进一步研究凝固裂纹的形成机理、影响因素和防止措施，因而可调拘束裂纹实验法得到了广泛的应用。

四、实验内容

（1）按表 4-9 和表 4-10 所列工艺条件进行各种焊接操作。

（2）检查 Fisco 焊接裂纹实验中焊件的焊缝及热影响区有无裂纹等缺陷，计算其表面裂纹率，并将数据填入相应表内，对不同材料的焊接性进行分析与比较。

（3）通过金相显微镜分别观察可调拘束裂纹实验中不同应变量作用下裂纹的数量和长度，并找出 ε_{max}、L_{max}、L_ε 以及 N_ε 等数据，并将数据填入相应表内。通过这些数据来分析不同材料裂纹敏感性大小。

表 4-9　材料焊接性的分析与比较

焊件材料	焊接方法	焊条或焊丝	焊接工艺参数	表面裂纹率 Q
Q235-Q235	二氧化碳气体保护焊	H08Mn2Si	100A,100mm/min	
1Cr18Ni9-1Cr18Ni9	二氧化碳气体保护焊	H08Mn2Si	100A,100mm/min	
16Mn-16Mn	二氧化碳气体保护焊	H08Mn2Si	100A,100mm/min	
1Cr18Ni9-16Mn	二氧化碳气体保护焊	H08Mn2Si	100A,100mm/min	

表 4-10　焊接热裂纹的分析与比较

焊件材料	焊接方法	焊接工艺参数	焊丝	ε_{max}	L_{max}	L_ε	N_ε
Q235	二氧化碳气体保护焊	100A,60mm/min	H08Mn2Si				
1Cr18Ni9	二氧化碳气体保护焊	100A,60mm/min	H08Mn2Si				
16Mn	二氧化碳气体保护焊	100A,60mm/min	H08Mn2Si				
工业铝板	二氧化碳气体保护焊	100A,60mm/min	Al				

五、实验报告要求

（1）写出实验目的。

（2）简述焊接热裂纹的影响因素，以及防止焊接热裂纹的措施。

（3）试对比压板对接焊接裂纹实验和可调拘束裂纹实验的优缺点。

（4）将实验数据整理后分别填入表 4-9 和表 4-10 中。

（5）对比分析试验结果，指出哪些材料好焊，哪些材料不好焊，说明原因，并提出改善材料焊接性的方法。

实验六 ❯ 轨道车辆碳钢车体点焊实验

轨道车辆工业是大量采用焊接技术的工业部门之一。焊接技术因其具有减轻产品重量、工艺简单和成本低等优点，在轨道车辆工业得到了广泛应用，其中点焊是现代车身制造中应用最广泛的工艺，主要应用于车身总成侧围、后围、地板、车门、前桥以及一些小零部件等的焊接。

一、实验目的

（1）熟悉点焊的基本原理和焊接工艺参数。

（2）研究焊接电流和焊接时间对低碳钢点焊接头承载能力的影响。

二、实验设备及材料

（1）点焊机。

（2）万能试验机。

（3）游标卡尺。

（4）低碳钢薄板。

三、实验原理

点焊是将焊件装配成搭接接头并压紧在两柱状电极之间，利用电流通过焊件时产生的电阻热熔化母材金属，冷却后形成焊点的电阻焊方法，如图 4-11 所示。点焊是一种高速、经济的重要连接方法，适于薄板壳体或型钢构件的焊接，具有电流大、时间短、在压力状态下进行焊接的工艺特点。

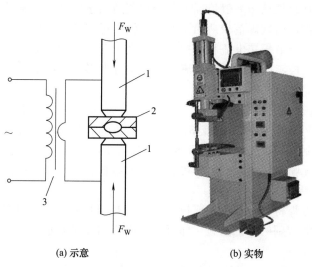

(a) 示意   (b) 实物

图 4-11 点焊机

1—电极；2—焊件；3—电阻焊变阻器

点焊是一种永久结合的金属连接方式，其过程包含三个彼此衔接的阶段，即焊件预先压紧、通电并把焊接区加热到熔点以上，以及在电极力作用下凝固冷却。点焊时由于使用一定直径的电极加压，焊件产生一定的变形，焊件间的电流通道主要局限于两电极间的部分焊件区，使局部电流密度高，从而达到局部熔化形成焊点的目的。

1. 点焊设备的组成

电阻焊设备由焊钳、焊接变压器和控制箱三大部分组成。

（1）焊钳　焊钳是根据焊接设备的形状和尺寸来决定的，种类繁多，主要由气缸、电极及启动开关装置组成。

（2）焊接变压器　焊接变压器是电阻焊机供电装置的核心，其工作原理与一般电力变压器相似，但结构和使用条件不同。

（3）控制箱　控制箱是整个电阻焊机的关键控制部分，整个电阻焊机的功能范围、焊接质量及设备的可靠性基本上都由控制箱决定。

2. 点焊焊接参数

点焊焊接参数主要包括焊接电流、焊接时间、电极压力和电极尺寸等。

（1）焊接电流　焊接时流经焊接回路的电流称焊接电流，一般在数万安培以内，焊接电流是最主要的点焊参数。

（2）焊接时间　焊接电流接通到停止的持续时间，称焊接时间，点焊时焊接时间一般在数十周波（1周波=0.02s）以内，焊接时间对接头力学性能的影响与焊接电流相似。

（3）电极压力　点焊时通过电极施加在焊件上的压力一般有数千牛，电极压力过大或过小都会使焊点承载能力降低和分散性变大，尤其对拉伸载荷影响更甚。

（4）电极尺寸　电极尺寸增大时，由于接触面积增大、电流密度减小、散热效果增强，均使焊接区加热程度减弱，因而熔核尺寸减小，使焊点承载能力降低。

点焊时，各焊接参数的影响是相互制约的。当电极材料、端面形状和尺寸选定以后，点焊参数的选择主要是考虑焊接电流、焊接时间及电极压力，这是形成点焊接头的三大要素，其相互配合有两种方式。

① 焊接电流和焊接时间的适当配合。这种配合方式是以反映焊接区加热速度快慢为主要特征。当采用大焊接电流、小焊接时间参数时，称为硬规范；而采用小焊接电流、适当长焊接时间参数时，称软规范。一般情况下，硬规范适用于铝合金、奥氏体不锈钢、低碳钢及不等厚度板材的焊接；而软规范较适用于低合金钢、可淬硬钢、耐热合金、铁合金等。

应该注意的是，调节焊接电流和焊接时间使之配合成不同的软、硬规范时，必须相应地改变电极压力，以适应不同加热速度及满足不同塑性变形能力的要求。软规范时所用电极压力明显小于硬规范焊接时的电极压力。

② 焊接电流和电极压力的适当配合。这种配合方式是以焊接过程中不产生喷溅为主要原则，这是目前国外几种常用电阻点焊规范（RWMA、MIL Spec、BWRA 等）的制订依据。根据这一原则制订的焊接电流-电极压力关系曲线，称为喷溅临界曲线。当规范选在喷溅临界曲线附近（无喷溅区内）时，即可获得最大熔核和最高拉伸载荷。

3. 低碳钢的点焊

本实验选用的点焊材料为低碳钢薄板，其点焊焊接性良好，采用普通工频交流点焊机、简单焊接循环，无需特别的工艺措施，即可获得满意的焊接质量。

点焊技术要点如下。

（1）焊前冷轧板表面可不必清理，热轧板应去除氧化皮和锈蚀等。

（2）建议采用硬规范来进行点焊。

（3）焊接厚板（>3mm）时，建议选用带锻压力的压力曲线，带预热电流脉冲或断续通电的多脉冲点焊方式，选用三相低频焊机焊接等。

（4）低碳钢属铁磁性材料，当焊接尺寸较大时应考虑分段调整焊接参数，以弥补因焊件伸入焊接回路过多而引起焊接电流减弱。

（5）对低碳钢而言，其具体点焊的焊接参数可参考表 4-11。

表 4-11　低碳钢板点焊的焊接参数

参数类别	板厚/mm	电极直径/mm	通电时间/周	电极压力/N	焊接电流/kA	熔核直径/mm	抗切力/N
最佳参数	0.5	$\phi4.8$	6	1350	6	4.3	2400
	0.8	$\phi4.8$	8	1900	7.8	5.3	4400
	1.0	$\phi6.4$	10	2250	8.8	5.8	6100
	1.2	$\phi6.4$	12	2700	9.8	6.2	7800
	2.0	$\phi8.0$	20	4700	13.3	7.9	14500
	3.2	$\phi9.5$	32	8200	17.4	10.3	31000
中等参数	0.5	$\phi4.8$	11	900	5	4.0	2100
	0.8	$\phi4.8$	15	1250	6.5	4.8	4000
	1.0	$\phi6.4$	20	1500	7.2	5.4	5400
	1.2	$\phi6.4$	23	1750	7.7	5.8	6800
	2.0	$\phi8.0$	36	3000	10.3	7.6	13700
	3.2	$\phi9.2$	60	5000	12.9	9.9	28500
一般参数	0.5	$\phi4.8$	24	450	4	3.6	1750
	0.8	$\phi4.8$	30	600	5	4.6	3550
	1.0	$\phi6.4$	36	750	5.6	5.3	5300
	1.2	$\phi6.4$	40	850	6.1	5.5	6500
	2.0	$\phi8.0$	64	1500	8.0	7.1	13050
	3.2	$\phi9.2$	105	2600	10.0	9.4	26600

注：存在分流时，焊接电流应相应增大。

四、实验内容

（1）了解点焊机的结构和特点，并掌握其使用方法。

（2）在低碳钢板上进行点焊，对焊接电流和焊接时间进行单一影响因素改变，观察不同工艺条件下点焊接头的焊后形貌，并测定点焊接头的熔核直径。

（3）对点焊接头进行剪切性能测试，每种工艺条件下点焊接头的抗剪强度取 3 个试件的平均值。

（4）分析焊接电流和焊接时间对低碳钢点焊接头承载能力的影响。

五、实验报告要求

（1）写出实验目的。

（2）简述点焊的原理和特点。

（3）将实验数据整理后填入表 4-12 和表 4-13，并分析焊接电流和焊接时间对低碳钢点焊接头承载能力的影响。

表 4-12　焊接电流对熔核直径和抗剪强度的影响

焊接电流/A			
熔核直径/mm			
抗剪强度/MPa			

表 4-13　焊接时间对熔核直径和抗剪强度的影响

焊接时间/s			
熔核直径/mm			
抗剪强度/MPa			

实验七 ❯ 钢轨铝热焊工艺实验

钢轨接头是铁路轨道的薄弱环节，而采用焊接技术连接钢轨铺设无缝线路是适应铁路运输高速重载发展的需要，一方面可降低车辆和线路的维修成本，另一方面可减小列车对轨道的冲击作用，使列车运行平稳，延长轨道使用寿命。相对于其他钢轨焊接方法，钢轨铝热焊焊接方法由于具有操作方法简便、不依赖电力、焊接速度快以及接头平顺性好等特点，在钢轨道岔、断轨抢修和日常换轨等工作中都有大量应用，已成为高速铁路建设中不可缺少的一种焊接方法。

一、实验目的

（1）了解钢轨铝热焊的基本原理。
（2）熟悉钢轨铝热焊的工艺流程。
（3）了解铝热焊焊接接头质量的影响因素。

二、实验设备及材料

（1）耗材：一次性坩埚、铝热焊剂、砂模、封箱泥、密封膏、高温火柴。
（2）铝热焊焊接设备。
（3）工装夹具。
（4）预热装置。
（5）其他辅助工具。
（6）U75V 钢轨。
（7）超声波探伤仪。

三、实验原理

1. 钢轨铝热焊基本原理

钢轨铝热焊是指将配制好的铝热焊剂放入坩埚中点燃，使之发生剧烈的化学反应和冶金反应释放出巨大的热能，反应生成的高温铝热钢液通过特别设计的砂型浇注系统注入由砂型和待焊钢轨组合形成的型腔内，从而将待焊钢轨的端面熔化，经冷却凝固后形成焊接接头（图 4-12）。由于铝热焊的浇注和冷却过程与铸造极为相似，故也可将铝热焊称之为铸焊。

铝粉和氧化铁是焊剂的基本成分，发生的主要化学反应为

$$3FeO+2Al=\!=\!=3Fe+Al_2O_3+833.9kJ \tag{4-6}$$

$$Fe_2O_3+2Al=\!=\!=2Fe+Al_2O_3+830.24kJ \tag{4-7}$$

$$3Fe_3O_4+8Al=\!=\!=9Fe+4Al_2O_3+3237.65kJ \tag{4-8}$$

该氧化还原反应过程中放出大量的热量，反应生成的铝热钢液因密度大沉于坩埚底部，而反应生成的三氧化二铝因密度小浮于坩埚表面形成熔渣。

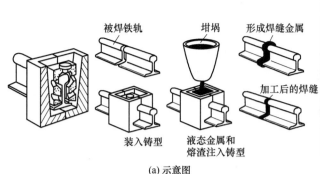

(a) 示意图   (b) 现场图

图 4-12 钢轨的铝热焊接

为提高钢轨铝热焊接头焊缝的质量，可在铝热焊剂中加入适量石墨来调整焊缝金属的含碳量；若要提高焊缝的各项力学性能，可在铝热焊剂中加入适量的合金元素，如硅、锰、钼和钛等。

2. 钢轨铝热焊的工艺流程

钢轨铝热焊由于采用铸造工艺进行焊接，因而存在如气孔、夹杂、缩孔、疏松以及未焊合等内部缺陷，在施工过程中应严格控制好焊接工艺以获得良好的接头质量。钢轨铝热焊的工艺流程如图4-13 所示。

（1）钢轨准备 焊前须检查钢轨的类型、重量及其表面状况，确认两侧钢轨均适合铝热焊剂进行焊接；同时确认钢轨端部无损伤、裂缝和扭曲变形，严禁钢轨带伤焊接；另外还必须对钢轨的端面进行清理。

（2）对轨 钢轨对正是铝热焊接工艺最为关键的一步，必须使用功能全面、性能稳定的对轨架，对轨架要安设牢固、位置合适及便于调整。

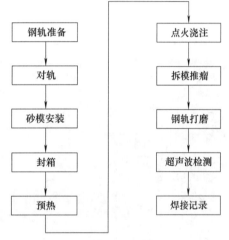

图 4-13 钢轨铝热焊的工艺流程

（3）砂模安装 砂模安装时，焊缝中心应与砂模中心重合，同时先装底模再装侧模，并保证砂模与钢轨外轮廓紧密贴合。

（4）封箱 用专用封箱泥将砂型槽缝隙封闭两遍，确保不会有钢水漏出。

（5）预热 预热质量的影响因素主要包括氧气和丙烷压力、火焰调节和预热时间。其中预热时间则由使用的钢轨型号和焊剂类型来决定，若气候条件湿冷，可适当延长预热时间。

（6）点火浇注 预热结束后，立即将坩埚放在砂模正上方，点燃高温火柴并将其插入焊剂中，盖上坩埚盖，开始反应。反应完成后，钢水注入砂模，开始浇注。

（7）拆模推瘤 浇注完成后按焊剂工艺要求时间开始拆模推瘤。

（8）钢轨打磨 推瘤完成后即可进行热打磨，采用专用设备打磨钢轨顶面和侧面，为防止冷却后焊缝低塌，应保证顶面焊缝高于钢轨面 0.8~1.0mm。

浇注结束后 1h 左右进行冷打磨，保证焊缝上下角圆顺、无棱角毛刺、整体光滑平顺，便于探伤。

（9）超声波检测 依据相关标准，对焊接接头进行超声波检测。

（10）焊接记录 对铝热焊接工作进行详细记录，便于日后跟踪调查。

四、 实验内容

（1）掌握钢轨铝热焊的工艺流程。

（2）根据上述工艺流程对 U75V 钢轨进行铝热焊焊接。

（3）观察铝热焊焊接接头的宏观形貌，检查有无缺陷。

（4）采用超声波探伤仪对焊件进行探伤检测，记录探伤结果，并分析焊接接头产生缺陷的原因。

五、实验报告要求

（1）写出实验目的。

（2）简述钢轨铝热焊的基本原理及工艺流程。

（3）简要分析影响铝热焊焊接接头质量的因素。

实验八 ➡ 车体激光焊接实验

随着现代交通运输业的飞速发展，实现列车轻量化的主要途径是减轻车体本身的重量。由于铝合金具有比强度高、比刚度大、拉伸性能好且不易被腐蚀等特点，因而成为列车轻量化的首选材料。铝合金焊接质量的高低直接决定了高速列车车体成品质量的好坏。相对于铝合金的传统焊接工艺，激光焊接是一种高能密度的焊接工艺，激光焊接可以有效防止传统焊接工艺产生的缺陷，较大幅度提高强度系数（图 4-14 所示为汽车车顶的激光焊接）。

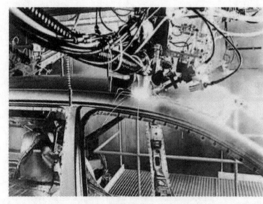

图 4-14 汽车车顶的激光焊接

一、实验目的

（1）理解激光焊接的基本原理及特点，熟悉运用激光进行金属焊接的具体过程。

（2）观察激光焊接的焊接过程，理解其焊接方式的条件及形成机理。

（3）掌握金相测量方法，测量熔深、熔宽，并对焊接结果进行合理分析。

二、实验设备及材料

（1）LDM2500-60 半导体激光器。

（2）K1000M4i-A 数控系统。

（3）6061 铝合金薄板。

三、实验原理

1. 激光焊接的原理

激光焊接原理是利用激光器产生的高强度的激光束，使其聚能到 $10^5 \, \text{W/cm}^2$ 以上的能量密度，当其作用于焊接件焊缝时，焊接件吸收光能而转变为热能，使其金属熔化后冷却结晶形成接头。在激光焊接过程中，当激光束触及金属材料时，其热量通过热传导传输到工件表面及表面以下更深处。在激光热源的作用下，材料熔化、蒸发，并穿透工件的厚度方向形成狭长空洞，随着激光焊接的进行，小孔沿两工件间的接缝移动，进而形成焊缝。

激光焊接主要有热传导焊与深熔焊两种，其原理如图 4-15 所示。热传导焊时 [图 4-15 (a)]，激光辐射能量作用于材料表面，辐射能在表面转化为热能，通过热传导向材料内部扩散，使之熔化，在两材料连接处形成熔池。在激光束向前运动后，熔池中的熔融金属凝固，形成连接两块材料的焊缝。热传导焊采用的激光功率密度为 $10^5 \sim 10^6 \, \text{W/cm}^2$。深熔焊时 [图 4-15 (b)]，激光功率密度达到 $10^6 \sim 10^7 \, \text{W/cm}^2$，功率输入远大于热传导、对流及辐射散热的速率，材料表面发生汽化而形成小孔。激光通过孔中直射到孔底，光束带着大量的光能不断进入小孔，小孔外材料在连续流动。小孔随着光束向前移动，熔融的金属填充小孔移开后所留下的空腔，并随之冷凝形成焊缝，完成焊接过程。整个过程发生极快，其焊接速度可达到每分钟数米。

2. 激光焊接的工艺参数

现在激光焊接在各领域中得到了广泛的运用，因为焊接质量出现问题造成的危害是十分严重的，故正确控制和设定影响焊接质量的工艺参数，使其在激光焊接过程中控制在良好的范围内，对保证焊接质量有着重要的意义。现实生产中激光焊接的工艺参数如下。

（1）焊接速度 焊接速度低会使焊接材料过度熔化，从而导致工件焊穿；而焊接速度过快又会使焊接的熔深过浅。所以在现实生产中对特定材料的厚度和激光功率有一个合理的焊接速度范围。

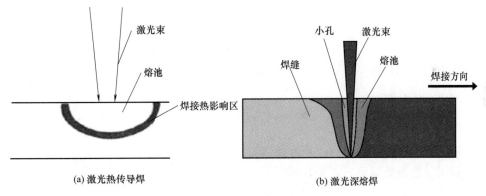

(a) 激光热传导焊 　　　　　　(b) 激光深熔焊

图 4-15　激光焊接原理

（2）离焦量 离焦量是激光焊接的重要参数，因为离焦量改变了能量密度和光斑直径。当离焦量较小时，激光光斑直径小、功率密度大，熔池有较快的扩展速度，而初始匙孔直径减小；如果离焦量较大时，初始匙孔直径增大，而熔池扩展速度减慢，焊点尺寸有可能减小。

（3）激光脉冲宽度 激光脉宽由热影响区和熔深确定，它区别于材料熔化和材料去除，决定加工设备的体积和造价。实践证明每种材料都有一个可使熔深达到最大的最佳脉冲宽度。

（4）激光脉冲波形 当焊接材料表面被高强度激光束辐射时，将会有 $60\% \sim 98\%$ 的能量反射而损失掉，且材料的反射率会随时间而变化。当材料温度在熔点时，反射率会下降，当材料在熔化状态时，反射率稳定在一定数值上。

（5）功率密度 单位面积内激光功率称为功率密度，它直接影响材料的升温时间，激光功率越大，材料表面温度升得就越快。高功率密度在切割、打孔等材料去除加工中得到广泛的应用。低功率密度易形成良好的熔融焊接，在传导型激光焊接中，其数值控制在 $10^4 \sim 10^5 \, \mathrm{W/cm^2}$。

3. 激光焊接的特点

（1）激光的能量释放极其迅速，整个焊接过程在几秒内完成。这提高了焊接生产效率，并有效减少了焊接材料的氧化量。激光焊接的能量密度高并且热量比较集中，因此焊接热影响区极小，非常适合热敏感材料的焊接。

（2）用偏转棱镜或反射镜可以将激光束在任何方向聚焦和反射，并可用光导纤维传到难以接近的位置，所以可以应用到无法安置或难以接近的焊接地点。

（3）激光束聚焦后可获得很小的光斑，并能精确定位，因此可以用于微小型工件的大批量自动化生产。

（4）激光束易实现光束的空间和时间分光，能进行多光束同时加工和多工位加工，因而为精密焊接提供了有力基础。

（5）激光焊接在具有以上优点的同时，也存在要求焊件装配精度高、要求光束位置不能显著偏移、最大可焊厚度受到限制、能量转换效率太低和设备投资较高的缺点。

四、实验内容及步骤

（1）焊接方式采取平板焊接方式，焊接过程中依次增大激光器功率，对比不同的金属材料在不同功率下对焊接过程实验现象及结果。

（2）实验过程中仔细观察实验现象，如激光焊接时的颜色、声音和产生的火花现象。实验过程中严格记录实验数据、实验现象，由于激光对人眼均有伤害，实验过程中必须严格遵守相应安全守则。

（3）选取适当位置切割试样，并进行研磨、腐蚀，之后在光学显微镜下观察焊缝熔宽、熔深及焊缝中的缺陷，选择合适的测量标准记录数据。

五、实验报告要求

（1）写出实验目的。

（2）简述激光焊接技术的原理及特点。

（3）将实验测得数据填入表 4-14 中。

表 4-14　铝合金焊接熔深、熔宽与功率（功率密度）的实验数据

编号	功率/W	实验现象	熔深/mm	熔宽/mm
1				
2				
3				
4				
5				

实验九 ▷ 钢轨焊缝超声波探伤

目前，国内铁路已经进入高铁时代，如何快速准确地对铁路钢轨进行维修检测是目前急需解决的问题。由于钢轨探伤技术具有灵敏度高和无损伤等优点，因而被广泛应用于铁路维修检测领域（见图 4-16）。无损探伤在钢轨现场焊接中是最主要的检测方法，在实际应用中

必须对钢轨进行无损探伤，以便及时了解钢轨的伤损情况及发展趋势，避免因钢轨过度劳损发生折断而引起交通事故。

图 4-16 钢轨的超声波探伤

一、实验目的

（1）了解超声波探伤仪的简单工作原理和使用方法。
（2）掌握入射点和 K 值等初始值的测量。
（3）掌握 DAC 曲线的绘制。
（4）理解钢轨对接接头的缺陷探伤与评定。

二、实验设备及材料

（1）PXUT-300C 型全数字智能超声波探伤仪。
（2）2.5P13×13K2 探头。
（3）CSK-ⅠA、CSK-ⅢA 等标准试块。
（4）耦合剂。
（5）带缺陷的 U75V 钢轨手工电弧焊对接接头焊接结构。
（6）钢尺。

三、实验原理

目前在实际探伤中，广泛应用的是 A 型脉冲反射式超声波探伤仪。这种仪器荧光屏横坐标表示超声波在工件中传播时间（或传播距离），纵坐标表示反射回波波高。根据荧光屏上缺陷波的位置和高度可以判定缺陷的位置和大小。

A 型脉冲反射式超声波探伤仪由同步电路、发射电路、接收电路、扫描电路（又称时基电路）、显示电路和电源电路等部分组成。其工作原理如图 4-17 所示。

电路接通以后，同步电路产生同步脉冲信号，同时触发发射电路、扫描电路。发射电路被触发以后产生高频脉冲作用于探头，通过探头的逆压电效应将电信号转换为声信号，发射超声波。超声波在传播过程中遇到异质界面（缺陷或底面）反射回来被探头接收。通过探头的正压电效应将声信号接换为电信号送至放大电路被放大检波，然后加到荧光屏垂直偏转板上，形成一条扫描亮线，将缺陷波 F 和底波 B 按时间展开。

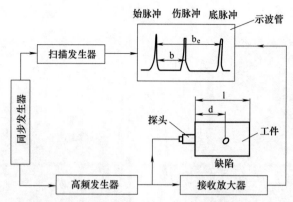

图 4-17　A 型脉冲反射式超声波探射仪的电路方框图

四、实验内容及步骤

1. 开机
长按"电源"键，按两次"确定"键。

2. 初始化仪器
长按"功能"键，选"0"，再选"1"，按"Y"。

3. 调试
（1）测零点　长按"零点/调校"键，按"1"测零点，按"确定"键开始测试。如图 4-18 所示，将斜探头放在 CSK-IA 试块上移动，寻找 $R100$ 的最高回波，按"确定"键，用钢尺量出探头最前端至 100mm 弧顶的距离 L，输入所测数值并按"确定"键。

（2）测 K 值　长按"零点/调校"键，按"2"测 K 值，按"确定"键开始测试。如图 4-19 所示，将斜探头放在 CSK-IA 试块上移动，寻找 $\phi50$ 孔的最高回波，按"确定"键。

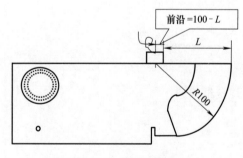

图 4-18　零点的测定

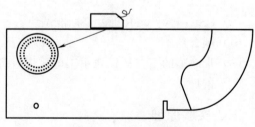

图 4-19　K 值的测定

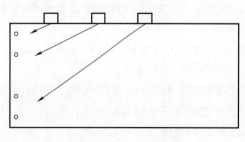

图 4-20　DAC 曲线制作

（3）作 DAC 曲线　长按"零点/调校"键，按"3"制作 DAC，按"确定"键开始测试。如图 4-20 所示，将斜探头放在 CSK-IIIA 试块上，寻找 10mm 深孔的最高回波，按"增益"键使回波到 80%，按"＋"键锁定回波，按"确定"键完成第一点制作；按上述步骤依次确定测试点（20mm、30mm、40mm 和 50mm…）。各点采集完成后按"确定"键，输入表面补偿 4dB

及所探焊缝板材厚度，按"确定"键，屏幕上曲线自动生成。

对 U75V 钢轨手工电弧焊对接接头进行探伤，并对焊缝缺陷进行评定，将探伤结果填入表 4-15。

表 4-15　超声波探伤实验结果

| 序号 | 缺陷指示长度/mm | | | 波最高点 | | | | | 评定等级 |
	S_1	S_2	长度	缺陷距焊缝中心距离/mm	缺陷距焊缝表面深度/mm	S_3	高于定量线 dB 值	波高区域	
1									
2									
3									

表 4-15 中，S_1 为缺陷起始距试板左端头的距离，S_2 为缺陷终点距试板左端头的距离，S_3 为缺陷波幅最高点距试板左端头的距离。

五、实验报告要求

（1）熟悉超声波探伤方法的适用范围。
（2）了解超声波探伤的原理。
（3）简述超声波探伤过程。

实验十 ▶ 焊接残余应力的测量

焊接残余应力对焊接构件的性能具有重要影响，因此对其进行测量具有重要意义。焊接残余应力的测定方法，按其原理可分为应力释放法和无损检测法。其中 X 射线和磁测法都属于无损检测，而磁测法近年来受到越来越多的研究与应用。

一、实验目的

（1）理解磁测法测量焊接残余应力的原理，初步掌握测定接头中焊接残余应力的操作技能。
（2）加深对于焊接接头中焊接残余应力分布规律性的理解。
（3）了解焊接方法对于焊接残余应力的峰值及分布的影响。

二、实验设备及材料

（1）CO_2 气体保护焊机。
（2）直流（或交流）电焊机。
（3）HC21B 型磁测法残余应力检测仪。
（4）U75V 钢轨。
（5）焊条、焊丝若干。
（6）焊丝：CHW55-CNH。

三、实验原理

1. 磁测法残余应力检测仪的原理

本实验所用的检测仪为 HC21B 型磁测法残余应力检测仪，该仪器所采用的磁测法是通过测定铁磁材料在内应力的作用下磁导率发生的变化来确定残余应力的大小和方向。众所周知，铁磁材料具有磁畴结构，其磁化方向为易磁化轴向方向，同时具有磁致伸缩性效应，且磁致伸缩系数是各向异性的，在磁场作用下，应力产生磁各向异性。磁导率作为张量与应力张量相似。本仪器通过精密传感器和高精度的测量电路，将磁导率变化转变为电信号，输出电流（或电压）值来反映应力值的变化，并通过装有特定残余应力计算机软件的计算机计算，得出残余应力的大小、方向和应力的变化趋势。

2. 仪器工作原理

HC21B 型磁测法残余应力检测仪主要由基准探头、测试探头、基准板、仪器箱体以及计算机电脑等组成。其工作原理如图 4-21 所示。

3. 仪器操作规程

（1）将控制箱与计算机连接，并接通电源，打开计算机，打开 HK21 应用程序，自动选定 COORDINATE。

（2）按 Enter 键或 ↓ 键，进入 X、Y、Z 分格输入栏，并自动选定 X-Points，按 Enter 键，出现黄光标，输入 X 方向设定好的格数，再按 Enter 键，黄光标消失。按 ↓ 键，依次完成 Y、Z 方向设定好的格数，其中 Z 一般为 1。再按 ↓ 键，进行分格坐标值输入。一般相邻分格间距选定为 15mm，因为探头直径为 30mm，这样便于测试时找点准确。首先选定 X-Value，按 Enter 键，显示 X0＝0，按 ↑ 键，显示 X1＝?，按 Enter 键，出现黄光标，输入数值 15，再按 Enter 键，黄光标消失。按 ↑ 键，依次完成各个分格线对应值的输入，即 X2＝30，X3＝45，X4＝60…。按 Esc 键，按 ↓ 键，按 Enter 键，同样方法输入 Y0＝0，Y1＝15，Y2＝30…，按 Esc 键，按 ↓ 键，按 Enter 键，选定 Z1＝?，由于 Z1＝1，因此只有一个 Z1，它表示测量时选定的层深，一般取为 0.2mm，将其输入，按 Esc 键二次退出，或按 Esc 键与 → 键进入 TEST 中的 verify。

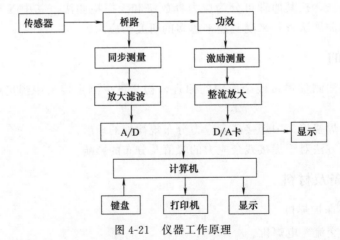

图 4-21　仪器工作原理

（3）按 → 键至 TEST，按 Enter 键或 ↓ 键，再按 ↓ 键，选定 verify，按 Enter 键，显示与工件上所画相同的方格，其中有黄光标点为当前选定点。用 → 键将黄光标移至方格右边，因为右边为焊道。方格下面有 0°、45°、90° 三个方向待输入电流。按 1 键，0° 出现黄光标，输入 0° 实际测量的电流值，按 Enter 键，黄光标消失。依次按 2 键、3 键，输入 45°、90° 实际测量的电流值，按 ↓ 键与 ← 键依次将各点实际测量的电流值输入，按 Esc 键退出。

（4）按 → 键至 RESULTS，按 Enter 键或 ↓ 键，再按 ↓ 键，选定 Calculate average stress，按 Enter 键，显示 K1＝0.015，该数值为所测材料的灵敏系数，按 Enter 键，出现黄光标，输入实际所测材料的灵敏系数，再按 Enter 键，黄光标消失。按 Esc 键，显示计算吗？按"N"键退回，按"Y"键开始计算，按 Enter 键，按 ↓ 键，选定 X-σx，σy，curve，按 Enter 键，出现黄光标，输入"1"，按 Enter 键，显示应力分布曲线，最右边应力大小表示焊道处应力，并记住最大应力值，按 Esc 键退出。

（5）按 → 键至 DISK，按 Enter 键或 ↓ 键，显示保存与提取的数据和结果。如果保存，按 Enter 键，出现黄光标，输入文件名称，按 Enter 键，按 Esc 键退出。如果不保存，按 Esc 键退出。

（6）按 → 键至 μPRINT，按 Enter 键或 ↓ 键，显示打印应力曲线、原始数据和计算的应力结果，并自动选定 μP-Xcurve，按 Enter 键，输入"1"，按 Enter 键，输入"1"，按 Enter 键，输入最大应力除 5 所得数，一般取比其大的整数。该数值表示每格代表的应力值大小。按 Enter 键，开始打印应力分布曲线，打印完后，按 Enter 键或 Esc 键退出，按 ↓ 键，依次将 μp-data 原始数据和 μp-results 计算的应力结果打印出来。按两次 Esc 键退出。

（7）将 Alt-X 键同时按住，再按 Enter 键，退出应用程序。

4. 仪器技术特点

（1）省去测角程序 只需在一点测定 0°、45°和 90°三个方向的电流，可避免探头在测点旋转 180°带来的人为误差。

（2）应力梯度 不仅能测量某一层深的平均应力，也可测量 0～3mm 内任一层深的分布规律。某一层深的平均应力为 0（或接近 0）时，应力在这一层深度中不同层的拉应力、压应力的大小分布往往很大。

（3）曲面测量 对一些球形、圆柱形（如轧辊），测量过程中消除了曲率对电流差的影响。

（4）控制与信号提取 计算机的控制使提取信号精确稳定，避免人为的干扰等因素影响，数据的处理精度很高。

四、实验内容及步骤

（1）分别采用 CO_2 气体保护焊和电弧焊，取相同的焊接线能量，将经高温回火的两块 U75V 钢轨焊接成对接接头。

（2）用 0 号铁纱布打磨接头试板上待测应力部位表面，然后用丙酮或四氯化碳进行清理，以除去表面的油污等有机物质及磨屑。

（3）在待测工件上选定所测点位置，一般选焊道或应力集中区，将被测点区域打磨出金属色，且要求光滑无缺陷，按图 4-22 画出示意图，间距一般选定 15mm。

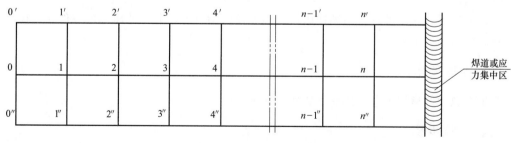

图 4-22 网格划分示意图

（4）将基准探头与测量探头一起放到调试板上（调试板是与被测工件材质相同的无应力试块，尺寸为 80mm×80mm×10mm），并与控制器后面板上的插座相连，接上 220V 电源。

（5）打开电源开关，将按钮开关打到激励电流挡，数码管显示电流为 85mA 左右，这时两个探头对试板有一定的吸力,旋转探头,使之与试板吸合稳定。

(6) 将按钮开关打到检测电流挡,调节平衡调节旋钮,使 LED 显示为零。

(7) 将测试探头移至被测点上,测取所标号点上的电流值 I_0、I_{45}、I_{90},并记录数据。

(8) 测试完毕,将控制器电源关掉。

五、实验报告要求

(1) 写出实验目的。

(2) 简述磁测法测量焊接残余应力的原理。

(3) 根据计算出的焊接残余应力 σ_x 及 σ_y 值,在直角坐标纸上绘出焊接接头中的纵向残余应力与横向残余应力分布曲线(可以认为沿接头试板横截面上的 σ_x 与试板纵截面上的 σ_y 分别对称于 x 轴及 y 轴分布),并对曲线进行分析与讨论。

(4) 对比 CO_2 气体保护焊与电弧焊的焊接接头残余应力分布曲线,比较残余应力峰值及拉伸残余应力区的范围尺寸有无差异,并分析产生差异的原因。

实验十一 ☞ 冲压模具拆装实验

一、实验目的

(1) 了解冲压模具的结构特点、工作原理及拆装工艺过程。

(2) 了解冲压模具上各主要零件的作用、相互之间的装配关系及加工要求。

二、实验设备及工具

典型冲压模、钳工台、游标卡尺、扳手、铜棒等常用工具。

三、实验内容

(1) 在拆装模具之前,先了解可拆卸件和不可拆卸件,一般冲模的导柱、导套以及用浇注或铆接方法固定的凸模等为不可拆卸件。选择一套冲压模具,确定实验方案,测绘该模具简图。拆卸时一般首先将上下模分开,然后分别将上下模作紧固用的紧固螺钉拧松,再打出销钉,用拆卸工具将模具各板块拆分开,最后从固定板中压出凸模、凸凹模等,达到可拆卸件全部分离。

(2) 通过拆装冲压模具,归纳冲压模具构成及结构特点,分析冲压成形零件在该模具中的定位、卸料等加工方法。

四、实验要求

学生在教师的指导下分组协同完成实验任务。

五、实验步骤

(1) 在教师指导下,了解冲压模具类型和总体结构。

(2) 拆卸冲压模具,详细了解冲压模具每个零件的名称、结构和作用(见表 4-16)。

(3) 重新装配冲压模具,进一步熟悉冲压模具的结构、工作原理及装配过程。

(4) 按比例绘出所拆装的模具结构草图。

六、实验报告要求

（1）简要说明冲压模具的拆装过程。

（2）简述模具的工作原理及各主要零件的作用。

（3）用计算机绘制模具装配图，并说明各零件的名称。

表 4-16　冲压模具零件明细表

序号	名称	用途	材料

实验十二 ◎ 杯突实验

一、实验目的

（1）掌握杯突实验方法及技能，进一步加深板料胀形、拉深成形原理及工艺过程。

（2）了解金属薄板试验机的构造及操作。

二、实验原理

板料的冲压性能是指板料对各种冲压加工方法的适应能力。目前，有关金属板料冲压性能的实验方法，主要包括直接实验法和间接法。直接实验法又包括实物冲压实验和模拟实验两种。模拟实验，即把生产实际存在的冲压成形方法进行归纳与简化处理，消除许多现实复杂的因素，利用轴对称简化了的成形方法，在保证实验中板料的变形性质与应力状态都与实际冲压成形相同的条件下进行的冲压性能的评价工作。为了保证模拟实验结果的可靠性与通用性，规定了具体的关于实验用工具的几何形状与尺寸、毛坯尺寸、实验条件。杯突实验是目前应用较广泛的有效的模拟实验方法。

杯突实验时，借助杯突金属薄板实验机（见图 4-23）进行，采用规定的球状冲头向夹紧于规定球形凹模内的试样施加压力，直至试样产生微细裂纹为止，此时冲头的压入深度称为材料的杯突深度值。板料的杯突深度值反映了板料对胀形的适应性，可作为衡量板料胀形、曲面零件拉深的冲压性能指标。

三、实验设备及工具

（1）BHB-80A 金属薄板实验机一台。

（2）杯突实验模具（如图 4-24 所示）。

（3）游标卡尺、深度尺等工具及实验用材料（08、Al）。

图 4-23　杯突金属薄板实验机

四、实验步骤

（1）先了解金属薄板试验机的结构、原理和操作方法。

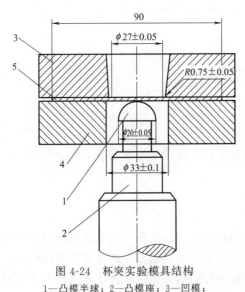

图 4-24　杯突实验模具结构

1—凸模半球；2—凸模座；3—凹模；

4—压边圈；5—金属板

（2）按表 4-17 选好杯突实验模具并测量试样宽度。

（3）装好模具：把凹模装在试验机的凹模座上，把凸模座装到中心活塞上，把压边圈放在压边活塞上，压边圈上的凸梗和压边活塞上的沟槽是压边圈的定位部分。

（4）试样准备：杯突实验只适用于厚度 0.2～2mm 的金属薄板，在 BHB-80A 上的杯突试样毛坯为方形，宽度不大于 90mm×90mm± 1mm。试样毛坯应平整无伤痕，边缘不能有毛刺。

（5）把试样清洗干净，在试样与冲头接触的一面和冲头球面上涂上润滑油，把试样放在压边圈上。压边圈上构成正方形的沟槽是试样毛坯定位线，把试样毛坯对线放置即可。

（6）把试验机上的凹模座置于模筒中。按下压边按钮，调整压边液压手柄，使压边液压达到 2.6MPa（压边力＝100kN±1.0kN）。

（7）开启胀形开关按钮，按中心活塞上行按钮，注意观察试样。当试样圆顶附近出现有能够透光的裂缝时，迅速停止中心活塞。

（8）关闭胀形开关按钮，启动抽油回程开关，按下模座升降开关，把模座升起，取出试件。

（9）重复步骤（5）～（8），每种材料应做两次以上实验，将所得杯突深度的算术平均值，作为该材料的杯突深度值。

（10）实验完毕后，将模具拆下。

表 4-17　杯突实验模具与试样尺寸关系　　　　　　　　　　　　　　　　mm

试样宽度	试样厚度	冲头直径	上模孔径	垫板孔径
≤90	≤2	$\phi 20$	$\phi 27$	$\phi 33$

五、实验报告要求

（1）掌握杯突实验方法，确定几种材料（08、Al）的杯突深度值，并对实验结果进行分析。

（2）熟悉实验方法和操作步骤。

（3）比较并简述杯突深度值的大小，并进行分析。

实验十三 ◢ 冲压模具安装调试

一、实验目的

（1）熟悉冲压设备的种类、冲床结构。

（2）熟悉模具与冲压设备的关系。

（3）了解模具在冲床上的安装、调试过程。

二、实验内容

模具在压力机上安装与调试，是一件非常重要的工作，它直接影响到产品质量和安全生产。因此，安装和调试冲模不但要熟悉压力机和模具的结构性能，而且要严格执行安全操作制度。

模具安装的一般注意事项如下。

（1）检查压力机上的打料装置，将其暂时调整到最高位置，以免在调整压力机闭合高度时被压弯。

（2）检查模具的闭合高度与压力机的闭合高度是否合理。

（3）检查下模顶杆和上模打料杆是否符合压力机打料装置的要求（大型压力机则应检查气垫装置）。

（4）模具安装前应将上下模板和滑块底面的油污擦拭干净，并检查有无遗物，防止影响正确安装和发生意外事故。

三、实验设备、工具和材料

曲柄压力机、落料模、冲孔模、固定模具的工具、铝板或纸板（如果不试冲工件，就不用材料）。

四、实验步骤

（1）认真观察压力机的结构并分析压力机各个部分的作用和各个部分调整的方法。

（2）认真观察不同种类冲模的结构异同并分析其工作原理。

（3）模具在压力机上安装与调整步骤如下。

① 将冲床的滑块处于上死点位置。

② 手动皮带轮，使滑块向下运动到最下点。

③ 将模柄夹持块的紧固螺钉取下，将模柄夹持块取下。

④ 模具合模后放在冲床工作台上，将模柄靠在冲床模柄。

⑤ 调节螺杆，使滑块的断面与模具的上模座的上平面接触。

⑥ 将模柄夹持块装上，并将模柄锁紧螺钉装上，将模柄紧固。

⑦ 调节螺杆，消除滑块的断面与模具的上模座的上平面之间的间隙。

⑧ 拧紧夹持块螺钉并将模柄锁紧螺钉装上，将模柄锁紧。

⑨ 微调螺杆，粗调闭合高度。

⑩ 用压板固定下模座。

⑪ 用纸板试冲，调节冲击深度。

⑫ 合格后装横梁调节制动螺钉冲工件。

五、实验注意事项

（1）为了保护人、机安全，在冲压前必须认真学习、理解冲床的操作规程。

（2）严禁学生自行操作实验设备，装模、调模过程中严禁打开电源。

（3）操作者只限一人，其他人员必须和冲床及操作者保持一定距离观摩，在实验指导老师因故暂离现场时，要停止操作，等实验指导老师到来。

六、实验报告要求

（1）无导柱导套模具怎样在压力机上安装和调试？

（2）大型的无模柄冲模怎样在压力机上安装调试？

（3）熟悉实验目的、实验设备。

（4）简述模具在压力机上的安装调试步骤。

实验十四 ▷ 塑料模具拆装实验

一、实验目的

（1）了解典型模具结构及工作原理。

（2）了解组成模具的零件及其作用。

（3）熟悉零部件相互之间的装配关系，熟悉模具的装配顺序和各装配工具的使用。

二、实验设备及工具

塑料注射模具、游标卡尺、角尺、内六角扳手、台虎钳、锤子、铜棒等常用钳工工具。

三、实验内容及步骤

1. 实验准备

（1）领用并清点拆卸和测量工具，了解工具的使用方法及使用要求，将工具摆放整齐。实验结束时，按清单清点工具，交给老师验收。

（2）复习相关理论知识，详细阅读实验指导书，对实验报告所要求的内容做好详细记录。

2. 观察分析

根据所分配的模具，对下述问题进行仔细观察分析，并做好记录。

（1）模具类型分析。对给定模具进行模具类型分析确定。

（2）塑件分析。根据模具分析确定被加工零件的几何形状及尺寸。

（3）模具工作原理。要求分析其浇注系统类型、分型面及分型方式、顶出方式等。

（4）模具零部件。熟悉模具各零部件的名称、用途、配合关系。

（5）确定拆装顺序。拆卸模具之前，应区分清楚可拆卸件和不可拆卸件，制订拆卸方案。一般将动模和定模分开，分别将动、定模的紧固螺钉拧松，再打出销钉，用拆卸工具将模具各主要板块拆下，然后从定模板上拆下主浇注系统，从动模上拆下顶出系统，拆散顶出系统各零件，从固定板中压出型芯等零件，有侧向分型抽芯机构时，拆下侧向抽芯机构的各零件。

针对各种模具须具体分析其结构特点，采用不同的拆卸方法和顺序。

3. 拆卸模具

（1）按拟定顺序进行模具拆卸。要求体会拆卸连接件的受力情况，对所拆下的每一个零件进行观察，测量并记录。记录拆下零件的位置，按一定顺序摆好，避免在组装时出现错误或漏装零件。

（2）测绘主要零件。对从模具中拆下的型芯、型腔等主要零件进行测绘。要求测量尺寸、进行粗糙度估计、配合精度估算，画出零件图，并标注尺寸及公差。

（3）拆卸注意事项。准确使用拆卸工具和测量工具，拆卸配合件时要分别采用拍打、压出等不同方法对待不同配合关系的零件。注意保护受力平衡，不可盲目用力敲打，严禁用铁榔头直接敲打模具零件。不可拆卸的零件和不宜拆卸的零件不要拆卸，拆卸过程中特别强调注意学生的自身安全及设备模具器械安全。拆卸遇到困难时分析原因，并及时请教指导老师，遵守课堂纪律，服从老师安排。

4. 组装模具

（1）拟定装配顺序。以先拆的零件后装、后拆的零件先装为一般原则制订装配顺序。

（2）按顺序装配模具。按拟定的顺序将全部模具零件装回原来位置。注意正反方向，防止漏装。其他注意事项与拆卸模具相同，遇到零件受损不能进行装配时应学习用工具修复受损零件后再进行装配。

（3）装配后的检查。观察装配后的模具和拆卸前是否一致，检查是否有错装或漏装等错误。

（4）绘制模具总装图。绘制模具草图时在图上标记有关尺寸。

四、实验报告要求

（1）绘制拆卸模具的主要成型零件草图，对所拆模具进行分析。

（2）绘制模具总装草图。

（3）说明模具主要零件的作用。

实验十五 ➲ 聚乙烯吹塑薄膜成型

一、实验目的

（1）了解单螺杆挤出机、吹膜机头及辅机的结构和工作原理。

（2）了解塑料的挤出吹胀成型原理；掌握聚乙烯吹膜工艺操作过程、各工艺参数的调节及成膜的影响因素。

二、实验设备及材料

（1）SJ-20单螺杆挤出机。

（2）芯棒式吹膜机头口模。

（3）冷却风环。

（4）牵引、卷取装置。

（5）空气压缩机。

（6）称量、测厚仪、实验工具等。

原料为LDPE（吹膜型）。

三、实验原理

塑料薄膜是一类重要的高分子材料制品。由于它具有质轻、强度高、平整、光洁和透明等优点，同时其加工容易、价格低廉，因而得到广泛的应用。

塑料薄膜可以用多种方法成型，如压延、流延、拉幅和吹塑等方法，各种方法的特点不同，适应性也不一样。压延法主要用于非晶型塑料加工，所需设备复杂，投资大，但生产效率高，产量大，薄膜的均匀性好。流延法主要也是用于非晶型塑料加工，工艺最简单，所得薄膜透明度好，具有各向同性，质量均匀，但强度较低，且耗费大量溶剂，成本增加，于环保也不利。拉幅法主要适用于结晶型塑料，工艺简单，薄膜质量均匀，物理力学性能最好，但设备投资大。吹塑法最为经济，工艺设备都比较简单，结晶和非晶型塑料都适用，既能生产窄幅，又能生产宽达10m的膜，吹塑过程中塑料薄片的纵横向都得到拉伸取向，制品质量较高，因此得到最广泛的应用。

吹塑成型也即挤出-吹胀成型，除了吹膜以外，还有中空容器成型。薄膜的吹塑是塑料从挤出机口模挤出成管坯引出，由管坯内芯棒中心孔引入压缩空气使管坯吹胀成膜管，后经空气冷却定型、牵引卷绕而成薄膜。吹塑薄膜通常分为平挤上吹、平挤平吹和平挤下吹等三种工艺，其原理都是相同的。薄膜的成型包括挤出、初定型、定型、冷却牵伸、收卷和切割等过程。本实验是低密度聚乙烯的平挤上吹法成型，是目前最常见的工艺。

塑料薄膜的吹塑成型是基于高聚物的分子量高、分子间力大而具有可塑性及成膜性能。当塑料熔体通过挤出机机头的环形间隙口模而成管坯后，因通入压缩空气而膨胀为膜管，而膜管被夹持向前的拉伸也促进了减薄作用。与此同时膜管的大分子则作纵、横向的取向作用，从而使薄膜强化了其物理力学性能。

为了取得性能良好的薄膜，纵横向的拉伸作用最好是取得平衡，也就是纵向的拉伸比（牵引膜管向上的速度与口模处熔体的挤出速度之比）与横向的空气膨胀比（膜管的直径与口膜直径之比）应尽量相等。实际上，操作时吹胀比因受到冷却风环直径的限制，吹胀比可调节的范围是有限的，而且吹胀比又不宜过大，否则造成膜管不稳定。由此可见，拉伸比和吹胀比是很难一致的，也即薄膜的纵横向强度总是有差异的。

在吹塑过程中，塑料沿着螺杆向机头口模的挤出以致成膜，经历着黏度、相变等一系列的变化，与这些变化有密切关系的是螺杆各段的温度、螺杆的转速是否稳定，机头的压力、风环吹风及室内空气冷却以及吹入空气压力，膜管拉伸作用等相互配合与协调都直接影响薄膜性能的优劣和生产效率的高低。

（1）各段温度和机外冷却效果是最重要的因素。通常，沿机筒到机头口模方向，塑料的温度是逐步升高的，且要达到稳定的控制。各部位温差对不同的塑料各不相同。本实验对LDPE吹塑，原则上机身温度依次是130℃、150℃、170℃递增，机头口模处稍低些。熔体温度升高，黏度降低，机头压力减少，挤出流量增大，有利于提高产量。但若温度过高和螺杆转速过快，剪切作用过大，易使塑料分解，且膜管冷却不良，这样，膜管的直径就难以稳定，将形成不稳定的膜泡"长颈"现象，所得泡（膜）管直径和壁厚不均，甚至影响操作的顺利进行。因此，通常是控制稍低一些的熔体挤出温度和速度。

（2）风环是对挤出膜管坯的冷却装置，位于离模管坯的四周。操作时可调节风量的大小控制管坯的冷却速度，上、下移动风环的位置可以控制膜管的"冷冻线"。冷冻线对结晶型塑料即相转变线，是熔体挤出后从无定型态到结晶态的转变。冷冻线位置的高低对于稳定膜管、控制薄膜的质量有直接的关系。对聚乙烯来说，当冷冻线低，即离口模很近时，熔体因快速冷冻而定型，所得薄膜表面质量不均，有粗糙面；粗糙程度随冷冻线远离口模而下降，对膜的均匀性是有利的。但若使冷冻线过分远离口模，则会使薄膜的结晶度增大，透明度降低，且影响其横向的撕裂强度。冷却风环与口模距离一般是 30～100mm。

（3）若对管膜的牵伸速度太大，单个风环是达不到冷却效果的，可以采用两个风环来冷却。风环和膜管内两方面的冷却都强化，可以提高生产效率。膜管内的压缩空气除冷却外还有膨胀作用，气量太大时，膜管难以平衡，容易被吹破。实际上，当操作稳定后，膜管内的空气压力是稳定的，不必经常调节压缩空气的通入量。膜管的膨胀程度即吹胀比，一般控制在 2～6 之间。

（4）牵引也是调节膜厚的重要环节。牵引辊与挤出口膜的中心位置必须对准，这样能防止薄膜卷绕时出现的折皱现象。为了取得直径一致的膜管，膜管内的空气不能漏失，故要求牵引辊表面包覆橡胶，使膜管与牵引辊完全紧贴着向前进行卷绕。牵引比不宜太大，否则易拉断膜管，牵引比通常控制在 4～6 之间。

四、实验步骤

（1）挤出机的运转和加热。

（2）LDPE 预热。最好放在 70℃ 左右烘箱预热 1～2h。

（3）当机器加热到预定值时，开机在慢速下投入少量的 LDPE 粒子，同时注意电流表、压力表、温度计和扭矩值是否稳定。待熔体挤出成管坯后，观察壁厚是否均匀，调节口模间隙，使沿管坯周围上的挤出速度相同，尽量使管膜厚度均匀。

（4）以手将挤出管坯慢慢向上使牵引辊前进，辅机开动，通入压缩空气并观察泡管的外观质量。根据实际情况调整各种影响因素，如挤出流量、风环位置和风量、牵引速度、膜管内的压缩空气量等。

（5）观察泡管形状变化、冷冻线位置变化及膜管尺寸的变化等，待膜管的形状稳定、薄膜折径已达实验要求时，不再通入压缩空气，薄膜的卷绕正常进行。

（6）以手工卷绕代替绕辊工作，卷绕速度尽量不影响吹塑过程的顺利进行。裁剪手工卷绕 1min 的薄膜成品，记录实验时的工艺条件；称量卷绕 1min 成品的重量并测量其长度、折径及厚度公差。手工卷绕实验重复两次。

（7）实验完毕，逐步降低螺杆转速，挤出机内存料，趁热清理机头和衬套内的残留塑料。

五、实验注意事项

（1）熔体被挤出前，操作者不得位于口模的正前方，以防意外伤人。操作时严防金属杂质和小工具落入挤出机筒内。操作时要戴手套。

（2）清理挤出机和口模时，只能用铜刀、棒或压缩空气，切忌损伤螺杆和口模的光洁表面。

（3）吹塑管坯的压缩空气压力要适当，既不能使管坯破裂，又能保证膜管的对称稳定。

（4）吹塑过程要密切注意各项工艺条件的稳定，不应该有所波动。

六、实验报告要求

（1）分析实验现象和实验所得的膜管外观质量与实验工艺条件等的关系。

（2）影响吹塑薄膜厚度不均匀性的因素是什么？解决办法有哪些？

（3）吹塑薄膜的纵向和横向的力学性能有没有差异？为什么？

（4）吹膜产品还可能出现哪些质量问题？

实验十六 ➡ 热塑性聚合物挤出造粒实验

一、实验目的

（1）掌握热塑性聚合物挤出成型的基本原理。

（2）了解双螺杆挤出机的基本结构和挤出成型的基本操作。

（3）掌握双螺杆挤出机造粒的工艺过程，观察挤出料条的色泽、塑化程度和工艺参数之间的关系。

二、实验原料和仪器设备

1. 原料

聚丙烯（PP）、活性碳酸钙（$CaCO_3$）、硫酸钙（$CaSO_4$）、润滑剂等。

2. 仪器设备

双螺杆挤出机，熔融流动速度仪，剪刀，耐热手套，切粒机，冷却水槽等。

所用双螺杆挤出机的主要技术参数为：直径34mm，螺杆长径比32，螺杆转速50r/min，加热温度小于350℃。挤出机的主体结构及挤出造粒过程如图4-25所示。

挤出机各部分的作用如下。

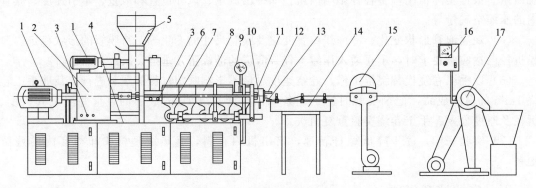

图4-25 挤出造粒过程示意

1—电动机；2—减速箱；3—冷却水；4—机座；5—料斗；6—加热器；7—鼓风机；8—机筒；
9—真空表；10—压力传感器；11—机头和口模；12—热电偶；13—条状挤出物；
14—水槽；15—风环；16—切粒机控制面板；17—切粒机

（1）传动装置　由电动机、减速机构和轴承等组成，保证挤出过程中螺杆转速恒定、制品的质量稳定以及保证能够变速作用。

（2）加料装置　无论原料是粒状、粉状和片状，加料装置都采用加料斗。加料斗内应有切断料流、标定料量和卸除余料等装置。

（3）料筒　料筒是挤出机的主要部件之一，塑料的混合、塑化和加压过程都在其中进行。挤出时料筒的压力很高，工作温度一般为 $180\sim250℃$，因此料筒是受压和受热的容器，通常由高强度、坚韧耐磨和耐腐蚀的合金制成。料筒外部设有分区加热和冷却的装置，而且各自附有热电偶和自动仪表等。

（4）螺杆　螺杆是挤出机的关键部件，根据螺杆的结构特性和工作原理分为如下几类：

① 非啮合与啮合型双螺杆；

② 啮合区与封闭型双螺杆；

③ 同向旋转和异向旋转双螺杆；

④ 平行和锥形双螺杆。

本实验采用的挤出机是啮合同向双螺杆挤出机，螺杆结构如图 4-26 所示。通过螺杆的移动，料筒内的树脂颗粒才能发生移动，得到增压和部分热量（摩擦热）。螺杆的几何参数，诸如直径、长径比、各段长度比例以及螺槽深度等，对螺杆的工作特性均有重大影响。

（5）口模和机头　机头是口模与料件之间的过渡部分，其长度和形状随所用塑料的种类、制品的形状加热方法及挤出机的大小和类型而定。机头和口模结构的好坏，对制品的产量和质量影响很大，其尺寸根据流变学和实践经验确定。

三、实验原理

1. 挤出成型原理

挤出成型，又称挤塑，是热塑性塑料成型加工的重要方法之一，热塑性塑料的挤出是在挤出机的作用下完成的重要成型加工过程。在挤出过程中，物料通过料斗进入挤出机的料筒内，挤出机螺杆以固定的转速推动料筒内物料向前输送。

不论是挤出造粒还是挤出制品都分两个阶段。第一阶段即挤出过程，固体树脂原料在进入机筒后，借助于料筒外部的加热和螺杆转动的剪切挤压作用而熔融，同时熔体在压力的推动下被连续挤出口模；第二阶段即定型过程，是指被挤出的物料通过各种冷却和定型手段失去塑性变为固体，制品形状可为条状、片状、棒状、管状。因此，应用挤出的方法既可以造粒也能够生产各种型材。

通常根据物料在料筒内的变化情况，又可以将挤出过程分成三个阶段，即加料段、压缩段和均化段。在料筒加料段，在转动的螺杆作用下，物料通过料筒内壁和螺杆表面的摩擦作用向前输送和压实。物料在加料段内呈固态向前输送。物料进入压缩段后由于螺杆螺槽逐渐变浅，以及靠近机头端滤网、分流板和机头的阻力而使所受的压力逐渐升高，进一步被压实；同时，在料筒外加热和螺杆、料筒对物料的混合、剪切作用所产生的内摩擦热的作用下，物料逐渐升温至黏流温度，开始熔融，大约在压缩段处物料全部熔融为黏流态并形成很高的压力。物料进入均化段后将进一步塑化和均化，最后螺杆将物料定量、定压地挤入机头。机头上的口模是成型部件，物料通过它便获得一定截面的几何形状和尺寸，再通过冷却定型、切割等工序就得到成型制品。

2. 树脂造粒

合成出来的树脂大多呈粉末状，粒径小成型加工不方便，而且合成树脂中又经常需要加入各种助剂才能满足制品的要求，为此就要将树脂与助剂混合，制成颗粒，此工序称为"造粒"。如果树脂中加入功能性助剂就可以造出功能性母粒，造出的颗粒是塑料成型加工做成塑料制品的原料。使用颗粒料成型加工的主要优点有：

① 颗粒比粉料加料方便，无需强制加料器；

② 颗粒料比粉料密度大，制品质量好；

③ 挥发物及空气含量较少，制品不容易产生气泡；

④ 使用功能性母料比直接添加功能性助剂更容易分散。

树脂造粒可以使用辊压法混炼，塑料出片后切粒，也可以使用挤出塑炼，塑化挤出条后切粒。挤出造粒可分冷切法和热切法两大类。冷切法又可分拉片冷切、挤片冷切和挤条冷切等几种；热切法则可分干热切、水下热切和空中热切等几种。造粒的主要设备是混炼式挤出机或塑炼机（开炼机或密炼机）和切粒机。除拉片冷切法用平板切粒机造粒外，其余都是用挤出机造粒。挤出造粒有操作连续、密闭、机械杂质混入少、产量高、劳动强度小、噪声小等优点。

常用树脂适用的造粒方法见表 4-18，无论何方法，均要求粒料颗粒大小均匀，色泽一致，外形尺寸不大于 3~4mm，因为如果颗粒尺寸过大，成型时加料困难，熔融也慢。造粒后物料形状以球形、圆柱形或药片形较好。

表 4-18　常用树脂适用的造粒方法

造粒方法\树脂	冷切法			热切法		
	拉片冷切	挤片冷切	挤条冷切	干热切	水下热切	空气热切
软聚氯乙烯	○	○	○	○	○	○
硬聚氯乙烯	○	○	○	○	△	△
聚乙烯	△	△	○	×	○	△
聚丙烯	△	△	○	×	○	△
ABS	×	×	○	×	○	△
聚酰胺	×	×	○	×	○	×
聚碳酸酯	×	×	○	×	△	△
聚甲醛				○	△	
颗粒形状	长方形 正方形	长方形 正方形	圆柱形	球形 药片形	球形 药片形	圆柱形

注：○—最适宜；△—可以；×—不可以。

3. 挤出工艺

挤出工艺控制参数包括挤出温度（料筒各段，机头和口模等温度）、挤出速率、口模压力、冷却速率、牵引速率、拉伸比、真空度等。对于双螺杆挤出机而言，物料熔融所需要的热量主要来自料筒外部加热，挤出温度应在塑料的熔点（T_m）或黏流温度（T_f）至热分解温度范围之间，温度一般从加料口至机头逐渐升高，最高温度较塑料热分解温度 T_d 低 15℃以上，各段温度设置变化不超过 60℃。挤出温度高，熔体塑化质量较高，材料微观结构均匀，制品外观较好，但挤出产率低，能源消耗大，所以挤出温度在满足制品要求的情况下应该尽可能低。挤出速率同时对塑化质量和挤出产率起决定性的作用，对给定的设备和制品性能来说，挤出速率可调的范围则已定，过高增加挤出速率，追求高产率，只会以牺牲制品的质量为代价。

挤出过程中，需冷却的部位包括料斗和螺杆。料斗的下方应通冷却水，防止物料过早地熔化黏结搭桥。另外牵引速率与挤出速率相应匹配，以达到所造的塑料粒子均匀为准。

四、实验步骤

（1）了解挤出树脂的熔融指数和熔点，将树脂和各种助剂在高速混合机中进行混合。初步设定挤出机各段、机头和口模的控温范围，同时拟定螺杆转速、加料速度、熔体压力、真空度、牵引速度及切粒速度等。

（2）检查挤出机各部分，确认设备正常，接通电源，加热，同时开启料座夹套水管。待各段预热到要求温度时，再次检查并趁热拧紧机头各部分螺栓等衔接处，保温10min以上。

（3）启动油泵，再开动主机。在转动下先加少量塑料，注意进料和电流计情况。待有熔料挤出后，戴上手套将挤出物慢慢引上冷却牵引装置，同时开动切粒机切粒并收集产物。

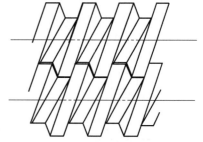

图4-26　啮合同向双螺杆结构

（4）挤出平稳，继续加料，调整各部分，控制温度等工艺条件，维持正常操作。

（5）观察挤出料条的形状和外观质量，记录挤出物均匀、光滑时的各段温度等工艺条件，记录一定时间内的挤出量，计算产率，重复加料，维持操作1h。

（6）实验完毕，按下列顺序停机：

① 将喂料机调至零位，按下喂料机停止按钮；

② 关闭真空管路阀门；

③ 降低螺杆转速，尽量排除机筒内残留物料，将转速调至零位，按下主电机停止按钮；

④ 依次按下电机冷却风机、油泵、真空泵、切粒机的停止按钮，断开加热器电源开关；

⑤ 关闭各进水阀门；

⑥ 对排气室、机头模面及整个机组表面清扫。

五、实验报告要求

（1）影响挤出物均匀性的主要原因有哪些？如何控制？

（2）造粒工艺有几种造粒方式？各有何特点？

（3）填料的加入对聚合物的加工性能有何影响？

（4）双螺杆挤出机与单螺杆挤出机相比有哪些优点？

实验十七 ▷ 聚合物熔融指数的测定

一、实验目的

（1）掌握热塑性高聚物熔融指数的测定方法。

（2）了解聚合物熔融指数的测定条件。

二、实验仪器及材料

聚丙烯颗粒，电子天平（万分之一），ZRZ1452熔融指数仪（图4-27）。

三、实验原理

熔融指数（Melt Flow Rate，MFR，MI，MVR），又称熔体流动指数，是指在一定温度和负荷下，聚合物熔体每10min通过标准口模的质量，是评价热塑性聚合物熔体流动性的一个重要指标。

虽然熔融指数能很方便地表示热塑性聚合物的流动性高低，但是熔融指数测定时的剪切速率远低于成型过程中的实际剪切速率，故熔融指数不能完全代表成型时的实际流动能力，所以，熔融指数对于热塑性聚合物成型时材料的选择和工艺条件的设定具有一定的参考价值。

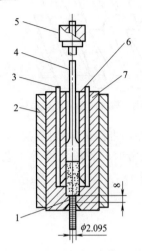

图 4-27　熔融指数仪结构示意
1—出料孔；2—保温层；3—加热器；
4—柱塞；5—重锤；
6—热电偶测温管；7—料筒

此外，对于同一种聚合物，在相同的条件下，单位时间内流出量越大，熔体流动速率就越大，流动性越好，说明其平均分子量越低，因此可作为生产上的品质控制。

四、实验步骤

1. 调整水平

将仪器安置在稳固的工作台上，移去料杆，调节仪器底部螺栓至水平。

2. 试验参数的选择（参照 GB/T 3682—2000 和 ISO 1133: 1997）

质量法的试验参数选择包括：标准口模内径、试验温度、标称负荷、料筒中试样的加入质量、挤出物切段时间间隔。

3. 试验机操作步骤

（1）称量好所需质量的试样，并准备好所需标称负荷所对应的砝码，备用。

（2）打开 ZRZ1452 熔体流动速率试验机电源。

（3）在温控器控制面板上设定试验温度。

控温表上方的 PV 窗口显示的数值是料筒内的实际温度，下方的 SV 窗口显示的数值是预设温度值；当实际温度低于预设温度时，仪器会给料筒持续加温，直到实际温度达到预设温度为止。

（4）在试验控制器面板上设定或输入相关试验参数，包括试验方法（质量法或体积法）和挤出物切段时间间隔。

（5）料筒内的实际温度达到设定温度时，恒温 5～10min。

（6）用装料斗和装料杆逐次装入并压实称量好的试样。

（7）将活塞杆放入料筒中，并装好 T 形砝码，按下控制面板上的"start"键，恒温 5min。

（8）当仪器第二次报警铃声响起后，迅速将所需标称负荷所对应的砝码放在 T 形砝码上（需在 10s 内完成）。

（9）到达设定时间时自动切料，用干净的表面皿接住切割下的样条。

（10）用天平称出挤出样条重量，并记录，计算熔体质量流动速率（MFR）。

4. 试验后的清理工作

（1）待料筒内的料全部挤出后，取下砝码和活塞杆，并把活塞杆清洗干净。

（2）把口模挡板手柄向内推入，用顶杆顶出出料口模，用料口塞子清除出料口，再用纱布条在小孔内反复擦拭，直到干净为止。同时把顶杆清洗干净。

（3）用洁净的白纱布，绕在清料杆上，趁热擦拭料筒，擦干净为止。

（4）关闭仪器电源，拔下电源插头。

五、实验结果及数据处理

试样名称_____ 试验温度_____ 标称负荷_____ 口模内径_____

样条序号	切段时间 /s	样条质量 /g	平均质量 /g	MFR /(g/10min)
1				
2				
3				

六、实验注意事项

（1）实验前要认真预习，集中精神听指导讲解。

（2）操作试验机时，认真细致，注意安全。

（3）操作试验机及实验完毕后清理仪器时，要戴上手套，以防烫伤。

七、实验报告要求

（1）简要叙述测试方法和操作步骤。

（2）说明实验原理。

实验十八 ⊙ 高分子材料的氧指数测定

一、实验目的

（1）熟悉氧指数仪的组成构造。

（2）掌握氧指数仪的工作原理及使用方法。

（3）测定塑料的燃烧性，并计算氧指数。

二、实验设备及材料

实验仪器：HC-2 型氧指数测定仪。

试样：试样类型和尺寸见表 4-20。

三、实验原理

大部分的塑料耐燃性非常不好，通火极易燃烧。评定塑料燃烧性可用燃烧速度和氧指数来表示。燃烧速度是用水平燃烧法或垂直燃烧法等测得的。本实验采用氧指数测定塑料燃烧性，此法可精确地用具体数字来评价塑料的点燃性。

氧指数测定塑料燃烧性是指在规定的试验条件下（23℃±2℃），在氧、氮混合气流中，测定刚好维持试样燃烧所需的最低氧浓度，并用混合气中氧含量的体积百分数表示。

氧指数仪实验装置见图 4-28。主要组成部分有燃烧筒、试验夹、流量测量和控制系统，其他辅助配有气源、点火器、排烟系统、计时装置等。

燃烧筒：燃烧筒是内径为 70～80mm、高 450mm 的耐热玻璃管。筒的下部用直径 3～5mm 的玻璃珠填充，填充高度 100mm。在玻璃珠上方有一金属网，以遮挡塑料燃烧时的滴落物。

试样夹：在燃烧筒轴心位置上垂直地夹住试样构件。

流量测量和控制系统：由压力表、稳压阀、调节阀、管路和转子流量计等组成。

点火器：由装有丁烷的小容器瓶、气阀和内径为1mm的金属导管喷嘴组成。当喷嘴处气体点着时其火焰高度为6~25mm，金属导管能从燃烧筒上方伸入筒内，以点燃试样。点燃筒内的试样可采用顶端点燃法。顶端点燃法使火焰的最低可见部分接触试样顶端并覆盖整个顶表面，勿使火焰碰到试样的棱边和侧表面。在确认试样顶端全部着火后，立即开始计时或观察试样烧掉的长度。点燃试样时，火焰作用时间最长为30s，若在30s内不能点燃，则应增大氧浓度，继续点燃，直至30s内点燃为止。氧指数法测定塑料燃烧行为的评价准则见表4-19。

四、实验步骤

（1）在试样的宽面上距点火端50mm处划一标线。

（2）取下燃烧筒的玻璃管，将试样垂直地装在试样夹上，装上玻璃管，要求试样的上端至筒顶的距离不少于100mm。如果不符合这一尺寸，应调节试样的长度，玻璃管的高度是定值。

（3）根据经验或试样在空气中点燃的情况，估计开始时的氧浓度值。对于在空气中迅速燃烧的试样，氧指数可估计为18%以上；对于在空气中不着火的，估计氧指数在25%以上。

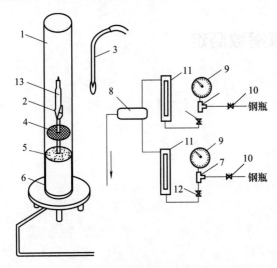

图 4-28　氧指数仪实验装置
1—燃烧筒；2，4—试样夹；3—点火器；
5—放玻璃球的燃烧筒；6—底座；7—三通；
8—气体混合器；9—压力表；10—稳压阀；
11—转子流量计；12—调节阀；13—燃烧着的试样

（4）打开氧气瓶和氮气瓶，气体通过稳压阀减压到仪器的允许压力范围。

（5）分别调节氧气和氮气的流量阀，使流入燃烧筒内的氧、氮混合气体达到预计的氧浓度，并保证燃烧筒中气体的流速为 (4 ± 1) cm/s。

（6）让调节的气体流动30s，以清洗燃烧筒。然后用点火器点燃试样的顶部，在确认试样顶部全部着火后，移去点火器，立即开始，并观察试样的燃烧情况。

（7）点燃试样后，立即开始计时，观察试样的燃烧长度及燃烧行为。若燃烧终止，但在1s内又自发再燃，则继续观察和计时。若试样（50mm 长）燃烧时间超过3min或火焰部分超过标线时，就降低氧浓度。若不是则增加氧浓度，如此反复，直到所得的氧浓度之差小于 0.5%，即可按该时的氧浓度计算材料的氧指数。

表 4-19　燃烧行为的评价准则

试样形式	点燃方式	评价准则（两者取一）	
		燃烧时间/s	燃烧长度
Ⅰ、Ⅱ、Ⅲ、Ⅳ	顶端点燃法	180	燃烧前超过上标线
Ⅰ、Ⅱ、Ⅲ、Ⅳ	扩散点燃法	180	燃烧前超过下标线
Ⅴ	扩散点燃法	180	燃烧前超过下标线

表 4-20　试样类型和尺寸

类型	形式	长/mm 基本尺寸	长/mm 极限偏差	宽/mm 基本尺寸	宽/mm 极限偏差	厚/mm 基本尺寸	厚/mm 极限偏差	用途
自撑材料	Ⅰ	80~150		10	±0.5	4	±0.25	用于模塑材料
	Ⅱ					10	±0.5	用于泡沫材料
	Ⅲ					<10.5		用于厚的片材
	Ⅳ	70~150		6.5		3	±0.25	用于电器用模塑材料和片材
非自撑材料	Ⅴ	140	-5	52		≤10.5		用于软片和薄膜等

注：1. 不同形式不同厚度的试样，测试结果不可比。

2. 由于该项试验需反复预测气体的比例和流速，预测燃烧时间和燃烧长度，影响测试结果的因素比较多，因此每组试样必须准备多个（10个以上），并且尺寸规格要统一，内在质量密实度、均匀度特别要一致。

3. 试样表面清洁，无影响燃烧行为的缺陷，如应平整光滑、无气泡、飞边、毛刺等。

4. 对Ⅰ、Ⅱ、Ⅲ、Ⅳ型试样，标线划在距点燃端50mm处，对Ⅴ型试样，标线划在框架上或划在距点燃端20mm和100mm处（图4-29）。

五、实验数据处理

（1）按下式计算氧指数 $[O_I]$：

$$[O_I] = \frac{[O_2]}{[O_2] + [N_2]} \times 100 \quad (4\text{-}9)$$

式中，$[O_2]$ 为氧气的流量，L/min；$[N_2]$ 为氮气的流量，L/min。

（2）以三次实验结果的算术平均值作为该材料的氧指数，有效数字保留到小数点一位。

六、实验注意事项

（1）试样制作要精细、准确，表面平整、光滑。

（2）氧气、氮气流量调节要得当，压力表指示处于正常位置，禁止使用过高气压，以防损坏设备。

（3）流量计、玻璃筒为易碎品，实验中谨防打碎。

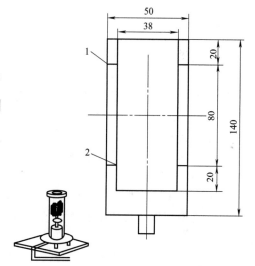

图 4-29　支撑试样的框架结构

1—上参照标记；2—下参照标记

七、实验报告要求

（1）叙述氧指数测定原理。

（2）定性说明影响氧指数的因素。

（3）什么叫氧指数值？如何用氧指数值评价材料的燃烧性能？

（4）HC-2 型氧指数测定仪适用于哪些材料性能的测定？如何提高实验数据的测试精度？

实验十九 ➡ 聚合物材料热变形温度的测定

一、实验目的

（1）学会使用热变形温度测定仪。

（2）了解塑料在受热情况下变形温度测定的物理意义。

二、实验设备及材料

本实验采用 ZWK-6 微机控制热变形维卡软化点温度实验机。长条形试样，试样表面平整光滑（其变形量如表 4-21），无气泡，无锯切痕迹或裂痕等缺陷。

表 4-21　试样高度与相应变形量要求

试样高度 h/mm	相应变形量/mm	试样高度 h/mm	相应变形量/mm
9.8～9.9	0.33		
10～10.3	0.32	12.4～12.7	0.26
10.4～10.6	0.31	12.8～13.2	0.25
10.7～11.0	0.30	13.3～13.7	0.24
11.1～11.4	0.29	13.8～14.1	0.23
11.5～11.9	0.28	14.2～14.6	0.22
12.0～12.3	0.27	14.7～15.0	0.21

三、实验原理

塑料试样浸在一个等速升温的液体传热介质中（甲基硅油），在简支架式的静弯曲负载作用下，试样达到规定型变量值时的温度为该材料热变形温度（HDT）。该方法只作为鉴定新产品热性能的一个指标，但不代表其使用温度。

四、实验步骤

（1）按照"工控机"→"电脑"→"主机"的开机顺序打开设备电源开关，让系统启动，并预热 10min。

（2）开启 Power Test-W 电脑软件，检查电脑显示的位移传感器值、温度传感器值是否正常（正常情况下位移传感器值显示值应该在 -1.9～1.9 之内，并随传感器头的上下移动而变化）。

（3）界面中选择"实验"，依据实验要求选择实验方案名为热变形温度测试，选择实验结束方式，高度为 15mm 试样的相对变形量设定为 0.21mm，升温速度为 120℃/h。填好后，按"确定"，微机显示"实验曲线图"界面，点击实验曲线图中的"实验参数"及"用户参数"，检查参数设置是否正常。

（4）量试样中点附近的高度和宽度值，精确至 0.05mm。点击"视图"中的"负荷"键，分别输入或选择正应力（本实验选择 18.5kgf/cm²）、支座间距 10mm、试样宽、试样高、负载杆重量和附加力（总共）为 0.105kgf。按"计算"键，则得到所需加砝码的质量。若标准试样的宽及高分别为 10mm 和 15mm，则计算所需砝码的质量为 2.67kg。

（5）按一下主机面板上的"上升"按钮将支架升起，选择热变形温度测试所需的压头并将其装在负载杆底端，安装时压头上标有的标号印迹应与负载杆的印迹一一对应。抬起负载杆，将试样放入支架，高度为 15mm 的一面垂直放置，注意试样的两端不要与支架两端的金属片接触。然后放下负载杆，使压头位于其中心位置并与试样垂直接触。

（6）按"下降"按钮将支架小心浸入油浴槽中，使试样位于液面 35mm 以下。根据计算所得测试需要的砝码质量选择砝码，小心将砝码叠稳且凹槽向上平放在托盘上，并在其上面中心处放一小钢磁针。

（7）支架浸入油面 5min 后，上下移动位移传感器托架，使传感器触点与砝码上的小钢磁针直接垂直接触，观察电脑上各通道的变形量，使其达到 -1～1mm，然后调节微调旋钮,令电脑显示屏上各通道的示值在 $-0.01 \sim 0.01$ 之间。

(8) 点击各通道的"清零"键,对主界面窗口中各通道变形清零。

(9) 在"实验曲线"界面中点击"运行"键进行实验。装置按照设定温度等速升温,电脑显示屏显示各通道的变形情况。当试样中点弯曲变形量达到设定值 0.21mm 时,实验即自行结束,此时温度即为该试样在相应最大弯曲正应力条件下的热变形温度。实验结束以"年-月-日-时-分试样编号"作为文件名,自动保存在"DATA"子目录中。材料的热变形温度以同组两个或两个以上试样的算术平均值表示。

(10) 当达到预设的变形量或温度,实验自动停止后,打开冷却水源进行冷却。然后向上移动实验位移传感器托架,将砝码移开,升起试样支架,将试样取出。

(11) 完毕后,依次关闭主机、工控机、打印机、电脑电源。

五、实验数据处理

(1) 点击主界面菜单栏中的数据处理图标,进入"数据处理"窗口,然后点击打开,双击所需的实验文件名,点击"结果"可查看试样热变形温度值,记录试样在不同通道的热变形温度,计算平均值。

(2) 点击"报告",出现"报告生成"窗口,勾选"固定栏"的试验方案参数以及"结果栏"的内容,如试样的名称、起始温度、砝码重、传热介质等。按"打印"按钮打印实验报告。

六、实验报告要求

(1) 影响热变形温度测试结果的因素有哪些?

(2) 熟悉实验步骤及操作过程。

实验二十 ◎ 膨胀计法测定聚合物的玻璃化温度

一、实验目的

(1) 掌握膨胀计法测定聚合物 T_g 的实验基本原理和方法。

(2) 了解升温速度对玻璃化温度的影响。

(3) 测定聚苯乙烯的玻璃化转变温度。

二、实验设备及材料

(1) 膨胀仪(图 4-30)、甘油油浴锅、温度计、电炉、调压器和电动搅拌器等。

(2) 聚苯乙烯,工业级;乙二醇和真空密封油。

三、实验原理

聚合物的玻璃化转变是指非晶态聚合物从玻璃态到高弹态的转变,是高分子链段开始自由运动的转变。在发生转变时,与高分子链段运动有关的多种物理量(例如比热容、比容、介电常数、折光率等)都将发生急剧变化。显而易见,玻璃化转变是聚合物非常重要的指标,测定高聚物玻璃化温度具有重要的实际意义。目前测定聚合物玻璃化转变温度的主要有扭摆、振簧、声波转播、介电松弛、核磁共振和膨胀计等方法。本实验则是利用膨胀计测定

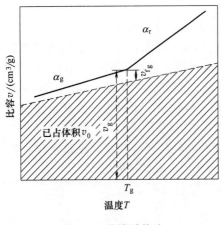

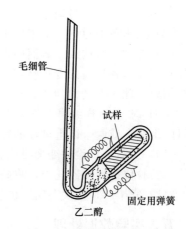

图 4-30　膨胀计构造　　　　　　　图 4-31　高聚物的比容-温度关系曲线

聚合物的玻璃化转变温度，即利用高聚物的比容-温度曲线上的转折点确定高聚物的玻璃化温度（T_g）。

根据自由体积理论可知：高聚物的体积由大分子体积和分子间的空隙构成，即自由体积组成。自由体积是分子运动时必需空间。温度越高，自由体积越大，越有利于链段中的短链作扩散运动而不断地进行构象重排。当温度降低，自由体积减小，降至玻璃化温度以下时，自由体积减小到一临界值以下，链段的短链扩散运动受阻不能发生（即被冻结）时，就发生玻璃化转变。图 4-31 所示的高聚物的比容-温度关系曲线能够反映自由体积的变化。

图 4-31 中上方的实线部分为聚合物的总体积，下方阴影区部分则是聚合物已占体积。当温度大于 T_g 时，高聚物体积的膨胀率就会增加，可以认为是自由体积被释放的结果，即图中 α_r 段部分。当 $T < T_g$ 时，聚合物处于玻璃态，此时，聚合物的热膨胀主要有分子的振动幅度和键长变化的贡献。在这个阶段，聚合物容积随温度线性增大，如图中 α_g 段部分。显然，两条直线的斜率发生极大变化，出现转折点，这个转折点对应的温度就是玻璃化温度 T_g。

T_g 值的大小与测试条件有关，如升温速率太快，即作用时间太短，使链段来不及调整位置，玻璃化转变温度就会偏高。反之偏低，甚至检测不到。所以，测定聚合物的玻璃化温度时，通常采用的标准是 $1 \sim 2 ℃/min$。T_g 大小还和外力有关，单向的外力能促使链段运动。外力越大，T_g 降低越多。外力作用频率增加，则 T_g 升高。所以，用膨胀计法所测得的 T_g 比动态法测得的要低一些。除了外界条件，T_g 值还受聚合物本身化学结构的影响，同时也受到其他结构因素如共聚交联、增塑以及分子量等的影响。

四、实验步骤

（1）先在洗净、烘干的膨胀计样品管中加入 PS 颗粒，加入量约为样品管体积的 4/5。然后缓慢加入乙二醇，同时用玻璃棒轻轻搅拌驱赶气泡，并保持管中液面略高于磨口下端。

（2）在膨胀计毛细管下端磨口处涂上少量真空密封油，将毛细管插入样品管，使乙二醇升入毛细管柱的下部，不高于刻度 10 小格，否则应适当调整液柱高度，用滴管吸掉多余的乙二醇。

（3）仔细观察毛细管内液柱高度是否稳定，如果液柱不断下降，说明磨口密封不良，应该取下擦净重新涂敷密封油，直至液柱刻度稳定，并注意毛细管内不留气泡。

（4）将膨胀计样品管浸入油浴锅，垂直夹紧，谨防样品管接触锅底。

（5）打开加热电源开始升温，并开动搅拌机，适宜调节加热电压，控制升温速度为 1℃/min 左右。间隔 5min 记录一次温度和毛细管液柱高度。当温度升至 60℃ 以上时，应该每升高 2℃，就记录一次温度和毛细管液柱高度，直至 110℃，停止加热。

（6）取下膨胀计及油浴锅，当油浴温度降至室温，可另取一支膨胀计装好试样，改变升温速率为 3℃/min，按上述操作要求重新实验。

（7）以毛细管高度为纵轴、温度为横轴，在转折点两边作切线，其交点处对应温度即为玻璃化温度。

（8）如果采用三个膨胀计在确保相同条件下同时测定三个试样，即可以这三个试样的 T_g 对 $1/Mn$（Mn 表示数均分子量，指的是按数学平均计算出的高分子材料的分子量）作图，求得 $T_g(\infty)$ 和 K 及 θ。

五、实验注意事项

（1）注意选取合适测量温度范围。因为除了玻璃化转变外，还存在其他转变。

（2）测量时，常把试样在封闭体系中加热或冷却，体积的变化通过填充液体的液面升降而读出。因此，要求这种液体不能和聚合物发生反应，也不能使聚合物溶解或溶胀。

六、实验报告要求

（1）作为聚合物热膨胀介质应具备哪些条件？
（2）聚合物玻璃化转变温度受到哪些因素的影响？
（3）若膨胀计样品管内装入的聚合物量太少，对测试结果有何影响？
（4）膨胀计还有哪些应用？

实验二十一 ◐ 钢的热处理及其组织观察

目前碳钢的产量在各国钢总产量中的比重保持在 80% 左右，它不仅广泛应用于建筑、铁道、车辆、桥梁、船舶和各种机械制造工业，而且在近代的石油化学工业、海洋开发等方面也得到大量使用。通过对碳钢进行相应的热处理可以在较大程度上提高其性能，具有非常高的使用价值。

一、实验目的

（1）掌握碳钢的基本热处理操作。
（2）了解含碳量、加热温度、冷却速度及回火温度等对碳钢性能（硬度）的影响。
（3）观察碳钢热处理后的组织特征，并了解其变化规律。

二、实验设备及材料

（1）箱式电阻炉。
（2）控温仪表。
（3）HR-150A 型洛氏硬度计和 HB-3000 型布氏硬度计。
（4）金相显微镜。
（5）砂纸。

（6）铁钳、水和油。

（7）45 钢（$\phi20mm\times10mm$）和 T12 钢（$\phi15mm\times10mm$）。

三、实验原理

钢的热处理是指采用适当方式进行加热、保温，并以一定冷却速度冷却至室温来改变其内部组织，而获得所需性能的一种工艺方法。钢的热处理方式主要有淬火、退火、正火及回火等。

热处理过程中，加热温度、保温时间和冷却速度这三个基本工艺参数的正确选择，是热处理产品质量的重要保证。

1. 加热温度

（1）退火加热温度　钢的退火一般是把钢加热到临界温度 A_{c1} 或 A_{c3} 线以上，保温一定时间后缓慢地随炉冷却的一种工艺。对于亚共析钢，其加热温度一般为 $A_{c3}+(20\sim30)℃$。亚共析钢多采用完全退火，完全退火后的组织接近于平衡组织，例如 45 钢的退火组织为铁素体＋珠光体。

对于共析钢和过共析钢，其加热温度一般为 $A_{c1}+(20\sim30)℃$。共析钢和过共析钢则多采用球化退火工艺，该工艺的目的是获得球状珠光体组织，以降低硬度，改善切削加工性，并为淬火做准备。

（2）正火加热温度　钢的正火一般是把钢加热到临界温度 A_{c3} 或 A_{ccm} 线以上，保温一段时间，然后进行空冷。对于亚共析钢，其加热温度为 $A_{c3}+(30\sim50)℃$；而对于过共析钢，其加热温度为 $A_{ccm}+(30\sim50)℃$。与退火组织相比，由于冷却速度稍快，组织中的珠光体含量相对较多，且片层较细密，因而性能会有所改善。45 钢的正火加热温度范围为 840～860℃，正火得到的组织为索氏体＋铁素体。

表 4-22 列出了几种常用碳钢的临界点温度。

表 4-22　几种常用碳钢的临界点温度

碳质量分数/%	临界点温度/℃			淬火温度/℃
	A_{c1}	A_{c3}	A_{ccm}	
0.2	735	835	—	860～880
0.4	724	780	—	840～860
0.8	730	723	—	780～800
1.0	730	—	800	760～800
1.2	730	—	895	760～800

（3）淬火加热温度　钢的淬火一般是把钢加热到临界温度 A_{c1} 或 A_{c3} 线以上，保温一段时间后放入各种不同的冷却介质中快速冷却，从而获得高硬度、高耐磨性的马氏体组织。对于亚共析钢，适宜的淬火温度为 $A_{c3}+(30\sim50)℃$；对于过共析钢，适宜的淬火温度为 $A_{c1}+(30\sim50)℃$。

不同成分的钢在不同的加热温度、保温时间和冷却条件下将会得到不同的淬火组织，常见的淬火组织有马氏体和贝氏体组织。

马氏体是奥氏体在冷却速度大于临界冷却速度冷却到 M_s 以下温度得到的产物，有板条状马氏体和片状马氏体两种典型形态。板条状马氏体主要由低碳钢淬火后得到，其组织形态是由一束束相互平行排列的细长条状马氏体群。片状马氏体，也称针状马氏体，在光学显微镜下呈针状或竹叶状，高碳钢经高温淬火得到粗大的针状马氏体，其立体形貌为双凸透镜状。

贝氏体是碳钢等温淬火得到的组织，它是含过饱和碳的铁素体和细粒状渗碳体的混合物，在显微镜下一般很难分辨出来。在光学显微镜下，上贝氏体呈羽毛状，下贝氏体呈黑色竹叶状。

（4）回火加热温度　钢的回火是把淬火后的钢重新加热至 A_{c1} 线以下的某一温度，且经过一定时间保温后冷却至室温的过程。钢淬火后必须要进行回火处理，不同的回火温度可以使钢获得各种不同组织和性能。根据回火温度不同，回火可分为低温回火、中温回火和高温回火。

① 低温回火　是在 $150\sim250℃$ 进行的，所得组织为回火马氏体，在显微镜下其形态和马氏体相同。由于有高度弥散的 ε 碳化物析出使组织容易受侵蚀而呈暗黑色。低温回火的目的是降低碳钢的淬火应力，减少钢的脆性，并保持钢的硬度。低温回火常用于高碳钢的切削刀具、量具和轴承等的热处理。

② 中温回火　是在 $350\sim500℃$ 进行的，所得组织为回火托氏体，主要由针状铁素体和细粒状渗碳体组成。中温回火的目的是获得高的弹性极限，同时有较好的韧性。中温回火常用于中高碳钢弹簧的热处理。

③ 高温回火　是在 $500\sim650℃$ 进行的，所得组织为回火索氏体，主要由等轴状铁素体和粗粒状渗碳体组成。高温回火的目的是获得既有一定强度、硬度、又有良好冲击韧性的综合力学性能，故把淬火后经高温回火的处理称为调质处理。高温回火常用于中碳结构钢机械零件的热处理。

表 4-23 列出了几种常用碳钢的回火温度和硬度的关系，供实验参考。

表 4-23　不同温度回火后的硬度值（HRC）

回火温度/℃	钢　种			
	45 钢	T8 钢	T10 钢	T12 钢
150～200	60～54	64～60	64～62	65～62
200～300	54～50	60～55	62～56	62～57
300～400	50～40	55～45	56～47	57～49
400～500	40～33	45～35	47～38	49～38
500～600	33～24	35～27	38～27	38～28

注：由于具体处理条件不同，上述数据仅供参考。

2. 保温时间

为使零件各部位加热温度均匀，并完成应有的组织转变，必须在加热温度下保温一定时间。通常将零件加热和保温所需时间统称为加热时间。加热时间主要取决于零件的形状和尺寸、钢的成分和原始组织状态、使用的装炉设备、装炉量和装炉方式以及热处理方法等，因此要确切计算加热时间较为复杂。在实际工作中，通常按工件有效厚度，用下列经验公式计算热处理加热时间

$$T=\alpha D \qquad (4\text{-}10)$$

式中，T 为加热时间，min；α 为加热系数，min/mm；D 为工件有效厚度，mm。

当碳钢工件 $D\leqslant50\text{mm}$，在 $800\sim960℃$ 箱式电阻炉中加热时，$\alpha=1\sim1.2\text{min/mm}$。回火的保温时间要保证零件热透并使组织充分转变，实验时组织转变时间可取 0.5h。

3. 冷却速度

冷却速度是影响钢最终获得组织与性能的重要工艺参数，冷却速度不同，奥氏体将在不同温度下发生转变，并得到不同的转变产物。因此，热处理的冷却方法必须适当，才能获得所要求的组织和性能。

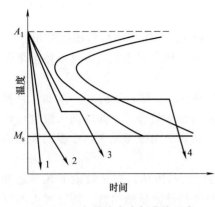

图 4-32　各种淬火冷却曲线示意
1—单液淬火；2—双液淬火；
3—分级淬火；4—等温淬火

对碳钢而言，退火一般采用随炉缓慢冷却，正火多采用空气冷却，而淬火须采用特殊的冷却方法，使淬火工件在过冷奥氏体最不稳定的温度范围（650～550℃）内进行快冷，即与 C 曲线的"鼻尖"相切，以保证冷却速度大于临界冷却速度，从而获得马氏体组织，同时又要求冷却速度在马氏体转变温度（300～100℃）以下应当尽量缓慢，以减少钢中内应力，防止变形和开裂。为了保证淬火效果，应选用合适的冷却方法，常用的淬火方法有单液淬火、双液淬火（先水冷后油冷）、分级淬火以及等温淬火等，如图 4-32 所示。

四、实验内容及步骤

（1）设计可使碳钢达到实验要求的热处理工艺，实验任务见表 4-24。

（2）将同一加热温度的 45 钢和 T12 钢试样分别放入 850℃ 和 780℃ 的炉内加热，保温 15～20min 后，分别进行空冷、水冷和油冷等热处理操作。

表 4-24　实验任务

钢种	热处理工艺			硬度值（HRC 或 HRB）				换算为 HB 或 HV	组织特征
	加热温度/℃	冷却方式	回火温度/℃	1	2	3	平均值		
45 钢	840～860	炉冷							
		空冷							
		油冷							
		水冷							
		水冷	180～220						
		水冷	380～450						
		水冷	560～620						
	760～800	水冷							
T12 钢	760～800	炉冷							
		空冷							
		油冷							
		水冷							
		水冷	180～220						
		水冷	380～450						
		水冷	560～620						
	840～860	水冷							

（3）从两种加热温度的水冷试样中各取出 3 块 45 钢和 T12 钢试样，然后分别放入 200℃、400℃ 和 600℃ 的炉内进行回火，回火保温时间为 30min。

（4）用砂纸去除热处理后的试样两端面氧化皮，并测定试样的硬度（炉冷、空冷试样测 HRB，水冷、回火试样测 HRC），并将数据填于表内。

（5）对热处理后的试样进行金相试样制备，在金相显微镜下观察各组试样的金相组织，并描绘其组织特征。

五、实验报告要求

（1）写出实验目的。

（2）将实验数据整理后填入表 4-24 中。

（3）分析含碳量、加热温度、冷却速度及回火温度等对碳钢性能（硬度）的影响。

（4）绘出不同热处理工艺条件下的组织特征示意图，并讨论不同材料的组织与其热处理工艺之间的关系。

实验二十二 ➡ 铝合金的熔炼及组织分析

目前，大多数发达国家在制造铁路车辆的车体结构时均采用铝合金代替传统的钢铁材料，从而达到减轻车辆自重以降低能耗和减少环境污染的目的。但随着科学技术的发展，铁路车辆车体结构对铝合金铸件的要求也越来越高，除了保证化学成分、力学性能和尺寸精度外，还要求铸件无气孔、缩孔等缺陷存在。铝合金的熔炼是铸件生产的一个非常重要的工序，要想获得优质的铝合金铸件，必须严格控制熔炼工艺。

一、实验目的

（1）掌握铝合金的配料和熔炼过程。

（2）了解铝合金熔炼中精炼的必要性和原理。

二、实验设备及材料

（1）熔铝炉（或感应炉）。

（2）电子天平、石墨坩埚、搅拌棒、坩埚钳。

（3）纯铝、纯铜、纯锌、Al-Mg 中间合金。

（4）精炼剂、清渣剂、涂料。

（5）光谱仪。

（6）扫描电镜。

三、实验原理

熔炼是采用加热的方式改变金属物态，使基体金属和合金化组元按要求的配比熔制成成分均匀的熔体，并使其满足内部纯洁度、铸造温度和其他特定要求的一种工艺过程。熔体的质量直接影响到合金材料的金相组织，进而影响到合金的力学性能、工艺性能和其他性能。

由于熔炼工艺过程控制不严而造成的铸造缺陷有渗漏、气孔夹渣、偏析、裂纹和晶粒粗大等，因此必须严格控制熔炼浇注工艺过程。铝合金熔炼的工艺流程如图 4-33 所示。

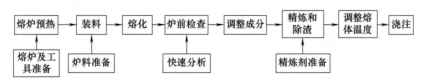

图 4-33 铝合金熔炼的工艺流程

1. 熔炉及工具准备

在有条件的情况下，应将铝合金熔化、保温静置工序分开，分别设置熔化系统和保温系统，专业术语称为"熔炼 1＋1"。也有把熔炼、保温工序合在一起，在同一台熔化炉中进行操作。

炉子及各种工具在使用前应该清理干净，不应残留氧化皮油污及其他杂物。金属工具应用氧化锌水玻璃涂刷，以防止渗铁，然后在 $200\sim300℃$ 的温度下烘干备用。

2. 炉料准备

炉料在使用前要经过预热，将水分全部蒸发掉，因为水在炉内外会发生分解，产生 O_2 和 H_2，其中的 O_2 与铝合成 Al_2O_3 成为夹杂，而 H_2 则在溶液里转化为铸件的气孔。

3. 熔化

在铝合金的熔炼过程中必须有足够的温度和热量以保证金属及合金元素的充分熔化和溶解。熔炼温度一般选择高于液相线温度 $50\sim60℃$ 为熔化温度，多数铝合金的熔炼温度在 $720\sim750℃$ 范围内。

漂浮在液面的渣要及时清除，因为在液面上生成的氧化铝薄膜结构很致密，有防止进一步氧化的作用，但由于氧化铝的密度与铝合金非常接近，故它残留在铝液内不会自动漂浮至液面，需要用精炼的办法来去除。

4. 炉前检查及调整成分

铝合金熔炼完成后，应对其进行化学成分分析，应用最广的是光谱仪测量。如不合格则要转入下一步的调整过程，另外还要进行全面检查，如金相、力学性能等。

根据分析结果，缺什么补什么，但是要求加入的是中间合金，如果缺铝则可以直接加入。

5. 精炼和除渣

精炼的目的在于清除铝液中的气体和各类有害杂质，净化铝液，防止在铸件中形成气孔和夹渣。常用的精炼剂有氯化锌、六氯乙烷、氯气、氮气，还有氯化锰、二氧化钛加氯化锰，后者用于特殊合金，此外镁铝合金使用的精炼剂则更不一样。

使用氯盐精炼的优点是可以省去一整套气体发生装置和输送管道，但氯盐会吸湿，所以必须经过烘烤才能使用。其原理是使用氯盐与铝液反应生成 $AlCl_3$ 气体，吸附悬浮的氢气泡和氧化物夹杂。如选用 $ZnCl_2$（熔点 $365℃$，沸点 $732℃$）精炼剂，则

$$2Al+3ZnCl_2 =\!=\!= 3Zn+2\ AlCl_3（沸点 183℃）$$
$$AlCl_3+3/2H_2 =\!=\!= Al+3HCl$$

精炼时，氯化锌的加入量为铝液质量的 $0.1\%\sim0.2\%$，精炼温度为 $700\sim720℃$。操作时用钟罩将精炼剂压到距坩埚底部约 $100mm$ 左右加以搅动，以免底部杂质泛起。当炉料全部熔化后，在熔体表面会形成一层由熔剂、金属氧化物和其他非金属夹杂物所组成的熔渣。在进行浇注之前，必须将这层渣除掉。

铝合金熔炼过程要按照目标合金需求加入合金元素。例如 7055 形变铝合金，需要加入 Cu、Zn、Mg 等。合金主要成分为 Al-8.5%Zn-2.4%Cu-2.2%Mg，选用原料为纯铜、纯锌、Al-48%Mg 中间合金。7055 铝合金的熔炼温度应控制在 $720\sim740℃$ 范围内。

四、实验内容及步骤

（1）按照 7055 铝合金需求，配制好合金元素成分比例，记录于表 4-25。

表 4-25　7055 铝合金的成分配比

元素	Zn	Cu	Mg	Zr	Al
配入范围/%	8.4~8.6	2.0~2.2	2.2~2.4	0.05~0.25	余量
参考配比/%	8.6	2.2	2.4	0.2	余量
实验配比/%					

（2）将配好的纯 Zn、纯 Cu、Al-48%Mg 中间合金在烘烤箱中烘烤到 $200\sim300℃$，充分

去除水分。

(3) 在电阻炉中熔化纯铝，加热到 710～720℃。

(4) 先加 Cu，靠自重沉入铝液底部，然后加入 Zn，为防止 Zn 的剧烈氧化，要直接压入熔体内部。通过搅拌促进合金溶解。

(5) 熔体温度在 710～720℃时加入精炼剂对熔体进行精炼处理，加入量占铝液质量的 0.2%～0.5%，通过压入和搅拌促进精炼过程。静置 5～10min 后清渣。

(6) 在浇注前约 690～700℃加入 Al-Mg 中间合金，搅拌促进合金溶解。

(7) 升温到 720℃，将熔体浇入预热过的金属模具或石墨模具。铝合金制备完成。

(8) 用光谱仪测量并分析 7055 铝合金的化学成分，同时观察铸态组织和结晶相形貌图。

五、实验报告要求

(1) 写出实验目的。

(2) 简述 7055 铝合金熔炼的工艺流程。

(3) 简述要对铝合金进行精炼处理的原因。

(4) 附上铸态 7055 铝合金组织和结晶相形貌图，并进行分析。

实验二十三 ▶ 电火花加工工艺实验

一、实验目的

(1) 通过实验使学生进一步掌握电火花加工原理。

(2) 了解影响加工速度、加工精度及加工表面粗糙度的主要因素。

(3) 掌握电极设计、制造要点，常用电极材料。

(4) 了解如何通过调整电火花加工工艺参数达到控制凸凹模间隙的目的。

二、实验设备及材料

(1) 实验设备：ZNC 电火花成型机床、台式钻床、游标卡尺、百分表、精密直角尺等。

(2) 材料：ϕ20mm×80mm 紫铜电极，120mm×80mm×30mm 的 45 钢试件。

三、实验原理

1. 电火花成型加工机床的工作原理

电火花加工的原理是基于工具电极与工件电极之间脉冲性火花放电时的电腐蚀现象来对工件进行加工，以达到一定形状、尺寸、表面质量的要求。电火花加工是无数微观电腐蚀现象累加的宏观表现。其物理过程是极其短暂、复杂的，是电动力、电磁力、热动力、流体动力综合作用的过程。其过程分以下几个阶段：

① 介质击穿和通道形成；

② 能量转换、分布与传递；

③ 腐蚀产物的抛出；

④ 极间介质的消电离。

2. 电火花成型机床的组成及主要结构

电火花加工设备主要由四部分组成，即脉冲电源、自动控制系统、机床本体、工作液循环过滤系统。

（1）脉冲电源：其作用是把工频交流电转变成一定频率的单向脉冲电流；对其基本要求是有足够的脉冲放电能量，脉冲参数可调。

（2）自动控制系统：主要是控制放电间隙大小、极间物理状态以及加工深度等。

（3）机床本体：主要包括主轴头、床身、立柱、导轨、工作液槽等。

（4）工作液循环过滤系统：主要包括冲刷、排除电蚀产物，过滤后再使用。

四、实验方法及步骤

（1）将已预加工孔的试件用电火花机床的专用夹具夹紧在电火花机床工作台上，调整试件基准面与机床 X、Y 轴的平行度。

（2）将电极夹紧在电火花机床的电极夹头上，用紧密直角尺或百分表校正、调整电极轴线与机床 Z 轴平行（用百分表校正时，机床 Z 轴只能向上移动，百分表的表头要对着电极的最低点）。

（3）将电极调整到被加工工件基准位置。

（4）调整电规准参数和极性。将脉冲电源控制柜上的加工极性调整为负极性（即工件与脉冲电源负极连接，工具电极与脉冲电源正极连接）。

（5）调整脉冲电源控制柜上的脉冲参数。

（6）启动冷却油泵，打开脉冲电源开关，按动手动按钮使电极慢慢接近工件，当出现火花时，观察火花调整工件位置。如果分别均匀即可进入自动加工。

（7）进入自动加工后，把电规准调整为规定的量值，并将控制柜上相关数据（加工电压、加工电流等）记录下来，并记录整个加工时间。

五、实验报告要求

（1）电火花加工的原理和物理本质。

（2）比较电规准和极性效应对加工速度、精度和表面粗糙度的影响。

（3）设计工具电极时在结构上应该注意哪些问题？常用的电极材料有哪些？

实验二十四 ➡ 模具线切割加工实验

一、实验目的

（1）了解电火花线切割机床的工作原理和基本结构。

（2）掌握线切割加工的一般工艺规律。

（3）设计简单模具零件，编制线切割程序及工艺流程。

（4）通过线切割操作了解工艺参数的选择和调整，熟悉线切割工艺应用，熟悉其找正、装卡方法。

二、实验设备

线切割加工机、游标卡尺、45 钢样品。

三、实验原理

1. 线切割机床的工作原理

线切割加工全称一般为电火花线切割加工，它是利用放电产生的电蚀现象来进行加工的，实质是由电、热和流体动力综合作用的结果。加工时电极丝接脉冲电源负极，工件接正极（图 4-34），接通高频脉冲电源后，在充满液体介质的工具电极与工件之间的间隙上，施加脉冲电压后便产生很强的电场，从而使该区域的介质电离，形成放电通道（火花放电击穿电位比电弧放电击穿电位高，大于 36kV/cm），并产生火花放电。由于放电时间短（持续时间 $10^{-6} \sim 10^{-5}$ s）且发生在放电区域的某点上，所以能量高度集中，放电区域温度急剧升高，局部温度可达到 $8000 \sim 12000℃$，使金属材料熔化甚至蒸发，被熔化和蒸发的工件微粒在工作液作用下被清洗出切缝，这样即在工件表面形成了放电凹坑，无数凹坑的组合即形成了一条加工线，加工线在数控系统作用下的延续即形成了特定形状的加工表面，以达到去除材料完成加工的目的，从而形成了加工零件。

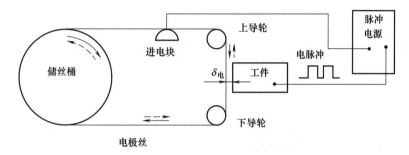

图 4-34　线切割加工原理示意

2. 线切割机床的组成及主要结构

（1）控制系统：计算机编程系统，脉冲电源及机床驱动控制部分等。

（2）床身：支承上下拖板、储丝筒、立柱、线架、机床电器控制箱等。

（3）工作台：由上下拖板、滚珠丝杠副及齿轮箱等组成。

（4）线架：包括立柱和上下线架，可升降上线架，且还安装了 U-V 轴小拖板。

（5）运丝机构：直流电机通过弹性联轴器带动储丝筒旋转，电极转速分级可调，从而使走丝速度可调。

（6）工作液循环系统：工作液由水泵通过管路输送到加工区，经过回液管回到工作液箱过滤后再使用。

3. 线切割加工工艺

（1）脉冲宽度的选择　加工过程中一般按照工件的表面粗糙度要求或工件厚度确定脉冲宽度，一般为几微秒到几十微秒，脉冲放电电流可随工件厚度调整。

（2）脉冲间隔　脉冲间隔的大小取决于脉冲宽度，一般按比例大于脉冲宽度的两到三倍。

（3）加工进给速度　加工进给速度的调节靠进给伺服系统完成，人工调节应按照不同的加工条件，使加工进给速度跟踪加工速度。

（4）加工极性　线切割加工大多采用几微秒到几十微秒的较窄脉冲，因而全部采用正极性加工。

四、实验内容

（1）观察机床各部分结构，了解工作原理。

（2）设计简单模具零件，进行图形输入、线切割程序编制、比较 3B 代码与 ISO 国际代码区别、进行模拟加工。

（3）进行实际装卡、找正、对丝、切割加工，了解基本工艺过程。

（4）加工过程中调节主要电参数，观察分析其对工艺指标的影响。

五、实验报告要求

（1）用框图说明线切割机床的组成和工作原理。

（2）简要说明线切割加工的一般工艺规律。

（3）绘制加工模具零件图形，整理线切割加工程序。

实验二十五 ➡ 圆环镦粗法测量摩擦系数

一、实验目的

（1）根据圆环镦粗后的变形，了解摩擦对金属流动的影响。

（2）通过实验掌握实际测定摩擦系数的方法。

二、实验设备及材料

300kN 万能试验机、游标卡尺、垫板、环形工业纯铝试样（外径 $\phi 20mm$，内径 $\phi 10mm$，高度 7mm）、MoS_2 油膏润滑剂。

三、实验原理

将一定尺寸的圆环试样进行压缩，由于表面摩擦系数不同，内径的扩大量随着摩擦系数增加而减小。当摩擦系数超过某值时，内径的扩大量转为负值。利用塑性理论分析，可作出不同摩擦系数下内径随压缩量变化的一组曲线-摩擦系数标定曲线。按标定试样制出待测的圆环试样，绘制其内径随压缩量变化的关系曲线，通过与标定曲线比较，可方便求得试样摩擦系数。

四、实验步骤

（1）取圆环铝试样两个，分别在不同摩擦条件下（一个用润滑剂，一个不用润滑剂），在两平面垫板间进行压缩，圆环要放在平板中心，保证变形均匀。

（2）每次压缩量为 15% 左右，然后取出、擦净试样，测量变形后的圆环尺寸（外径、内径、高度）。注意测量时要测量圆环内径的上、中、下三个直径尺寸，取其平均值。

（3）重复进行上述步骤三到四次，控制总变形量为 50% 左右。

（4）根据所获得的数据，结合标定参考图，计算得出摩擦系数。

五、实验报告要求

（1）简述圆环镦粗法测量摩擦系数的原理。

（2）摩擦系数的测量准确度受哪些因素影响？

第 二 篇

实训设计篇

第五章 ▶▶
材料成型加工设计

设计一 ➡ 塑料模具设计

设计时间：2 周（集中完成）
适用专业方向：模具设计与制造、高分子材料

一、目的与要求

（1）了解并掌握模具设计的一般方法，具备初步的独立设计能力。
（2）初步掌握注塑模的具体设计思想及设计过程。
（3）提高综合运用所学的理论知识独立分析和解决问题的能力。
（4）为工程实际的模具设计打下良好基础。

二、设计内容

1. 设计内容
实用注塑模设计。
2. 具体任务
根据经教研室审批的设计任务书所制订的制件，设计一套实用注塑模。具体要求如下。
（1）制件注塑成型工艺性分析。
（2）模具结构方案设计。
（3）模具工作零件设计计算（含误差分析，强度、刚度计算并校核）。
（4）模具整体结构设计。
（5）成型设备选择。
（6）模具总装图绘制（1#）。须符合下述要求：
① 考虑采用"半剖法"表示上模使用中的两个极限位置；
② 按装配图要求标注尺寸及配合性质、技术要求等；
③ 零件标号无遗漏，明细表内容翔实、规范；
④ 制图遵照国家标准，排样图按习惯绘在总装图的右上角或适当位置。
（7）绘制凸模、凹模零件图（2#或3#），尺寸、粗糙度标注齐全。
（8）编写设计说明书一份，要求内容翔实，措辞准确，具有较好的可读性。
3. 计划进度
第 1 周，接受并消化设计任务，搜集资料，冲压工艺及模具结构方案设计，模具工作零件设计。
第 2 周，绘制装配图，绘制凸模、凹模或凸凹模零件图，编写计算说明书，答辩。

三、设计教材及主要参考资料

[1] 屈华昌. 塑料成型工艺与模具设计. 北京：高等教育出版社，2001.
[2] 宋玉恒. 塑料注射模设计实用手册. 北京：航空工业出版社，1996.
[3] 贾润礼. 程志远等. 实用注射模设计手册. 北京：中国轻工业出版社，2000.
[4] 《塑料模具技术手册》编委会. 塑料模具技术手册. 北京：机械工业出版社，1997.

四、设计步骤

（1）研究、消化原始资料。收集整理有关制件设计、成型工艺、成型设备、机械加工、特种工艺等有关资料；消化吸收塑料制件图，了解塑件的用途，分析塑件的工艺性、尺寸精度等技术要求；分析工艺资料，了解所用塑料的物理性能、成型性能以及工艺参数。

（2）选择成型设备。

（3）拟定模具结构方案：型腔数目与布置—选择分型面—确定浇注系统—选择脱模方式—模温调节—确定主要零件的结构和尺寸—支承与连接，选用标准模架，并讨论论证选出最佳方案。

① 型腔数目与布置：根据塑件的形状大小、结构特点、尺寸精度、批量大小以及模具制造的难易、成本高低等确定型腔的数目与排列方式。

② 选择分型面：分型面位置的选择要有利于模具加工、排气、脱气、脱模、塑件的表面质量及工艺操作等。

③ 确定浇注系统：包括主流道、分流道、冷料井，浇口的形状、大小和位置，排气方法、排气槽的位置及尺寸大小等。

④ 选择脱模方式：考虑开模、分型的方法与顺序，拉料杆、推杆、推管、推板等脱模零件的组合方式，合模导向与复位机构的设置以及侧向分型与抽芯机构的选择与设计。

⑤ 模温调节：模温的测量方法，冷却水孔道的形状、尺寸与位置，特别是与型腔壁间的距离及位置关系。

⑥ 确定主要零件的结构与尺寸：考虑成型与安装的需要及制造与装配的可能，根据所选材料，通过理论计算或经验数据，确定型腔、型芯、导柱、导套、推杆、滑块等主要零件的结构与尺寸以及安装、固定、定位、导向等方法。

⑦ 支承与连接，选用标准模架：如何将模具各个组成部分通过支承块、模板、销钉、螺钉等支承与连接零件，按照使用与设计要求组合成一体，获得模具的总体结构。

（4）绘制模具装配图：先从型腔开始，由里向外，主视图与俯视图、侧视图等同时进行：型腔与型芯的结构；浇注系统、排气系统的结构；分型面及分型脱模机构；合模导向与复位机构；冷却或加热系统的结构形式与部位；安装、支承、连接、定位等零件的结构、数量及安装位置。

（5）绘制型腔型芯零件图，尺寸公差及公差粗糙度标注完全；标注技术要求，填写标题栏。

（6）编写设计说明书一份，要求内容翔实，措辞准确，具有较好的可读性。

五、课程设计结束提交的档案材料

（1）设计计算说明书（A4幅面），1份。

（2）模具装配图（1#图纸），1份。

（3）模具工作零件图（2♯或3♯图纸），1份。

六、成绩评定

（1）本课程设计按五级分制单独评分。

（2）每位同学须独立完成设计，若发现抄袭、请人代做，成绩均按不及格论。

（3）评分权重：平时表现（含考勤）占20%，设计质量（含图纸、说明书等内容）占60%，答辩水平占20%。

七、设计中注意事项

1. 图面布置规范绘制

有了模具结构典型组合图，就可以着手绘制模具装配图。一般应根据模具结构典型组合图绘制模具结构草图。

为了绘制一张美观、正确的模具装配图，必须掌握模具装配图面的布置规范。图5-1所示是模具装配图的图面布置示意图，可参考使用。

图纸的左上角1处是档案编号。如果这份图纸将来要归档，就在该处编上档案号（且档案号是倒写的），以便存档。不能随意在此处填写其他内容。

2处通常布置模具结构主视图。在画主视图前，应先估算整个主视图大致的长与宽，然后选用合适的比例作图。主视图画好后其四周一般与其他图或外框线之间应保持有约50~60mm的空白，不要画得"顶天立地"，也不要画得"缩成一团"，这就需要选择一合适的比例。推荐尽量采用1∶1的比例，如不合适，再考虑选用其他《机械制图国家标准》上推荐的比例。

3处布置模具结构俯视图。应画拿走上模部分后的结构形状，其重点是为了反映下模部分所安装的工作零件的情况。俯视图与边框、主视图、标题栏或明细表之间也应保持约50~60mm的空白。

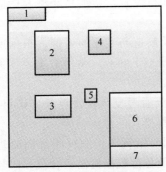

图5-1 图面布置示意图

1—档案编号处；2—布置主视图；3—布置俯视图；4—布置产品图；5—技术要求说明；6—明细表；7—标题栏

4处布置塑料制件产品图。并在冲压产品图的右方或下方标注冲压件的名称、材料及料厚等参数。

5处写主要技术要求。包括系统性能要求，装配工艺要求，使用与装拆注意事项以及检验、试模、维修、保管等，达到要求。

6处布置明细表。

7处布置标题栏。作为课程设计，标题栏主要填写的内容有模具名称、作图比例及签名等内容。其余内容可不填。

标题栏及明细表填写应注意的要点如下。

① 明细表至少应有序号、图号、零件名称、数量、材料、标准代号和备注等栏目。

② 在填写零件名称一栏时，应使名称的首尾两字对齐，中间的字则均匀插入。

③ 在填写图号一栏时，应给出所有零件图的图号。数字序号一般应与序号一样以主视图画面为中心依顺时针旋转的方向为序依次编定。由于模具装配图一般算作图号00，因此明细表中的零件图号应从01开始计数。没有零件图的零件则没有图号。

④ 备注一栏主要写标准件规格、热处理、外购或外加工等说明。一般不另注其他内容。

2. 装配图的绘制要求

绘制模具装配图最主要的是要反映模具的基本构造，表达零件之间的相互装配关系。从这个目的出发，一张模具装配图所必须达到的最起码要求一是模具装配图中各个零件（或部件）不能遗漏，不论哪个模具零件，装配图中均应有所表达；二是模具装配图中各个零件位置及与其他零件间的装配关系应明确。

（1）装配图的作图状态：对于初学者则建议画合模的工作状态，这有助于校核各模具零件之间的相关关系。

（2）剖面的选择：重点突出的地方应尽可能地采用全剖或半剖。

（3）序号引出线的画法：在画序号引出线前应先数出模具中零件的个数，然后再作统筹安排。按照"数出零件数目→布置序号位置→画短横线→引画序号引出线"的作图步骤，可使所有序号引出线布置整齐、间距相等，避免了初学者画序号引出线常出现的"重叠交叉"现象。

3. 塑料模零件图设计示范

图形的绘制可参考图 5-2。

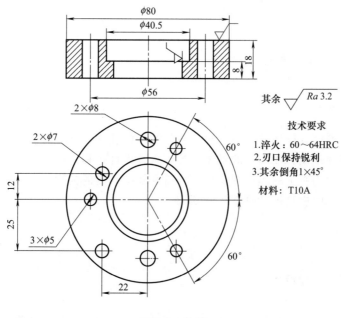

图 5-2　凸模

4. 设计说明书要求

设计计算说明书（A4 幅面）1 份，8000 字左右。内容主要包括以下几项。

（1）目录。

（2）设计题目或设计任务书。

（3）塑件分析（含塑件图）。

（4）塑料材料的成型特性与工艺参数。

（5）设备的选择：设备的型号、主要参数及有关参数的校核。

（6）浇注系统的设计：塑件成型位置，分型面的选择，主流道、分流道、浇口、冷料井、排气槽的形式、部位与尺寸以及流长比的校核等。

（7）成型零部件的设计预计算：型腔、型芯等的结构设计、尺寸计算、强度校核等。

（8）脱模机构的设计：脱模力的计算，拉料机构、顶出机构、复位机构等的结构形式、安装定位、尺寸配合以及某些构件所需的强度、刚度或稳定性校核。

（9）侧抽芯机构的设计：抽拔距与抽拔力的计算，侧抽芯机构的形式、结构、尺寸以及必要的验算。

（10）脱螺纹机构的设计：脱模方式的选择，止转方法、驱动装置、传动系统、补偿机构等的设计与计算。

（11）合模导向机构的设计：组成元件，结构尺寸，安装方法。

（12）温度调节系统的设计与计算：模具热平衡计算，冷却系统的结构、尺寸、位置。

（13）支承与连接零件的设计与选择：如支撑块、模板等非标准零件的设计（形状、结构与尺寸）和螺钉、销钉等标准模架的选择（规格、型号、标准、数量）等。

（14）其他技术说明。

（15）设计小结：体会、建议等。

（16）参考资料：资料编号、名称、作者、出版年月。

设计二 ➡ 冲压模具设计

设计时间：2周（集中完成）
适用专业方向：模具设计与制造、机械制造

一、目的与要求

（1）了解并掌握模具设计的一般方法，具备初步的独立设计能力。

（2）初步掌握冲裁模、注塑模的具体设计思想及设计过程。

（3）提高综合运用所学的理论知识独立分析和解决问题的能力。

（4）为工程实际的模具设计打下良好基础。

二、设计内容

1. 设计内容

实用冲压模或注塑模设计。

2. 具体任务

根据经教研室审批的设计任务书所制订的制件，设计一套实用冲压模或注塑模。具体要求如下。

（1）制件冲压工艺设计或注塑成型工艺性分析。

（2）模具结构方案设计。

（3）模具工作零件设计计算（含误差分析，强度、刚度计算并校核）。

（4）模具整体结构设计。

（5）成型设备选择。

（6）模具总装图绘制（1#）。须符合下述要求：

① 考虑采用"半剖法"表示上模使用中的两个极限位置；

② 按装配图要求标注尺寸及配合性质、技术要求等；

③ 零件标号无遗漏，明细表内容翔实、规范；

④ 制图遵照国家标准，排样图按习惯绘在总装图的右上角或适当位置。

（7）绘制凸模、凹模零件图（2♯或3♯），尺寸、粗糙度标注齐全。

（8）编写设计说明书一份，要求内容翔实，措辞准确，具有较好的可读性；说明书按目录、设计任务书及产品图、零件工艺性分析、冲压零件工艺方案的拟订、模具类型及结构形式的选择、排样方式，材料利用率的计算、冲裁力的计算、压力中心的确定、模具主要零部件的确定（选择、设计和必要的计算）、压力机的选择、参考资料等排序。

3. 计划进度

第1周：接受并消化设计任务，搜集资料，冲压工艺及模具结构方案设计。

第2周：模具工作零件设计，绘制装配图，绘制凸模、凹模或凸凹模零件图，编写计算说明书；答辩。

三、设计教材及主要参考资料

[1] 党根茂，骆志斌. 模具设计与制造. 西安：西安电子科技大学出版社，2003.

[2] 刘心治. 冷冲压工艺及模具设计. 重庆：重庆大学出版社，2002.

[3] 王孝培. 冲压手册. 第2版. 北京：机械工业出版社，2001.

[4] 杜东福. 冷冲压工艺及模具设计. 电子图书（索阅）.

[5] 卢险峰. 冲压工艺模具学. 北京：机械工业出版社，2003.

四、设计步骤

（1）冲裁工艺设计：对制件的结构、尺寸、精度、数量、材质等要素进行分析，初步确定制件的冲裁工艺，计算搭边尺寸、毛坯尺寸，确定排样图（绘在总装图上）。

（2）模具结构方案设计：根据冲裁工艺方案，初步确定模具结构方案和坯料导向、定位方式。

（3）计算冲裁力，初步选择冲压设备；了解其行程、吨位、容模尺寸等有关技术参数。

（4）计算卸料力，确定卸料方案及卸料元件的规格、尺寸。

（5）计算并确定冲裁间隙，继而确定凸模、凹模等主要工作零件的尺寸、结构形式；选择凸模、凹模或凸凹模进行强度、刚度的计算并校核。

（6）协调模具各零件的结构、尺寸，完善导料、定位等辅助功能件结构及尺寸设计。

（7）绘制模具总装配图：

① 考虑采用"半剖法"表示上模使用中的两个极限位置；

② 按装配图要求标注尺寸及配合性质、技术要求等；

③ 零件标号无遗漏，明细表内容翔实、规范；

④ 制图遵照国家标准，排样图按习惯绘在总装图的右上角或适当位置；

⑤ 绘制凸模、凹模零件图，尺寸、粗糙度标注齐全；

⑥ 编写设计说明书一份，要求内容见上述。

五、提交的档案材料

（1）设计计算说明书（A4幅面），1份。

（2）模具装配图（1♯图纸），1份。

（3）模具工作零件图（2♯或3♯图纸），1份。

六、考核办法

（1）本课程设计按五级分制单独评分。

（2）每位同学须独立完成设计，若发现抄袭、请人代做，成绩均按不及格论。

（3）评分权重：平时表现（含考勤）占 20％，设计质量（含图纸、说明书等内容）占 60％，答辩水平占 20％。

设计三 ⊙ 焊接结构设计

设计时间：2 周（集中完成）
适用专业方向：焊接工程

一、目的与要求

1. 目的

按材料成型及控制工程专业（焊接方向）教学计划要求，在学完专业核心课"焊接结构学"后，进行"焊接结构设计"教学环节，其主要目的是使学生在学习材料成型及控制方面相关知识的基础上，进行一次工程设计训练，培养学生解决工程实际问题的能力。通过课程设计，可以培养学生解决焊接生产实际问题的能力，检验学生对所学基本知识的综合运用能力；使学生进一步了解典型焊接结构的基本知识及相关焊接工艺，掌握焊接结构的整体设计、焊接工艺规程、焊接工艺卡的编制要领；最终使学生具有根据生产实际独立制订焊接结构焊接工艺的能力。

2. 要求

（1）要充分认识课程设计对培养自己的重要性，认真做好设计前的各项准备工作；在设计过程中，要严格要求自己，树立严肃、严密、严谨的科学态度；既要虚心接受老师的指导，又要充分发挥自己的主观能动性。结合课题，独立思考，努力钻研，勤于思考，认真实践，勇于探索，鼓励创新。

（2）认真阅读设计任务书，独立按时完成规定的工作任务，不得弄虚作假，不准抄袭他人的内容，否则成绩以不及格处理。

（3）焊接结构装配图按 A1 图纸绘制或打印，必须符合国家有关标准的规定。

（4）编写课程设计说明书，说明书要求文字通顺，简练。

（5）无论在校外、校内，都要严格遵守学校和所在单位的学校和劳动纪律、规章制度，学生有事离校必须请假。课程设计期间，无故缺席按旷课处理；缺席时间达四分之一以上者，其成绩按不及格处理。

二、设计内容

本课程设计以简化的桥式起重机主梁及储罐为研究对象，要求设计箱形梁及储罐的结构形式与尺寸，并对其进行强度、刚度校核，画出焊接箱形梁和储罐的图纸，最后制订焊接工艺文件。要求画出主梁的结构图（A1 图纸），包括纵向加筋、横向加筋、小车轨道以及工艺分析。

（1）前言。

（2）课程设计的目的和要求。

（3）焊接结构简述。

（4）焊接结构总体设计。

（5）焊缝接头设计。

（6）焊接及相关工艺流程。

（7）课程设计总结（编写设计说明书）。

三、设计方式

采用分阶段集中与分散相结合的方式进行。

四、设计步骤

（1）收集资料：根据任务书进行系统调查，收集相关资料。

（2）分析设计、画装配图：根据收集的资料，进行分析，了解焊接结构的基本构造和工作原理，并绘制装配图。

（3）制订焊接工艺，撰写课程设计说明书：制订相关部件的制造工艺流程，并对其中的焊接部件编写相应的焊接工艺规程卡和焊接工艺卡。

（4）验收与评分：指导教师对每个人选定的课题（焊接结构），及设计的焊接工艺及工艺规程，结合课程设计说明书，根据课程设计成绩的评定方法，评出成绩。

五、说明书要求

（1）写出课程设计的基本步骤及方案。

（2）简单说明焊接结构的基本构造和工作原理，并绘制相应的装配图。

（3）设计相关部件的焊接工艺流程，并编写相应的焊接工艺规程和焊接工艺卡。

（4）设计者的体会心得。

六、考核办法

考核根据平时设计表现10％、考勤10％、答辩10％、装配图30％、设计说明书40％进行，成绩实行五级记分制，即优秀、良好、中等、及格、不及格。

设计四 ➡ 焊接生产工艺设计

设计时间：2周（集中完成）
适用专业方向：焊接工程

一、目的与要求

1. 目的

焊接工艺设计是材料成型及控制工程专业焊接工程方向的一个重要的教学环节，是对学生进行焊接工程师基本训练的重要组成部分，通过工艺设计，使学生具有综合运用所学知识独立进行焊接工艺设计的基本技能，培养学生理论联系实际和分析问题解决问题的能力。通过设计也可以对学生进行收集技术资料、查阅参考文献等方面的综合训练，培养学生勤奋求实的工作作风和勇于创新的精神。

2. 要求

（1）基本要求

① 设计工作量为完成1张总装配图和1份设计说明书。

② 设计必须根据进度计划按期完成。

③ 设计图纸及说明书必须经指导教师审查签字方可进行答辩。

（2）设计说明书基本要求

1）产品的技术条件及原始数据的分析，如产品的技术要求、装配-焊接工艺设计所要求达到的标准、对结构设计的合理性、工艺性的分析、设备的选择要求等。

2）装配-焊接工艺设计方案的说明与分析。产品材料的焊接性分析，焊接工艺分析、焊接材料与方法设备的选择，规范参数与过程中的工艺技术措施等综合性分析。

3）装配焊接夹具设计与选择的合理性、先进性与可靠性的论证、使用说明等。夹具设计的结构原理、强度计算，主要典型件或零件用示意图反映在设计说明书中。

二、设计内容

（1）根据设计题目的要求，制订产品的主要零部件的下料、加工工艺方案，确定零件的下料、加工方法及规范，编制施工工艺文件。

（2）根据产品技术条件，制订出装配与焊接工艺，并编制指导生产的施工工艺方案。

（3）进行装配与焊接工艺装备设计（包括选择典型的工装夹具），并绘制出工装图。

（4）编写设计说明书，阐述工艺设计内容、步骤、工艺设计所遵循的原则及所做工艺设计的合理性和实用性。

（5）根据产品结构特点和所选材质，在确定焊接工艺方案的条件下，提出焊接性试验、接头的力学性能试验、焊接检验的方案以及焊接工艺试验方案。

三、设计方式

集中讲解设计题目及要求，剩余时间为分散式。

四、考核办法

成绩实行五级记分制，为优秀、良好、中等、及格、不及格。

考核内容根据考勤、纪律、工作态度、答辩表现等综合评定，具体如下：

（1）设计期间的学习态度和工作量（20%）；

（2）设计文件的完整性和正确性（40%）；

（3）设计内容的难度和创新性（20%）；

（4）答辩时回答问题的情况（20%）。

五、考核方法及成绩评定

成绩评定采用五级制，即优秀、良好、中等、及格和不及格。

优秀：设计方案新颖，创新点突出，设计说明书及设计图纸规范、内容丰富。在设计过程中勤奋好学、有创新思想。

良好：设计方案比较新颖，创新点比较突出，设计说明书及设计图纸比较规范、内容比较丰富。在设计过程中勤奋好学、有创新思想。

中等：设计方案一般，创新点一般，设计说明书及设计图纸欠规范、内容一般。在设计过程中勤奋、创新思想不明显。

及格：创新设计方案不完善，存在一些小错误，说明书及设计图纸欠规范、内容一般。在设计过程中勤奋精神不够。

不及格：设计方案有严重错误，设计说明书及设计图纸不规范、内容欠缺不完整。在设计过程中勤奋好学精神不够。

设计五 ➡ 焊接装备综合设计

设计时间：3 周
适用专业方向：焊接工程

一、目的与要求

1. 目的

课程设计是焊接课程教学的最后一个环节，是对学生进行全面系统的训练。课程设计可以让学生将学过的零碎知识系统化，真正地把学过的知识落到实处，进一步激发学生学习的热情，因此课程设计是必不可少的。通过专业课程设计（焊接装备综合设计），学生应了解焊接工装的应用特点，掌握焊接工装夹具的设计方法，理论联系实际，初步掌握解决一般性焊接工艺问题的技能和焊接工程应用的能力。其任务是培养学生善于综合运用所学的专业知识，逐步提高分析问题和解决实际问题的工作能力，在焊接工装设计过程中着重设计构思和设计技能的基本训练，注意培养学生的独立工作能力、勤奋求实的工作作风和勇于创新的精神。

2. 要求

选取某一产品的焊接组合件，在分析该焊接组合件图样的基础上，拟定焊接工艺规程，设计焊接工艺，设计焊接工装，绘制焊接工装夹具装配图和部分零件图。

（1）选题应满足本专业和本课程人才培养目标定位和要求，围绕本课程选择具有一定实用价值、能对所学知识和技能进行综合训练的题目；应体现与生产实际相结合，应体现对学生综合运用知识能力、应用文献知识能力、设计（实验）能力、计算能力、外语应用能力、计算机应用能力、技术经济分析能力的培养。要充分认识课程设计对培养学生的重要性，认真做好设计前的各项准备工作。

（2）选题原则应该结合工程实际并考虑到本课程和本专业知识覆盖面。题目的难易程度和工作量应适当，以使学生能在规定的时间内经过努力独立完成为宜。学生既要虚心接受老师的指导，又要充分发挥主观能动性。结合课题，独立思考，努力钻研，勤于实践，勇于创新。

（3）课程设计期间，要严格要求自己，树立严肃、严密、严谨的科学态度。学生应独立按时完成规定的工作任务，不得弄虚作假，不准抄袭他人内容，否则成绩以不及格计；严格遵守学校规章制度，学生有事离校必须请假；无故缺席，按照学校相关规定办理。

二、时间安排与学分

《焊接装备综合设计》课程设计（学年论文）共计 3 周，3 学分。

工作总体进度安排如下。

第 1 周：下达设计任务书，明确设计任务；确定焊接方法和工艺过程，初步拟定工装夹具方案。

第 2 周：绘制工装夹具装配图；绘制零件图。

第 3 周：编制焊接工艺规程和工艺路线；编写设计说明书，成绩评定。

三、设计内容

（1）分析焊接组合件。工装夹具设计之前，必须读懂工件图，了解工件装配和焊接的技术要求。确定焊接方法和工艺过程。

（2）拟定工装夹具的结构方案，绘制工装夹具装配图。这是一个综合知识运用的阶段，也是一个重要的设计阶段，这一阶段应绘制几种不同的方案草图，以便进行分析比较，从中选择最佳方案。

（3）绘制零件图，编制焊接工艺规程和工艺路线。

（4）编写设计说明书，

四、设计方式

分散方式。

五、考核办法与内容

课程设计成绩实行五级记分制，即优秀、良好、中等、及格、不及格，各环节所占比例如下。

考勤与工作态度：40％。

装配图：20％。

答辩：20％。

设计说明书：20％。

六、设计教材及主要参考资料

[1] 陈焕明. 焊接工装设计. 北京：航空工业出版社，2006.

[2] 周浩森. 焊接结构生产及设备. 北京：机械工业出版社，1992.

[3] 王政，刘萍. 焊接工装夹具及变位机械图册. 北京：机械工业出版社，1995.

[4] 库尔金. 焊接结构生产工艺、机械化与自动化图册. 关桥等译. 北京：机械工业出版社，1995.

[5] 宗培言. 焊接结构制造技术与装备. 北京：机械工业出版社，2007.

设计六 ⊙ 高分子加工工厂设计

设计时间：3周（集中完成）

适用专业方向：高分子材料

一、目的与要求

高分子加工工厂课程设计是高分子材料工程专业的学生在校学习期间进行的综合设计练习，要求每位同学独立完成一个实际生产过程的设计。设计中应对高分子产品设计、工艺设计、设备选型、车间布置设计及技术经济进行全面考虑，最终以简洁的文字、表格及图纸正确地把设计表达出来。本次设计是在教师指导下，由学生独立进行的设计，因此，对学生的独立工作能力和实际工作能力是一次很好的锻炼机会，是培养高分子加工工程技术人员的一个重要环节。通过设计，学生应培养和掌握以下能力。

（1）正确的设计思想和认真负责的设计态度，设计应结合实际进行，力求经济、实用、可靠和先进。

（2）独立的工作能力及灵活运用所学知识分析问题和解决问题的能力，设计由学生独立完成，教师只起指导作用。学生在设计中碰到问题可和教师进行讨论，教师只做提示和启发，由学生自己去解决问题，指导教师原则上不负责检查计算结果的准确性，学生应自己负责计算结果的准确性、可靠性。

学生在设计中可以相互讨论，但不能照抄。为了更好地了解和检查学生独立分析问题和解决问题的能力，设计的最后阶段安排有答辩。若答辩不通过，设计视为不及格。

（3）工程设计的一般方法和步骤。

（4）正确运用各种参考资料，合理选用各种经验公式和数据，由于所用资料不同，各种经验公式和数据可能会有一些差别。设计者应尽可能了解这些公式、数据的来历、使用范围，并能正确选用。

设计前，学生应该详细阅读设计指导书、任务书，明确设计目的、任务及内容。设计中安排好自己的工作，提高工作效率。

二、设计内容

（1）根据产品性能及用途，进行配方设计。

（2）选择工艺流程，画流程图。

（3）做物料衡算，列出物料衡算表。

（4）根据产量选择生产设备，并核算料仓容积。

（5）做能量衡算，核算生产设备能力，列出设备一览表。

（6）绘制车间布置图。

（7）技术经济概算。

（8）编写设计计算说明书。

设计结束时，学生应提交的作业有：工艺流程图一张，车间布置图一张，设计说明书一份。

三、设计安排

教师在上理论课之初介绍有关课程设计的情况，提前下达设计任务书，并在理论课程结束之后，进行三周的集中设计。整个课程设计大致可分为以下几个阶段。

（1）设计准备，课程设计之前进行。

学生应详细阅读设计任务书，明确设计任务、内容和要求，明确设计步骤，准备设计用具。

（2）设计计算阶段，按设计任务及内容进行设计计算，有时甚至需要对几个不同的方案进行设计计算，并对设计结果进行分析比较，从中选择出较好的方案，计算结束后编写出设计计算说明书。

（3）绘图阶段，根据设计结果绘制生产工艺流程图、车间布置图。

① 生产工艺流程图：生产工艺流程图应能表示出设备、管道、管件、阀门、仪表控制点等。要标注出设备位号和名称、工艺条件、物料走向及必要的尺寸数据等。要有标题栏和图例说明。工艺流程图必须按制图标准进行绘制。图面应清晰易懂，视图、尺寸等足够而不多余。

② 车间布置图：车间布置图至少用一张平面布置图表达出设备与建筑物、设备与设备之间的相对位置。必要时可用多组平面布置图或立面布置图表达。

车间面积应最大限度地满足工艺生产和设备维修的要求，便于生产管理、物料运输，操作维修要方便。还要考虑到原料和产品仓库、控制室、变电配电室、机修仪修室、化验室和储藏室等。还应包含生活行政设施，如车间办公室、工人休息、更衣室、浴室、厕所等。要有效地利用车间建筑面积（包括空间）和土地，保证经济效益，尽量做到占地少。要注意劳动保护、防腐、防火、防毒、防爆及安全卫生等问题。

车间设备布置图最少包括：厂房建筑的基本结构和设备厂房内的布置情况；尺寸标注在图中，标注建筑物定位轴线的编号，与设备布置有关的尺寸，设备的位号与名称等；安装方位标指示安装方位基准的图标；设备一览表列表填写设备位号、名称等；标题栏标注图名、图号、比例等。

（4）设计说明书编写阶段，设计说明书应包含：目录，设计原则和设计依据，生产方法和工艺流程及产品方案介绍，原材料及产品的技术指标，工艺计算、计算结果、技术经济概算、设备一览表、原材料及动力消耗表及所引用的资料目录等。

工艺计算包括物料衡算、能量衡算、非标准设施计算。除了有数字计算之外还应有分析，只有数字计算而无论述分析，这样的设计是不完整的，也是不能通过的。计算部分应列出计算式，代入数值，得出结果。计算结果应有单位。

说明书一律使用学校规定的课程设计专用纸，文字部分要简练，书写要清楚。说明书要标上页码，加上课程设计封面，与附录和附加页一起装订成册。

附加页共3页，置于封面之后目录之前，顺序为：成绩单、高分子材料工程课程设计过程检查情况记录、高分子材料工程课程设计任务书。

（5）答辩。答辩安排在最后一天进行。答辩前学生应将设计计算说明书装订成册，连同折叠好的图纸一起交给教师。答辩时学生先简要汇报一下自己的设计工作，然后回答教师提出的问题。

四、设计考核办法及成绩评定

评定成绩分优、良、中、及格和不及格五个等级。

其中，设计说明书成绩25％；图纸成绩25％；平时表现、出勤情况、与指导教师的沟通25％；课程答辩25％。

具体评定标准如下。

优：按时出勤，图纸表述完整、正确、规范，设计说明书内容完整、书写工整，无错误，答辩流利清晰，回答问题正确、流畅。

良：按时出勤，图纸表述完整、正确，且基本规范，设计说明书内容完整，无计算错误，答辩比较流利，能正确回答问题。

中：按时出勤，图纸表述正确、基本规范，设计说明书内容较完整，书写比较工整，非原则性错误不超过2处，答辩时能讲明设计思路，能正确回答基本问题。

及格：按时出勤，图纸表述正确，设计说明书内容较完整，非原则性错误不超过3处，答辩时能基本说明设计思路，提示后能正确回答出问题。

不及格：不能按时出勤，有抄袭情况，设计说明书中数据、表格均有错误，答辩时不能清楚说明设计思路，不能回答问题。

五、设计步骤

（1）收集基础数据。

（2）工艺流程的选择，工艺流程图绘制。

（3）生产制度制订。

（4）原材料选择，物料衡算。

（5）标准设备选型及非标准设备设计。

（6）工艺参数确定、能量衡算及设备能力能量核算。

（7）编制设备一览表和原材料动力消耗一览表。

（8）设备布置设计，车间设备布置图绘制。

（9）技术经济概算。

（10）编制设计说明书。

第六章
材料成型加工实训

实训一 ◯ 逆向工程及快速成型技术实训

一、任务与要求

（1）任务

① 掌握熔丝快速成型技术的原理及过程。

② 通过逆向工程软件 Imageware，熟悉点云的处理过程，包括点云定位、点云编辑及分析等；熟悉曲线曲面的创建、编辑及分析评估等操作；能对典型零件完成从点云测量，到曲线构建曲面构建，到曲线曲面的分析及评估等过程。

（2）要求

① 上机前，学生必须提前熟悉实验指导书中的实验内容，了解本次实验的目的、要求及基本操作。

② 指导教师在上机前让学生了解本上机实验主要方法及注意事项。

二、设备及要求

计算机若干，计算机辅助设计软件。

三、考核

（1）报告要求：无。

（2）考核方式：现场考核，考核成绩由上机态度与上机结果综合评定，上机成绩占课程总成绩的比例 60%。

四、本课程使用教材及参考书

1. 教材

单岩. Imageware 逆向造型基础教程. 第 2 版. 北京：清华大学出版社，2013.

2. 参考教材

[1] 张晋西. 逆向工程基础及应用实例教程. 北京：清华大学出版社，2011.

[2] 莫健华. 快速成形及快速制模. 北京：电子工业出版社，2006.

五、实验项目与内容提要

序号	实验项目	内容提要	实验性质	实验时数	每组人数	备注
1	点云数据测量实验	1. 熟悉测量设备的结构及原理 2. 应用相应的测量设备测量对象的点云数据	验证	2	1	操作性实验
2	快速成型实验	1. 熟悉熔丝成型设备的结构及原理 2. 应用熔丝成型技术快速成型具体的零件或实物	验证	2	1	操作性实验
3	Imageware 基本操作	1. 用户界面定制 2. 主要菜单功能介绍 3. 常用工具条介绍	验证	2	1	上机
4	Imageware 点云处理	1. 点云显示及定位 2. 点云生成及编辑 3. 点云数据测量及分析	验证	2	1	上机
5	Imageware 曲线生成与编辑	1. 曲线的生成方法及操作 2. 曲线的编辑操作	验证	2	1	上机
6	Imageware 曲线分析与评估	1. 曲线的分析 2. 曲线的评估	验证	2	1	上机
7	Imageware 曲面生成与编辑	1. 曲面的生成 2. 曲面的编辑 3. 曲面的分析	验证	2	1	上机
8	Imageware 曲面分析与评估	1. 曲面的分析 2. 曲面的评估	验证	2	1	上机
9	Imageware 逆向设计典型实例 1	卡扣的逆向设计	设计性	2	1	上机
10	Imageware 逆向设计典型实例 2	安全帽的逆向设计	设计性	2	1	上机

实训二 ➡ 焊接 CAE 实训

一、任务与要求

通过上机实验操作加深对所学软件运行操作等内容的理解，包括建模、网格划分、创建组/集、热源校核、工艺设置、求解、后处理分析等内容，使学生能掌握 SYSWELD 软件的基本操作技巧；能够应用 SYSWELD 软件对一些常见的、简单的焊接过程进行有限元数值模拟计算，能够对计算结果进行分析与判断；能采用有限元数值计算模拟焊接过程的初步能力；能结合所学的焊接理论知识，分析焊接模拟计算结果，具有优化焊接工艺参数及焊接结构设计的能力。

二、设备及要求

教学软件、计算机等。

三、实验考核

（1）实验报告：焊接过程的数值模拟演示及结果分析。

（2）考核方式：实验课成绩占课程总成绩的比例为 40％～60％。

四、本课程使用教材及参考书

1. 教材

傅建，彭必友，曹建国. 材料成形过程数值模拟. 北京：化学工业出版社，2009.

2. 参考书

[1] 汪建华. 焊接数值模拟技术及其应用. 上海：上海交通大学出版社，2003.

[2] ESI Group. SYSWELD® 2008 Welding Simulation-User's Guide.

[3] ESI Group. SYSWELD® 2008 Heat Treatment Simulation User's Guide.

3. 其他学习资源

[1] SYSWELD 教学视频。

[2] 软件自带手册与案例。

五、实验项目与内容提要

序号	实验名称	内容提要	实验类型	每组人数	性质	学时	必做或选做	开设实验室	备注
1	VM 网格划分 1	1. Visual Mesh 7.5 基本操作 2. 汽车零部件 2D 网格划分	验证性	1	上机	2	必做	机房	
2	VM 网格划分 2	1. 装配件实体网格划分 2. 3D 层网格划分	验证性	1	上机	2	必做	机房	
3	VM 网格划分 3	高级实体网格划分	验证性	1	上机	2	必做	机房	
4	VM 网格划分 4	T 形接头 CAD 建模与网格划分	验证性	1	上机	2	必做	机房	
5	SYSWELD 基本操作	1. SYSWELD 建模的基本操作 2. SYSWELD 模型的网格划分	验证性	1	上机	2	必做	机房	
6	SYSWELD 焊接向导	1. SYSWELD 焊接向导的基本选择与设置 2. SYSWELD 焊接向导操作运行	验证性	1	上机	2	必做	机房	
7	VW 基本操作 1	Visual Weld 的基本操作	验证性	1	上机	2	必做	机房	
8	VW 基本操作 2	Visual Viewer 的基本操作	验证性	1	上机	2	必做	机房	
9	焊接模拟实例 1	单道 T 形接头角焊缝的数值模拟及结果分析	验证性	1	上机	2	必做	机房	
10	焊接模拟实例 2	双角焊缝 T 形接头焊接过程的模拟及结果分析	验证性	1	上机	2	必做	机房	

实训三 ➡ 模具制造实训

一、目的与要求

目的：在主要专业课"模具制造工艺学"及"模具 CAM"在完成讲课的基础上，通过进行相关的课程设计，以达到理论与实践的有机统一，进一步深化对理论的认识，结合具体模具零件的制造工艺设计，为毕业设计及以后从事有关技术工作打下一定的基础。

要求：学生应在老师的指导下在 3 周时间内独立完成，设计必须按照课程设计的具体要求进行；要求设计思路清晰，数据来源可靠，计算步骤清楚且结果正确，图面清晰规范，说明书有条理，字迹端正；零件图或装配图必须应用计算机绘图并打印，设计说明书书写规范并打印；课程设计必须在指定地点进行（除非上机）并且遵守相应的教学纪律，违纪严重者作不及格处理。

二、时间安排与学分

本课程设计进行 3 周，共 3 学分。

时间安排：文献资料查阅（2 天）。

工艺方案设计（7 天）。

编写说明书及绘图（5 天）。

答辩（1 天）。

三、设计内容

1. 模具零件的机械加工工艺设计

主要内容：零件技术要求分析，零件机械加工工艺（选择合理的加工方法，拟定工艺路线，基准的选择，工序、工步的确定及加工顺序的安排，加工余量及工序尺寸的计算，设备及工装的选择等）设计，填写机械加工工序卡等技术资料。

2. 模具零件的电火花型孔加工工艺设计

主要内容：零件的技术要求分析，电火花型孔加工前零件的预加工（要求同"1"），电火花型孔加工工艺设计（加工方法选择，电极的设计及制造，零件及工具电极定位与装夹，电规准的选择及转换等）。

3. 模具零件的电火花线切割加工工艺设计

主要内容：零件技术要求分析，电火花线切割前工件的准备，模具零件的热处理工艺，电火花线切割数控程序的编制（3B 型指令编程或其他编程软件），选择线切割加工机床及加工的电参数，零件的装夹，切割过程的控制，预测加工效果。

4. 模具装配工艺设计

主要内容：模具装配技术要求的分析及确定，各组成部件中的装配（装配要求，装配方法，装配顺序等）；模具装配后凸、凹模间隙的要求及调控方法，模具的总装（根据合理装配顺序，写出其整个装配过程），试模及调整（分析制件可能出现的质量问题及产生的原因，并采取相应的解决措施）。

5. 模具零件的数控模拟加工

主要内容：

① 应用 UG 对零件进行分模设计获得成型零件（型芯、型腔，滑块等），要求型腔零件（cavity）为一模两腔，型腔中包含浇口衬套的孔、分流道、浇口、冷却系统；

② 应用 UG 对型腔零件绘制零件图；

③ 应用 UG 对型腔零件进行数控模拟加工及设置；

④ 对该零件进行工艺路线规划，并确定其工艺参数；

⑤ 完成零件的数控后处理，获得数控加工程序。

四、课程设计方式

每个同学就不同的设计题目单独完成，并达到设计要求。

五、考核办法与内容

课程设计完后，对每一位学生逐一答辩，对设计中的要点关键问题通过答辩了解学生掌握的程度，每位学生答辩时间为 10～15 分钟。

评分：设计占 70%，答辩及平时成绩占 30%。

成绩评定：采用优、良、中、及格、不及格五级记分制。

六、其他需说明

（一）设计后提交的文档

（1）设计计算说明书及相关的机械加工工艺规程技术资料。

（2）零件图或装配图。

（3）工具电极结构尺寸图等。

（4）零件的数控编程文件及数控程序。

（二）设计计算说明书的装订顺序

（1）封面。

（2）课程设计任务书。

（3）目录。

（4）说明书正文（引言、第一章、第二章…）。

（5）相关零件图或装配图。

（6）总结。

（7）参考文献。

实训四 ▶ 模具 CAD 造型设计实训

一、目的与要求

1. 实训目的

（1）通过实训，使学生熟悉应用计算机辅助工具进行注塑模设计的基本流程。

（2）通过实训，学生能够独立完成零件的三维造型、分型、模架及模架图纸的设计。

（3）通过实训，使学生将相关的基础知识和专业知识有效结合，从而提高学生学以致用的能力。

2. 实训要求

（1）对塑料零件进行三维造型（要求对照实物进行三维造型）。

（2）应用 UG 对塑料零件进行分模设计。

（3）应用 moldwizard 对模具进行模架设计：包括模架类型选择，基本尺寸定义，顶出机构，冷却系统，外侧抽芯机构，斜顶机构，浇注系统等模架组成部分的定义。

（4）应用 UG 完成模架的工程图，其中主视图为阶梯剖，俯视图揭掉定模零件后剩余部分的视图，包括主要配合、装配尺寸、技术要求、图框线及标题栏、明细栏等。

二、实训时间安排与学分

本实训环节时间安排为一周，学分为 1 分。

三、实训内容

序号	实训具体内容	天数
1	零件三维造型：根据实物完成老师指定零件的三维造型，要求尺寸精确，结构完整，符合产品的功能和外观要求	1
2	模具的分模设计，包括：①产品分析及区域分析；②设计分型面及分型线；③设计型芯型腔；④设计滑块等	2
3	模架设计，包括：①模架类型选择，基本尺寸定义；②顶出机构、冷却系统、浇注系统的设计；③外侧抽芯机构、斜顶机构、嵌件的设计	1
4	模架工程图装配图设计，包括：①主视图为阶梯剖，俯视图揭掉定模零件后剩余部分的视图；②标注主要配合尺寸及主要装配尺寸；③书写技术要求；④设计图框线及标题栏、明细栏等。	1

四、实训方式

本实训采取集中指导的方式，整个实训要求学生至少 20 学时集中在机房完成，其余时间自行安排。

五、实习（实训）考核办法与内容

（1）考核办法：根据学生设计产品的难易程度及实训质量，结合答辩表现及实训报告给定成绩，成绩实行五级记分制，即优秀、良好、中等、及格、不及格。

（2）考核内容主要从下面几个方面考核：

① 考勤和学习态度；

② 产品设计的质量；

③ 答辩内容及表现；

④ 产品的难易程度；

⑤ 实训报告。

第三篇

综合篇

Chapter

03

第七章 ▶▶
培养方案

第一部分 ➡ 材料成型及控制工程

一、专业介绍

本专业培养轨道交通特色鲜明的材料成型及控制工程领域的高级工程技术人才。主要学习材料成型工艺及工艺优化的理论和方法。通过四年的培养，使学生成为能在轨道交通领域从事模具设计与制造、焊接工程等的工艺开发、结构设计、新产品研发和管理工作的高级工程技术人才。

二、专业培养目标

本专业致力于培养服务于轨道交通行业和区域经济的材料成型及控制工程专业领域的高素质应用型工程技术人才。本专业毕业生毕业五年左右达到以下目标。

（1）具有良好的人文社会科学素养、社会责任感和工程职业道德，能在轨道交通行业成为材料成型及控制工程领域的业务骨干。

（2）具有较宽厚的基础理论知识和较扎实的专业知识，熟悉轨道交通行业材料成型及控制工程领域发展现状和趋势，能综合运用材料成型及控制工程领域涉及的经济、环境、法律、安全、健康、伦理等知识。

（3）具备综合运用基础理论知识和专业技术方法，能解决轨道交通行业材料成型及控制工程领域的结构设计、工艺开发、质量检测等过程中的复杂工程问题。

（4）具有一定的国际视野和良好的团队合作精神、创新意识，能与国内外同行进行良好沟通。

（5）具有良好的终身学习习惯，能与时俱进、自我发展、较好地适应社会发展。

三、毕业要求

（1）工程知识　能够将数学、自然科学、工程基础和专业知识用于解决轨道交通行业材料成型及控制工程领域的复杂工程问题。

① 能将数学、自然科学、工程基础和专业知识用于轨道交通行业材料成型及控制工程领域的复杂工程的恰当表述中。

② 能对一个系统或过程建立合适的数学模型，并利用恰当的边界条件求解。

③ 能将专业知识和数学模型的方法用于轨道交通行业材料成型及控制工程领域复杂工程的过程单元的计算求解。

④ 能利用专业知识，通过模型分析，优化轨道交通行业材料成型及控制工程领域复杂

工程问题的解决方案，完成系统的设计计算。

（2）问题分析　能够应用数学、自然科学和工程科学的基本原理，识别、表达并通过文献研究分析轨道交通行业材料成型及控制工程领域的复杂工程问题，以获得有效结论。

① 具备对轨道交通行业材料成型及控制工程领域的复杂工程进行识别和判断，并应用专业知识进行分解、获取关键核心问题的能力。

② 具备对分解后的复杂工程问题进行表达与建模的能力。

③ 具备对复杂工程问题的影响因素进行分析，获取解决方案的能力。

④ 具备借助文献研究对复杂工程问题解决方案进行分析和选择，并获得有效结论的能力。

（3）设计/开发解决方案　能够设计针对轨道交通行业材料成型及控制工程领域的复杂工程问题的解决方案，设计满足特定需求的系统、单元（部件）或工艺流程，并能够在设计环节中体现创新意识，考虑社会、健康、安全、法律、文化以及环境因素。

① 能够针对轨道交通行业材料成型及控制工程领域的复杂工程问题的需求，确定设计目标和技术方案。

② 能够在健康、安全、环境、法律等现实约束条件下，通过技术经济评价对设计方案的可行性进行研究。

③ 能够通过建模对轨道交通行业材料成型及控制工程领域的结构、工艺和设备等单元模块进行设计计算。

④ 能够集成单元模块进行轨道交通行业材料成型及控制工程领域的工艺流程设计，并对设计方案进行优选，体现创新意识。

（4）研究　能够基于科学原理并采用科学方法对轨道交通行业材料成型及控制工程领域的复杂工程问题进行研究，包括设计实验、分析与解释数据、并通过信息综合得到合理有效的结论。

① 能够基于专业理论和文献调研，分析轨道交通行业材料成型及控制工程领域的复杂工程问题研究中所需的实验内容、实验方法和测试手段。

② 能够根据工程中材料、零件、工艺和装置等研究对象，选择确定研究路线，制订可行的实验方案。

③ 能够根据实验方案构建实验装置，采用科学的实验方法，安全进行实验。

④ 能够正确采集、整理实验数据，对实验数据进行建模、科学处理，对实验结果进行综合分析和解释，获取合理有效的结论。

（5）使用现代工具　能够针对轨道交通行业材料成型及控制工程领域的复杂工程问题，开发、选择与使用恰当的技术、资源、现代工程工具和信息技术工具，包括对复杂工程问题的预测与模拟，并能够理解其局限性。

① 能够理解材料成型及控制工程工程中所需的制图工具、现代专业仪器和专业模拟软件的设计原理，掌握信息检索工具、专业数据库的使用方法。

② 能够合理选择与使用材料成型及控制工程中所需的制图软件和专业模拟软件进行结构设计、工艺优化和设备选择等工作。

③ 能够针对特定的研究对象，借助信息检索工具和专业模拟软件，对轨道交通行业材料成型及控制工程领域的复杂工程问题的解决方案进行开发、模拟和预测，并理解其局限性。

（6）工程与社会　能够基于工程相关背景知识进行合理分析，评价专业工程实践和复杂工程问题解决方案对社会、健康、安全、法律以及文化的影响，并理解应承担的责任。

① 具有在轨道交通行业材料成型加工制造企业和训练基地实习实训的经历。

② 熟悉轨道交通行业材料成型及控制工程领域的技术标准、安全生产标准、知识产权、产业政策和法律法规。

③ 能够识别、量化、分析和评价轨道交通行业材料成型及控制工程领域新产品、新技术、新工艺的开发和应用对社会、健康、安全、法律以及文化潜在的影响，以及这些影响对项目实施的制约，理解应承担的责任。

（7）环境和可持续发展　能够理解和评价针对复杂工程问题的专业工程实践对环境、社会可持续发展的影响。

① 理解环境保护和社会可持续发展的内涵和意义。

② 知晓环境保护的相关法律法规，理解轨道交通行业材料成型及控制工程行业践行的可持续发展理念。

③ 能够针对轨道交通行业材料成型及控制工程领域实际的工程项目，评价其资源利用效率、污染物处理方案和安全防范措施，判断产品周期中可能对人类和环境造成损害的隐患。

（8）职业规范　具有人文社会科学素养、社会责任感，能够在工程实践中理解并遵守工程职业道德和规范，履行责任。

① 理解社会主义核心价值观，理解个人与社会的关系，了解中国国情，具有正确的价值观和社会责任感。

② 理解工程伦理的核心理念，了解客观公正、诚信守则、实事求是的工程职业道德，并能在工程实践中自觉遵守。

③ 了解轨道交通行业材料成型及控制工程工程师对公众的安全、健康和环境保护的社会责任，能够在工程实践中自觉履行责任。

（9）个人和团队　能够在多学科背景下的团队中承担个体、团队成员以及负责人的角色。

① 能主动与其他学科的成员共享信息，合作共事。

② 能够独立完成团队分配的任务，主动与团队成员开展合作。

③ 能够听取团队成员的意见，组织团队成员开展工作。

（10）沟通　能够就复杂工程问题与业界同行及社会公众进行有效沟通和交流，包括撰写报告和设计文稿、陈述发言、清晰表达或回应指令，并具备一定的国际视野，能够在跨文化背景下进行沟通和交流。

① 能够通过口头、文稿、工程图纸等方式，准确陈述和表达自己的观点，与业界同行及社会公众进行交流。

② 能就同行和社会公众质疑的专业问题，通过口头、文稿、工程图纸等方式做出清晰回应。

③ 能通过阅读和交流，了解轨道交通行业材料成型及控制工程领域的国际发展趋势、研究热点。

④ 能就专业问题，用外语以口头和书面等方式进行表达和交流。

（11）项目管理　理解并掌握工程管理原理与经济决策方法，并能在多学科环境中应用。

① 理解工程管理与经济决策的原理。

② 了解轨道交通行业材料成型及控制工程领域工程项目及产品全周期、全流程的成本构成，理解其中涉及的工程管理与经济决策问题，掌握轨道交通行业材料成型及控制工程领域工程项目中涉及的管理与经济决策方法。

③ 能够在多学科环境下，将管理原理、技术经济方法应用于材料成型及控制工程产品的开发、工艺设计和工艺流程的优化等过程。

（12）终身学习　具有自主学习和终身学习的意识，有不断学习和适应发展的能力。

① 理解终身学习和自主学习的必要性，理解技术环境和技术进步对专业知识和能力的影响。

② 能跟踪和识别轨道交通行业材料成型及控制工程领域知识发展和创新研究方向，理性分析、判断、归纳和提炼问题。

③ 能针对个人的知识能力进行自我评价，并根据个人和职业发展需求，自主学习。

四、专业主干课程、核心课程

模具设计与制造：理论力学、材料力学、电工电子学、机械设计基础、金属学、工程材料及热处理、材料成形原理、模具 CAD/CAM/CAE、冲压工艺及模具设计、模具材料及表面改性、塑料成型工艺及模具设计、模具制造工艺、逆向工程与快速成型、现代模具制造技术。

焊接工程：理论力学、材料力学、电工电子学、机械设计基础、金属学、工程材料及热处理、弧焊电源、焊接结构学、焊接冶金与材料焊接性、电弧焊、焊接工艺评定及规程、高速列车材料与焊接、新材料及特种连接技术、焊接检验与质量控制、压力焊、钎焊、焊接 CAE。

五、主要实践课程

军训、金工实习、课程实验、大学物理综合性及设计性实验、电工电子学课程设计、机械设计课程设计、专业课程设计、生产实习、创新设计实践、创业教育、毕业设计（论文）、社会实践等。

六、毕业学分要求

本专业学生须按培养方案要求修读各类课程，最低总分达到 164 学分（表 7-1），其中理论课程 129 学分，实践环节 35 学分，方可毕业。

表 7-1　培养方案课程学分分布

项目		学分		占比/%
毕业总学分		164		100
其中	公共基础课 必修课	35	41	25
	公共基础课 选修课	6		
	学科基础课 必修课	51.5	55.5	33.8
	学科基础课 选修课	4		
	专业课 必修课	18.5	18.5	11.4
	专业课 选修课 限选	8	8	4.9
	专业课 选修课 任选	5	5	3.0
	实践教学 含素质拓展	36	36	22.0

七、课程体系要求

表 7-2　培养方案在工程教育认证课程体系比例

序号	课程类型	认证要求最低比例	实际开设比例	
			模具方向	焊接方向
1	数学与自然科学类	15%	15.67%	15.85%

续表

序号	课程类型	认证要求最低比例	实际开设比例	
			模具方向	焊接方向
2	工程基础类	30%	36.75%	31.2%
3	专业基础类			
4	专业类			
5	工程实践与毕业设计(论文)	20%	21.08%	21.34%
6	人文社科类	15%	18.67%	18.9%

八、学制与学位

本专业标准学制为 4 年,所授学位为工学学士。

第二部分 ➡ 高分子材料与工程

一、专业介绍

培养具有扎实的理论基础知识,掌握材料的合成原理及方法,掌握材料成型的基本原理、性能测试手段及材料结构研究方法,具有社会责任感和道德修养、良好的心理素质,具备较强的创新意识、团队精神和一定的管理能力,能够在材料的合成、加工成型、功能化改性等领域从事产品研究和开发、装备和工艺设计、生产过程控制以及经营管理等方面工作的应用型高级工程技术人才。

二、专业培养目标

本专业致力于培养适应社会与经济发展需要、服务于区域经济和轨道交通行业的高分子材料与工程专业领域的高素质应用型技术人才。本专业毕业生毕业五年左右达到以下目标。

(1)能够适应现代材料制造技术的发展,融会贯通工程数理基本知识和高分子材料与工程专业知识,能对材料(包括高分子材料、复合材料)领域的复杂科学问题及工程应用提供系统性的解决方案。

(2)能够跟踪高分子材料与工程领域的前沿技术,具备科学及工程创新能力,能应用现代技术从事该领域相关产品的设计、开发和生产。

(3)具备社会责任感,理解并坚守职业道德规范,综合考虑法律、环境和可持续性发展因素的影响,在工程实践中坚持公众利益优先。

(4)具备健康的身心和良好的人文科学素养,拥有团队精神、有效的沟通和表达能力和工程项目管理能力。

(5)具备全球化意识和国际视野,能够积极主动适应不断变化的国内外形势和环境,拥有终身学习能力。

三、毕业要求

(1)工程知识 能够将数学、自然科学、工程基础和专业知识用于解决复杂的高分子材料与工程领域的问题。

① 能够将数学、自然科学、工程基础和专业基础知识用于复杂的高分子材料与工程的恰当表述中。

② 能对一种材料的结构和功能建立合适的数学模型，利用恰当的边界条件求解。

③ 能将工程和专业知识用于判别材料制备与设计的优化。

④ 能将工程和专业知识用于材料制备与设计的控制和改进。

（2）问题分析　能够应用数学、自然科学和工程科学的基本原理，识别、表达、并通过文献研究分析复杂材料（包括高分子材料、复合材料）中工程问题，以获得结论。

① 能够识别和判断负责高分子材料与工程问题的关键环节和影响因素。

② 能认识到解决问题有多种方案可选择。

③ 能够分析文献寻求可替代的解决方案。

④ 能运用材料的基础知识，分析材料制造过程的影响因素，证实解决方案的合理性。

（3）设计/开发解决方案　能够设计针对复杂问题的解决方案，设计满足特定需求的系统、单元或工艺流程，并能够在设计环节中体现创新意识，考虑社会、健康、安全、法律、文化以及环境因素。

① 能够根据用户需要确定目标。

② 能够在安全、环境、法律等现实条件下，通过技术经济评价对材料设计方案的可行性进行研究。

③ 能够对材料的制备工艺流程设计方案进行优化筛选，体现创新意识。

④ 能够通过现代手段获得产品，用报告的形式体现材料设计成果。

（4）研究　能够基于科学原理并采用科学方法对复杂材料工程问题进行研究，包括设计实验、分析与解释数据、并通过信息综合得到合理有效的结论。

① 能够对材料制备工程相关的各类影响因素进行研究和验证。

② 能够基于科学原理并采用科学方法对材料制造工程中的工艺、装置和系统制订实验方案。

③ 能够根据实验方案构建试验系统，安全地进行实验。

④ 能够对实验结果进行分析和解释，并通过信息综合得到合理有效的结论。

（5）使用现代工具　能够针对现代材料制备工程问题，开发、选择与使用恰当的技术、资源、现代工程工具，包括材料制备工程问题的预测与模拟，并能够理解其局限性。

① 能够运用材料的基础知识和现代先进工程技术手段，表达和解决材料工程领域问题。

② 能够应用计算机辅助模拟材料制备及加工工程的设计。

③ 运用材料专业应用软件，对材料制备及加工工程过程中的影响因素进行数值模拟，并分析其结果，理解其局限性。

④ 能够利用文献检索工具，获取材料领域的理论和技术最先进前沿进展。

（6）工程与社会　能够基于工程相关背景知识进行合理分析，评价专业工程实践和复杂的工程问题解决方案对社会、健康、安全、法律以及文化的影响，并理解应承担的责任。

① 具有工程实习和社会实践的经历。

② 熟悉材料领域的国内外技术标准、知识产权、产业政策和法律法规。

③ 能够识别、量化和分析材料新产品、新技术、新工艺的开发和应用对社会、健康、安全、法律以及文化潜在的影响。

④ 能客观评价各类材料项目的实施对社会、健康、安全、法律以及文化的影响。

（7）环境和可持续发展　能够理解和评价复杂工程问题的专业工程实践对环境、社会可持续发展的影响。

① 理解环境保护和社会可持续发展的意义。

② 能够针对实际材料工程项目，评价其资源利用效率和安全防范措施，判断产品周期

中可能对人类和环境造成损害的隐患。

(8) 职业规范　具有人文社会科学素养、社会责任感，能够在工程实践中理解并遵守工程职业道德和规范，履行责任。

① 尊重生命、关爱他人，主张正义、诚信守则，具有人文知识、思维能力、处事能力和科学精神。

② 理解社会主义核心价值观，了解国情，维护国家利益，具有推动民族复兴和社会进步的责任感。

③ 理解工程伦理的核心理念，了解材料工程师的职业性质和责任，在工程实践中能够自觉遵守职业道德和规范，具有法律意识。

(9) 个人和团队　能够在多学科背景下的团队中承担个体、团队成员以及负责人的角色。

① 能主动与其他学科的成员共享信息，合作共事。

② 能够独立完成团队分配的任务，胜任团队成员的角色和责任。

③ 能够组织团队成员开展工作，听取团队成员的意见。

(10) 沟通　能够就复杂工程问题与业界同行及社会公众进行有效的沟通和交流，包括撰写报告和设计文稿、陈述发言、清晰表达或回应指令。并具备一定的国际视野，能够在跨文化背景下进行沟通和交流。

① 能够通过口头、书面、图表等方式与业界同行及社会公众进行有效沟通和交流。

② 具有英语听说读写的基本能力，能够在跨文化背景下进行沟通和交流。

③ 了解材料领域的国际发展趋势、研究热点。

(11) 项目管理　理解并掌握工程管理原理与经济决策方法，并能在多学科环境中应用。

① 理解材料工程管理和经济决策的重要性。

② 掌握工程项目中涉及的管理原理和经济决策方法。

③ 能够将管理原理、技术经济方法应用于各类材料产品的开发、工艺设计和工艺流程的优化等过程。

(12) 终身学习　具有自主学习和终身学习的意识，有不断学习和适应发展的能力。

① 能认识不断探索和学习的必要性，具有自主学习和终身学习的意识。

② 具备终身学习的知识基础，掌握自主学习的方法，了解拓展知识和能力的途径。

③ 能针对个人和职业发展的需求，采用合适的方法，自主学习，适应发展。

四、专业主干课程、核心课程

专业主干课程：高分子材料与工程基础、材料工程导论、物理化学、材料研究与测试方法。

核心课程：

高分子材料方向：高分子物理、聚合反应工程、高分子成型加工原理、有机化学、高分子化学、塑料模具设计、橡胶加工工艺学、化工原理、功能材料学。

复合材料方向：高分子物理、聚合反应工程、高分子成型加工原理、有机化学、高分子化学、复合材料力学与结构设计、复合材料原理、复合材料工艺与设备、塑料模具设计。

五、主要实践课程

军训、金工实习、课程实验、大学物理综合性及设计性实验、电工电子学课程设计、机械设计基础课程设计、专业课程设计、生产实习、创新设计实践、创业教育、毕业设计（论文）、社会实践等。

六、毕业学分要求

表 7-3　高分子材料与工程专业培养方案学分要求

项目			学分		占比/%
毕业总学分			164		100
其中	公共基础课	必修课	35	41	25
		选修课	6		
	学科基础课	必修课	48.5	52.5	32
		选修课	4		
	专业课	必修课	20.5	20.5	12.5
		选修课　限选	10	10	6.1
		任选	6	6	3.7
	实践教学	含素质拓展	34	34	20.7

七、课程体系要求

表 7-4　高分子材料与工程专业课程体系比例

序号	课程类型	认证要求最低比例	实际开设比例
1	数学与自然科学类	15%	15.8%
2	工程基础类	30%	33.5%
3	专业基础类		
4	专业类		
5	工程实践与毕业设计（论文）	20%	20.7%
6	人文社科类	15%	16.4%

八、学制与学位

本专业标准学制为 4 年，所授学位为工学学士。

第三部分 ➲ 无机非金属材料工程

一、培养目标

培养具有良好思想道德修养、健全人格，具有较强社会责任感和较高职业素养，具有一定的国际视野，掌握无机非金属材料工程专业所需的自然科学知识、工程基础理论和专业知识，具备从事无机非金属材料生产和开发以及质量管理能力，能在建材、能源、电子等领域从事与无机非金属材料相关的技术与产品开发、工艺设计、生产管理与经营等方面工作的应用型高级专门人才。

培养目标可进一步细化分解为以下五个方面。

（1）具有良好的人文社会科学素养、社会责任感和工程职业道德，能够成为单位的业务骨干，有获得中级技术职称的基本能力。

（2）具有较宽厚的基础理论知识和较扎实的专业知识，熟悉材料工业发展现状和趋势，具有综合运用无机非金属材料及相关领域涉及的经济、环境、法律、安全、健康、伦理等知识的能力。

（3）具备综合运用基础理论知识和先进的专业技术手段，综合考虑和解决无机非金属材料生产、加工、服役以及检验过程中的复杂工程问题的能力。

（4）具有一定的国际视野和良好的团队合作精神、创新意识，以及与国内外同行进行良好沟通的能力。

（5）能够通过多种途径进行知识的更新，具有良好的终身学习习惯和自我发展能力，能够不断适应社会发展变化。

二、业务培养要求

本专业学生主要学习材料科学与工程方面的基础理论，掌握无机材料的制备、组成、结构与性能之间关系的基本规律，具有材料生产工艺设计、质量管理以及开发新材料、新工艺的基本能力。

毕业生应获得以下几方面的知识和能力。

（1）工程知识：能够将数学、自然科学、工程基础和专业知识用于解决复杂无机非金属材料工程问题。

（2）问题分析：能够应用数学、自然科学和工程科学的基本原理，识别、表达、并通过文献研究分析复杂无机非金属材料工程问题，以获得有效结论。

（3）设计/开发解决方案：能够设计针对复杂无机非金属材料工程问题的解决方案，设计满足特定需求的系统、单元或工艺流程，并能够在设计环节中体现创新意识，考虑社会、健康、安全、法律、文化以及环境等因素。

（4）研究：能够基于科学原理并采用科学方法对复杂无机非金属材料工程问题进行研究，包括设计实验、分析与解释数据、并通过信息综合得到合理有效的结论。

（5）使用现代工具：能够针对复杂无机非金属材料工程问题，开发、选择与使用恰当的技术、资源、现代工程工具和信息技术工具，包括对复杂无机非金属材料工程问题的预测与模拟，并能够理解其局限性。

（6）工程与社会：能够基于无机非金属材料工程相关背景知识进行合理分析，评价专业工程实践和复杂工程问题解决方案对社会、健康、安全、法律以及文化的影响，并理解应承担的责任。

（7）环境和可持续发展：能够理解和评价针对复杂无机非金属材料工程问题的专业工程实践对环境、社会可持续发展的影响。

（8）职业规范：具有人文社会科学素养、社会责任感，能够在工程实践中理解并遵守工程职业道德和规范，履行责任。

（9）个人和团队：能够在多学科背景下的团队中承担个体、团队成员以及负责人的角色。

（10）沟通：能够就复杂无机非金属材料工程问题与业界同行及社会公众进行有效沟通和交流，包括撰写报告和设计文稿、陈述发言、清晰表达或回应指令。并具备一定的国际视野，能够在跨文化背景下进行沟通和交流。

（11）项目管理：理解并掌握工程管理原理与经济决策方法，并能在多学科环境中应用。

（12）终身学习：具有自主学习和终身学习的意识，有不断学习和适应发展的能力。

三、主干学科

材料科学与工程。

四、主干课程

高等数学、大学物理、大学英语、无机及分析化学、材料物理化学、材料科学基础、材料工程基础、无机材料物理性能、材料研究与测试方法、无机非金属材料工学、无机材料热工设备。

五、主要实践性教学环节

金工实习、认识实习、生产实习、数学建模、材料认知实践、陶艺制作实践、机械基础课程设计、专业课程设计、科技论文写作、毕业设计（论文）等。

六、毕业学分要求

本专业学生须按培养方案要求修读各类课程，最低总分达到166学分，其中公共必修模块35学分，公共选修模块8学分，学科基础必修49.5学分，学科基础选修4学分，专业必修课18.5，专业选修课16学分，实践环节35学分，方可毕业。

七、学制与学位

本专业标准学制为4年，所授学位为工学学士。

第八章 ▶▶
金工实习

一、目的与要求

了解机械制造的一般过程，熟练掌握机械零件的传统常用加工方法及其所用主要设备的工作原理及典型结构。工、夹、量具的使用和安全操作技术，初步了解机械制造工艺知识和一些主要新工艺、新技术在机械制造中的应用。

对简单的零件，具有初步选择加工方法和分析工艺过程的能力，在主要工种上应具有独立完成简单零件加工制造的实践能力。

劳动观点、质量和经济观念、理论联系实际和科学作风上工程技术人员应具备的基本素质方面受到培养和锻炼。

二、金工实习时间安排与学分

第二学期 2 周，2 学分；第三学期 2 周，2 学分。

三、实习内容

序号	实习具体内容	时间安排
1	金工实习动员会 1. 明确金工实习的重要性，金工实训的目的和任务。 2. 金工实习内容及方式。 3. 金工实习对学生的要求及对学生考核方法。 4. 实习车间纪律及安全教育。	1.5 小时
2	铸工 1. 基本知识 (1) 了解铸造生产过程、特点和应用。 (2) 了解型砂、芯砂应具备的主要性能及其组成。 (3) 了解砂型的结构，分清零件、模样和铸件之间的差别。 (4) 了解型芯的作用、结构及制造方法。 (5) 熟悉铸件分型面的选择，掌握手工两箱造型(整模、分模、挖砂、活块等)的特点及应用。了解三箱、造型方法的特点及应用。 (6) 了解浇注系统的作用和组成。 (7) 了解常见铸造缺陷及其产生原因。 (8) 了解常见特种铸造的特点和应用。 (9) 了解铸造生产安全技术及简单经济分析。 2. 基本技能 掌握手工两箱造型(造型、造芯)的操作技能，识别常见缺陷并分析产生的原因。	1 天
3	锻压、冲压 1. 基本知识(可结合电视教学片) (1) 了解锻压生产工艺过程特点和应用。 (2) 了解坯料加热的目的和常见缺陷，碳素结构钢的锻造温度范围。 (3) 了解冲模的结构及冲压基本工序。 (4) 锻压、冲压安全知识。 2. 基本技能 能使用冲压设备，手工制作简单冲压件。	1 天

续表

序号	实习具体内容	时间安排
4	普通焊接 1. 基本知识 (1)了解焊接生产工艺过程、特点及应用。 (2)了解手弧焊机的种类、性能特点、应用范围及所用焊机的使用方法。 (3)了解电焊条的组成和作用、结构钢焊条的牌号及含义。 (4)了解手弧焊接工艺参数。 (5)了解气焊、气割设备和气焊火焰,了解气割过程及金属气割条件。 (6)了解其他焊接方法的特点和应用。 (7)了解常见的焊接缺陷。 (8)了解焊接安全技术。 2. 基本技能 (1)能使用手弧焊设备及工具。 (2)能进行手弧焊平焊操作。	1 天
5	热处理 1. 基本知识 了解钢的热处理作用。了解常用热处理的方法及设备。 2. 基本技能 (1)了解机械零件的一般热处理的工艺过程。 (2)结合小榔头进行淬火及回火工艺的操作,并在其前后进行硬度的测定。	0.5 天
6	钳工 1. 基本知识 (1)了解钳工工作在机械制造及维修中的作用。 (2)掌握划线、锯割、锉削、钻孔、攻螺纹的方法和应用。 (3)了解刮削的方法和应用。 (4)了解钻床的组成、运动和用途,了解扩孔、铰孔和锪孔的方法。 (5)了解机械部件装配的基本知识。 (6)了解钳工的安全技术。 2. 基本技能 (1)掌握钳工常用工具、量具的使用方法,独立完成小榔头的制作。 (2)具有装拆简单机械部件的技能。	2 天
7	车工 1. 基本知识 (1)了解车削加工的基本知识。 (2)熟悉卧式车床的组成、运动、用途及传动系统,了解通用车床的型号。 (3)熟悉常用车刀的组成和结构,外圆车刀的主要角度及其作用。了解对刀具材料的性能要求。 (4)了解盘套类、轴类零件装夹方法的特点及常用附件的大致结构和用途。 (5)掌握车外圆、车端面、钻孔和镗孔的方法。 (6)了解切槽、切断和锥面、成形面、螺纹车削的方法。 (7)了解车削加工所能达到的尺寸精度和粗糙度 Ra 值范围及其测量方法,切削用量及其选用原则。 (8)了解车工安全技术。 2. 基本技能 (1)掌握车床的基本操作,能按零件的加工要求正确使用刀具、夹具、量具。 (2)能对加工零件进行初步的工艺分析。 (3)能正确选择切削用量。 (4)独立完成榔头柄、子弹头零件的车削加工。	2 天
8	铣工 1. 基本知识 (1)了解铣削的基本知识。 (2)了解常用铣床的运动和用途。了解其常用刀具和附件的大致结构、用途及铣削简单分度的方法。 (3)了解铣削的加工方法,了解常用齿形加工方法。 2. 基本技能 (1)熟悉铣床的操作方法。 (2)会铣平面和使用分度头铣齿轮。	1 天

序号	实习具体内容	时间安排
9	磨工 1. 基本知识 (1)了解磨削加工的基本知识。 (2)了解磨床的组成、运动和用途。 (3)了解磨削的加工方法。 (4)了解磨削所能达到的尺寸精度和粗糙度 Ra 值的范围及其测量方法。 2. 基本技能 初步掌握平面磨床和外圆磨床的操作。	0.5 天
10	机构创新 1. 基本知识 (1)了解机构组成原理及运动特性。 (2)了解机构连接方法。 2. 基本技能 初步掌握一种机构的连接。	0.5 天
11	拆装 1. 基本知识 (1)了解常用机械装拆方法和步骤。 (2)了解常用机械装拆工具和使用。 2. 基本技能 初步掌握减速箱的装拆方法。	0.5 天
12	先进焊接 1. 基本知识 (1)了解氩弧焊机的原理。 (2)了解焊接安全技术。 2. 基本技能 (1)能使用等离子切割机切割金属。 (2)能使用 CO_2 保护焊机焊接。	0.5 天
13	数控车床 1. 基本知识 (1)了解数控车床的工作原理、组成与加工特点。 (2)了解零件加工程序的编制、输入方法。 (3)熟悉并严格遵守安全操作规程。 2. 基本技能 (1)掌握数控车床的操作方法。 (2)根据指定零件图纸完成手工编程,并进行数控加工。	2 天
14	数控铣床 1. 基本知识 (1)了解数控铣床的工作原理和组成部分及其作用。 (2)了解零件加工程序的编制和输入方法。 (3)熟悉并严格遵守安全操作规程。 2. 基本技能 (1)掌握数控铣床的操作方法。 (2)独立完成简单零件的编程、程序输入。	2 天
15	数控线切割机床 1. 基本知识 (1)了解数控线切割机床的工作原理、组成部分及其作用。 (2)了解数控线切割加工自动编程软件的主要功能和操作要领。 (3)熟悉并严格遵守操作规程。 2. 基本技能 (1)使用 YH 编程软件完成给定零件的绘图,并完成仿真加工。 (2)选择零件分组实际加工。	1 天

续表

序号	实习具体内容	时间安排
16	数控电脉冲成形机床 1. 基本知识 (1)了解数控电火花加工的工作原理和机床的组成部分其作用。 (2)了解电火花成形加工中常用的电极材料。 (3)了解 DM20NC 系统运行操作及程序编制方法。 (4)熟悉并严格遵守安全操作规程。 2. 基本技能 初步掌握电火花成形机床的操作方法。	0.5 天
17	CAD/CAM 1. 基本知识 (1)了解 CAD/CAM 技术的发展历程。 (2)了解国内外 CAD/CAM 软件。 (3)掌握 CAXA-ME 软件简单零件的 3D 建模过程。 (4)掌握简单零件的等高线粗加工、曲面区域加工参数设定。 (5)掌握简单零件的曲面造型。 (6)了解参数线加工设定。 2. 基本技能 (1)掌握轴承座、五角星、连杆等 3 种零件的 3D 造型和 CAM 仿真加工。 (2)了解轨迹仿真、后置处理方法。	2 天
18	数控雕刻机床 1. 基本知识 (1)了解数控雕刻机的工作原理、组成、加工特点及应用范围。 (2)了解雕刻的一般工艺过程。 (3)了解艺术设计的方法及特点。 (4)熟悉并严格遵守安全操作规程。 2. 基本技能 (1)初步掌握数控雕刻机的基本操作方法和控制软件的使用方法。 (2)初步掌握雕刻软件中文字及简单图案部分的设计、编程(G 代码生成)和传输方法。 (3)自行设计文字、图案,完成编程和传输,并在雕刻机上进行模拟操作。 (4)选择零件分组实际加工。	1 天
19	快速成型技术 1. 基本知识 (1)了解快速成型制造技术概念、原理、国内外发展水平。 (2)了解快速成型制造技术种类、前景。 2. 基本技能 (1)熟练运用 3D printer 软件。 (2)掌握快速成型机操作。	1 天

四、实习方式

实习动员集中进行,其他工种分组实习。

五、实习考核办法与内容

学生实习成绩按五级记分制进行考核,主要根据平时的实习成绩、结束时的实习总结报告质量综合评定。其中平时实习成绩占 70%,实习总结成绩占 30%。但主要实习项目有所漏缺或成绩不合格以及综合考试不及格者,必须补做或补考,合格后方可按上述比例评定总成绩。

平时实习成绩实行一天一评或一项一评制,主要依据学生完成实习的产品质量、劳动态度、组织纪律和动手能力综合打分。

六、其他说明

本实训实施时，需注意下列六个方面。

（1）上述教学要求可根据专业特点作适当调整。并注意结合专业需要，充实新工艺、新技术的教学内容。

（2）要贯彻能力培养，首先要求学生自阅教材。

（3）现场要进行启发式教学，尽可能结合电视教学片，不能按过去注入式教学方法进行。

（4）要注意对学生工艺分析能力的培养。

（5）实训作业在每一工种结束时及时完成。

（6）操作评分公开化，在评分同时要进行小结分析。

第九章 ▶▶
生产实习

第一部分 ⊙ 生产实习大纲

一、实习的目的和任务

生产实习是一门实践性课程，其显著特点是过程教学，学生只有认真完成生产实习的各个环节，才能达到生产实习的目的。

生产实习是一门必修课程。是在学生学习完《工程制图》《材料力学》《材料科学基础》《机械工程材料》《材料制备与成型》《材料力学性能》《机械设计基础》等专业基础课程之后进行的，其目的是根据材料制备、材料成型与加工、材料应用与服役性能等工程意义上的材料工程实践教学思想，密切结合材料工程教学内容和反映当今材料科学技术发展趋势，具有综合性、直观性、应用性和实践性等基本特征，培养学生的工程意识、综合观察和分析能力、动手能力、合作精神、创新意识及热爱专业与敬业精神。

生产实习主要进行下厂实习。通过在工厂车间的参观实习和跟班实习，使学生了解工厂的生产环境和设备，了解生产概况，获得材料加工、材料制备和材料应用等方面的实际感性知识；将理论联系实际，印证、巩固和加深所学基本理论知识；扩大知识面，加深对我国材料研究、加工和制备等方面的理解，激发学生从事材料研究和加工的热情，树立为把我国由材料大国变成材料强国而奋斗的精神。

学生能运用所学知识观察分析实际问题，培养勇于探索、积极进取的创新精神；学习敬业的管理人员和工人们的优秀品质和团队精神，树立劳动观点、集体观点和创业精神，提高学生的基本素质和工作的竞争能力。

二、生产实习的方式

材料科学与工程共有四个模块，分别是金属材料工程专业方向、无机非金属材料工程专业方向、焊接工程专业方向、模具设计与制造专业方向，生产实习实习的方式为模块实习＋专业讲座。

三、模块实习

1. 金属材料工程专业方向

（1）模块简介　金属材料工程是国家经济建设的支柱，在铁路交通、航空航天、能源化工、国防军工、冶金机电等各行业均发挥着至关重要的作用。金属材料工程主要研究金属材料性能优化的基本理论，探索提高使用性能的有效途径，了解金属材料的性能特点及其工程应用。学生通过课程的学习已经具备了材料科学与工程方面的基础理论和一定的实践技能，本专业重点向学生介绍金属材料腐蚀理论、常见工程构件的失效分析等相关知识，使学生掌握金属材料腐蚀与防护的基础理论知识，熟悉常见机械零件的失效形式和防止措施，了解提高金属材料服役性能的表面处理技术。培养学生选择材料和使用材料的科学思路，使学生了解金属材料性能与变形的基本理论，能从事工程零构件的失效分析工作，提出预防零件失效的具体措施，培养学生完整的金属材料知识体系。本专业的培养目标是使学生具备现代化建设所要求的系统材料知识、基础理论知识及工程技术知识，具有新材料、新产品、新工艺研究开发能力。

（2）实习单位　实习单位有东风（十堰）发动机部件有限公司、东风（十堰）汽车板钢弹簧有限公司、大洋车轮制造有限公司等，了解发动机部件、板簧、轮毂的制造工艺，了解不同材料在制造工程中性能的变化，工程上如何保证产品质量。

2. 无机非金属材料工程专业方向

（1）模块简介　无机非金属材料工程专业是材料科学与工程的新兴学科，是世界各个国家非常重视和大力发展的前沿性方向。本专业方向的课程主要涉及先进高分子及其复合材料、军工用新材料、功能材料、薄膜材料及材料表面改性技术，此外，还包括新型金属材料、机械合金化等。多年来形成了以国家、企业需求为牵引，将材料基础研究与新材料应用开发相结合的特色。本专业方向课程的教学内容涵盖高分子材料粉体、块体和薄膜的合成制备技术、高分子材料的结构与力学性能、功能陶瓷与纳米无机材料、生态环境材料，以及现代表面技术。培养具备高分子及其复合材料科学与工程方面的知识，能在高分子材料结构研究与分析、材料的制备、材料成型与加工等领域从事科学研究、技术开发、工艺和设备设计、生产及经营管理等方面工作的高级工程技术人才。

（2）实习单位　实习单位有湖北东风佳华汽车部件有限公司、十堰港汉电子科技实业有限公司等，了解水泥的制造工艺，轴瓦、止推片、止推瓦、衬套、工装模具、刀具、辅具中高分子材料的应用。

3. 焊接工程专业方向

（1）模块简介　焊接工程专业方向是学生在具备材料学基础知识的基础上，通过以焊接技术为背景增强涉及非平衡冶金学、动态电力过程控制理论与应用、非平衡力学过程原理、微机控制理论及其在连接过程的应用、材料累加制备与连接成形、材料加工过程的计算机仿真等相关知识，拓展学生在计算机与信息技术、过程控制技术、基于材料制备过程的零件制造与结构设计的机械制造等方面的基础知识，培养不仅能从事材料制备、设计与选择的材料工程类技术人才，而且还能从事焊接技术的具有系统材料基础、焊接过程基础理论与知识的技术人才，以焊接过程为背景的计算机应用技术知识的深化。本专业方向试图使学生成为具有焊接工程相关制造技术的复合型人才。

（2）实习单位　实习单位有东风车身部件有限公司、湖北三环车身系统有限公司、东风汽车有限公司商用车车架厂等，了解焊接机器人、电阻焊、电弧焊的特点，焊接接头的组成，焊接质量保证体系。了解焊接裂纹、气孔等缺陷产生的原因及防止措施，了解焊后热处理对产品质量的意义。

4. 模具设计与制造专业方向

（1）模块简介　该专业方向是材料科学与技术和制造技术的交叉学科，既包含制造业的重要内容，又是材料科学与工程的主要组成之一，对国民经济的发展及国防力量的增强均有重要作用。研究方向包括材料高能束表面处理，高精模具快速制造工艺与技术。以耐磨材料、材料表面强化与改性以及凝固数值模拟研究为特色。学生除掌握材料专业必备的基础理论和专业知识外，通过专业实验、生产实习和毕业论文等实践环节的培训，得到工程技术能力和科学研究基本技能的锻炼，毕业后能迅速适应特种合金材料、复合材料及陶瓷材料的生产、管理、开发和研究工作，也可攻读研究生，继续深造。

（2）实习单位　实习单位有东风铸造一车间、大洋车轮厂、湖北凸凹模具科技股份有限公司、先锋模具有限公司。增加对模具生产的感性认识，并与所学理论知识相结合。了解各种成形方法生产的各个环节，包括工艺、合金熔炼、模具使用、模具调试、模具维护保养等。

四、专业讲座

专业讲座是对模块实习的补充，让学生对企业有一个更加客观的认识，以企业与本专业密切相关的主导产品的生产全过程为主，引导学生去观察和分析在每个实际生产环节中体现出来的材料科学与技术的知识点。讲座内容涵盖技术前沿、生产问题、质量管理、物流运输、企业管理等各方面。

五、生产实习的形式及管理方式

生产实习采用集中实习方式，由指导教师按照生产实习大纲的要求，组织学生，统一认真完成实习任务。

集中实习实行带队教师责任制，负责实习的全面管理工作，具体如下：

（1）按照生产实习大纲的要求负责制订实习计划；

（2）细化和落实生产实习内容、联系落实生产实习单位；

（3）负责财务管理；

（4）负责实习考核；

（5）完成实习总结。

成立学生实习队委会，队委会成员由各专业班委组成，设队长一名，主要协助实习指导老师作好生产实习中学生的各项管理工作，具体如下：

（1）负责领取发放学生实习用品、资料，学生出勤（点名）等；

（2）队委会是学生与老师之间的桥梁，在实习过程中关于学生的思想、生活和身体健康情况，应及时与带队老师沟通；

（3）外出实习参观时协助带队教师管理好实习中的秩序、现场纪律、现场交流活动等；

（4）协助老师进行实习经费的管理；

（5）负责学生实习笔记、实习报告等的收集工作。

六、生产实习的地点和时间安排

实习地点：湖北十堰。

实习时间：3周。

时间安排：模块＋参观实习2周，实习总结、实习考核等1周。

七、生产实习报告的内容及要求

1. 实习笔记

在实习过程中每个学生必须根据实习的内容要求记好实习日记。把听到和看到的信息和资料及时记录在实习本上，并及时进行整理和归纳。在一个实习阶段相对完成后，应在日记的基础上做阶段小结。

2. 实习报告

实习结束后对实习日记和阶段小结进行归纳和汇总，撰写实习报告，要求内容完整。

对生产实习中的模块实习和参观实习的全部内容进行归纳总结。应充分结合自己所学的材料科学知识，去认识和领会模块实习和参观实习过程中的材料工程的问题。从材料制备和加工工艺中如机加工、锻造、铸造、焊接、热处理、表面热处理和成套设备自动化生产线等以及高分子材料、新材料和表面工程等，从基本理论、材料设计、工艺过程、材料质量控制、材料表征和性能上，提炼出这次生产实习对自己体验最深的几个实例进行分析、讨论，写出体会和结论。

生产实例论述应重视实际生产环境中的技术管理和质量控制过程，必要时应附上有关设备布置图、流程图或工艺图表，并结合一定的理论分析。要求文字通顺，图表规范，叙述清晰、完整，书面整洁。

结合生产实习中的社会实践内容，分析国有大中型企业在经济转轨时期所面临的困难和机遇，以及企业领导如何带领广大职工勇于迎接新时期市场经济的挑战，锐意改革，提高企业综合素质和科技实力，在国企改革和市场经济的风口浪尖上立于不败之地，谈谈自己的感想和体会。

八、生产实习的考核方法

（1）学生必须完成实习的全部任务，并提交实习笔记和实习报告，方可参加考核。

（2）实习成绩按 A、B、C、D、F（不及格）五级评分制进行综合评定。

第二部分 ➲ 生产实习思考题

一、模块实习思考题

1. 金属材料工程专业方向

（1）热处理过程最容易出现的问题是什么？如何提高材料的热处理质量？

（2）了解热处理工件的材料，结合现有工艺，分析热处理后材料的组织与性能的变化。

（3）你知道多少种热处理？在现场可看到几种热处理？

（4）如果出现淬火裂纹，最可能出现的原因是什么？

（5）渗 C、渗 N 工艺的作用、目的是什么？

（6）铝合金零件热处理有哪些特点？

（7）你所看到的淬火介质中哪种冷却速度最快？哪种冷却速度最慢？

（8）用冷拔高碳钢钢丝缠绕螺旋弹簧，最后要进行何种退火处理？为什么？

（9）钢中通常存在的杂质元素有哪些？对钢的性能有什么影响？

（10）汽车上通常用到的金属材料有哪些？

（11）你见到哪些电炉，起什么作用？加热保温范围是多少？

（12）什么是吹砂工艺？它一般用在哪些工序中？

（13）汽车的减振板簧用什么材料？

2. 材料科学与工程专业方向

（1）什么是高分子材料？高分子材料的组织由哪些相组成？

（2）高分子材料的主要结合键是什么？

(3) 高分子材料的力学性能、物理性能、化学性能有什么特点？

(4) 常用的工程结构高分子材料有哪些种类？

(5) 什么是金属陶瓷？

(6) 什么是表面工程技术？

(7) 表面工程技术在交通制造业中有什么应用？

3. 焊接工程专业方向

(1) 什么是弧焊？

(2) 什么是电阻焊？

(3) 电弧焊焊接接头是如何划分的？

(4) 焊接接头热影响区中最薄弱的区是什么？

(5) 常见的焊接缺陷有哪些？

(6) 焊接冷裂纹主要影响因素有哪些？

(7) 焊接热裂纹产生的原因有哪些？

(8) 焊接质量如何保证？

(9) 焊后热处理主要的目的是什么？

(10) 实习中看到的焊接方法有哪些？各有什么特点？

(11) 焊接过程中如何控制焊接变形？

(12) 焊接检验用什么方法？

4. 模具设计与制造专业方向

(1) 砂型铸造中的砂芯有什么作用？砂芯制作应注意哪些问题？

(2) 冲裁产品缺陷有哪些？如何防止？

(3) 拉深工艺可以生产什么产品？

(4) 冲压工艺有什么特点？

(5) 怎么控制注塑模具型腔表面的粗糙度？

(6) 塑料模具材料具有哪些性能要求？

(7) 为什么塑料模具型腔表面会出现腐蚀坑？

(8) 常用的模具制造工艺有哪些？

(9) 怎么有效避免冲压件侧面的毛刺？

二、通用思考题

(1) 简述东风神宇车辆有限公司概况和发展前景、产品特色及其在国内的地位。

(2) 压铸工艺适合于哪些金属铸件？

(3) 发动机零部件飞轮齿环的选材及热处理工艺。

(4) 发动机零部件的品种及热处工艺。

(5) 汽车轮胎的结构及轮胎的生产工艺流程。

(6) 橡胶的加工工艺和主要设备。

(7) 普通锻造和压力锻造有什么区别？

第三部分 ➲ 生产实习笔记内容及要求

生产实习是过程教学，只有圆满完成每天的教学任务，才能最终保证实习任务的圆满完成，体现过程教学效果最直接的方式就是实习笔记，根据《生产实习大纲》，特对生产实习笔记的内容及要求作出具体规定。

一、笔记要求

在实习过程中每个学生必须根据每天的实习内容写好实习日记。先把听到和看到的信息和资料记录在记录本上，并及时进行整理和归纳，将当日实习内容完整、准确、清楚地写在实习日记本上。在一个实习阶段完成后，应在日记的基础上做阶段小结。

实习笔记按照实习大纲和实习计划的要求，每日应该记录当日的实习内容，实习日记应含实习时间、实习地点、实习内容等。

实习笔记要用实习专用笔记本记录。

按照实习计划时间要求上交，过期实习笔记考核以零分计。

二、笔记考核

实习笔记作为一项重要的考核内容，主要以实习书面笔记为主，以班级为单位上交，统一评比记录最终考核成绩。

实习笔记考核成绩按五级制评分：A、B、C、D、F（不及格）。

第四部分 ➲ 生产实习报告内容及要求

生产实习报告是对生产实习过程的总结、提炼和升华，做好生产实习实习报告是圆满完成生产实习任务重要的一个环节，根据《生产实习大纲》特对生产实习报告的内容及要求做出具体规定。

一、报告的内容

生产实习报告的内容包括对生产实习过程的理解；对所学专业的认识；对理论知识应用于生产实践的理解和见解；对生产实践中有关技术问题的思考；对实习过程的全面总结等。

生产实习报告应包括实习目的和意义、生产实习内容、实习总结、生产实习体会等几部分内容。生产实习内容主要包括三部分，即三个"W"：第一个"W"是"什么"（What），这是基本要求，报告必须记录实习单位的背景，加工制造何种产品等信息；第二个"W"是"如何"（How），这是实习报告的深入，不仅需知道实习单位加工的产品，而且能够知道产品是如何制造出来的；第三个"W"是"为什么"（Why），这是在第二个W基础上的再深入，不仅仅知道产品是如何制造的，而且知道为什么是这样制造的，能够分析原因。

二、实习报告要求

（1）字数不少于6000字，统一用稿纸手写或打印，以书面形式上交。实习报告内容要包括：

① 封面（班级、姓名、学号）；
② 实习目的及意义；
③ 主要实习内容，实习总结；
④ 个人实习体会。

（2）实习报告要求独立撰写，字迹工整，杜绝抄袭，一经发现，抄袭者和被抄袭者均按照考场违纪处理。

（3）实习报告必须在规定时间以班级为单位上交，无正当理由延期上交或不上交实习报告者，成绩以零分计。

（4）实习报告考核成绩根据教务处要求按五级制评分：A、B、C、D、F（不及格）。

第五部分 ➲ 生产实习纪律和安全

生产实习是过程教学，是训练培养学生工程能力的重要教学环节，只有圆满完成每天的教学任务，才能最终保证实习任务的圆满完成，而纪律和安全是保证实习顺利进行的前提。根据《生产实习大纲》特对生产实习的纪律和安全做出具体规定。

一、通用规定

（1）学生往返实习场所要求集体行动。实习结束后，需要统一集中返校。

（2）学生如因假期回家，个人前往实习地点者，必须在规定日期时间到达规定地点报到，迟到者作旷课处理。

（3）学生在实习期间一般不得请假，如有特殊情况必须持有关证明，经主管教学院长（请假≥3天）或指导教师（请假<3天）批准，否则按旷课处理。学生实习期间一般不得离开实习单位在外留宿，也不得擅自单独外出活动。

（4）要严格遵守工厂的厂纪、厂规、安全制度、操作规程、保密制度及其他各项规章制度。

（5）爱护公共财物，节约水电，注意保持公共卫生。

（6）实习期间，违反校纪校规者，给予相应的校纪处分；严重违法乱纪者，交当地公安部门处理。所造成的损失及其他后果由学生本人承担相应责任。

二、纪律要求

（1）认真做好实习前的准备工作，明确实习目的、内容及要求。

（2）虚心向工人师傅及技术人员学习，积极参与劳动实践和社会实践，注重培养与环境的协调和融合能力、动手能力、敏锐的观察能力和综合分析能力。

（3）在跟班期间，听从工人师傅及技术人员的安排，认真完成所安排的实习任务。

（4）认真完成全部实习任务，记好实习日记，并结合自己的体会写好实习报告，认真参加考核，学会应用所学理论去分析解决实际工程问题，培养把工程实际问题提炼为科学问题的能力。

（5）遵守企业技术安全、保密规定；严格遵守操作规程和车间现场劳动纪律，未经允许不准乱动机器设备及工件，严禁在参观实习现场闲谈、嬉戏打闹、玩手机，不得随处走动，注意队伍整齐；未经许可，不得随意拍照。

（6）实习期间要遵纪守时，严格考勤，一般不得请假，如有生病或特殊情况必须持证明并经相关老师批准方可。

（7）遵守交通规则，注意搭乘车安全，强化时间观念，注意公共道德，爱护公共财物。

（8）严格按照实习队规定的时间到指定地点集合，统一行动，不得迟到早退，班长和组长要做好每天的考勤。

（9）乘车、实习观摩以班级或模块方向为单位，要服从带队老师的安排和指挥。

（10）厂区内严禁吸烟，以免引燃易燃易爆物，导致火灾和爆炸等。

（11）在工厂实习和参观时，不允许穿拖鞋和露足的凉鞋，不允许穿裙子和短裤，女同学必须戴帽子。

在实习过程中，同学之间应相互帮助，加强团结，发扬团队精神，不要问实习队为你做了什么，而要问你为实习队做出了什么。凡事多从他人和集体的利益出发，相互体谅，友好沟通发扬学校的优良学风，自觉维护名牌大学学生的形象，形成良好的实习队队风，为更好回报企业和学校对实习队的关心和支持，巩固和发展学校的实习基地，每个同学都有责任和义务努力做好实习中的每一项事情。

第六部分 ➡ 生产实习考核办法

一、实习成绩

实习考核成绩根据教务处要求按五级制评分：A、B、C、D、F（不及格）。

二、考核要求

学生必须完成实习的全部任务，并提交实习日记、实习报告，方可参加考核。考核可用口试，也可用笔试，或两者结合进行。

三、成绩分配

实习考核根据学生的实习日记和实习总结报告，实习期间的实践能力与创新思维、劳动态度和遵守纪律情况以及抽查结果（抽查方式可为笔试或口试，具体由带队老师决定）进行综合评价。

1. 实习日记（30%）
按照《材料科学与工程学院实习笔记内容及要求》来考核。

2. 实习报告（40%）
按照《材料科学与工程学院实习报告内容及要求》来考核。

3. 平时成绩及考核（30%）
实习态度和纪律作为平时考核的主要内容。无故缺勤一次或迟到三次以上，该20%分数全部扣除。

无故缺勤三次以上或请假时间超过全部实习时间1/3以上，实习成绩按不及格处理。

考核可采用口试，也可采用笔试，或两者结合进行，具体情况由带队老师通知学生。

凡实习不及格者按重修计，并由学生本人支付重新实习费用。

四、成绩汇总

以上三项考核内容各自以百分计，通过加权平均得出总成绩，总成绩评定采用等级制记分。

表 9-1 等级制与百分制的对应关系表

等级	优	良	中	及格	不及格
	A	B	C	D	F
百分制参考标准	90≤成绩≤100	80≤成绩<90	70≤成绩<80	60≤成绩<70	成绩<60

最终以五级评分上报学生最终实习成绩。实习成绩可以在网上查看。

五、不及格处理

实习不及格者，必须重新实习，经费自理。

六、成绩记录

实习成绩记入学生成绩档案。

第七部分 ▶ 生产实习基地简介

一、东风商用车有限公司铸造一厂

公司地址：湖北省十堰市张湾区花果路 48 号。

1. 公司简介

东风商用车有限公司铸造一厂始建于 1969 年，是以生产汽车发动机毛坯为主的铸造工厂，铸造一厂采用灰铸铁、铸态球墨铸铁、蠕墨铸铁、冷激铸铁、冷激球墨铸铁等多种材质牌号，生产重、中、轻卡车和轿车发动机铸件。主要产品有汽缸体、汽缸盖、变速箱壳、曲轴、凸轮轴、进气歧管、排气歧管、制动鼓、摇臂等铸件。主要为东风汽车公司、神龙汽车有限公司（DCAC）、美国康明斯公司、东风康明斯公司、上海大众汽车公司（ISVW）、东风本田汽车公司（DHAC）等多家公司配套生产铸件毛坯。铸造一厂主要工艺设备除采用 10t/5t/3t 无芯工频感应电炉、6t 无芯中频感应电炉、热芯盒射芯机、壳芯机、高压自动造型线、机械手外，还先后从国外引进 HWS、GF、DISA2011、DISA2013、IMF 等五条现代化自动造型线，以及瑞士 QZ3 鼠笼抛丸机、LORAMENDI 冷芯盒射芯机、KW 混砂机、SINTO 混砂机等多种先进铸造设备，为生产优质产品提供了可靠的装备保障。铸造一厂还拥有 BAIRD 光电直读光谱仪、LECO 红外碳硫分析仪以及 X 射线仪、荧光磁粉探伤仪、内窥探伤仪、超声波检测仪、金相显微镜、三坐标划线机等多台（套）无损探伤设备和高精度尺寸检具。

2. 主要产品

东风商用车有限公司铸造一厂主要产品有汽缸体、汽缸盖、变速箱壳、曲轴、凸轮轴、进气歧管、排气歧管、制动鼓、摇臂等铸件。如图 9-1～图 9-3 所示。

(a) 缸体　　　　　　　　　　　　(b) 缸盖

图 9-1　汽车发动机缸体、缸盖

图 9-2　汽车发动机曲轴　　　　　　　　　　　图 9-3　汽车发动机凸轮轴

二、东风神宇车辆有限公司

1. 公司简介

东风神宇车辆有限公司成立于 1998 年 4 月，是中国最大的汽车工业集团之一——东风汽车公司旗下东风特种商用车有限公司的子公司，是东风汽车公司内唯一一家低速货车定点生产企业，是东风特种商用车的主力军，公司设有一个整车事业部和一个汽车零部件分公司，拥有各类汽车装配、零部件加工设备 600 多台套。

汽车零部件分公司主要生产取力器、同步器、横向稳定杆、汽车半轴等给东风汽车公司及社会汽车企业配套的系列零部件及总成，其品牌效应在国内商用车领域独树一帜。

2. 主要产品

整车产品有以下四大类。

东风牌汽车：神霸-210、190、180、170，神威-160、140、130、120，宇豹-210、190、180、170，神宇王-120 等系列产品。

东风牌专用车底盘：神力专用车（洒水车、油罐车、吸粪车、环卫车）等系列产品。

神宇牌低速货车：宇奥-4010、5815、2810，宇星-5820 等系列产品。

神宇牌变型运输机：DFA1605T、DFA2810T 等系列产品。

如图 9-4～图 9-7 所示。

图 9-4　25t 随车起重运输车　　　　　　　　　图 9-5　25t 自卸汽车

图 9-6 16t 压缩式垃圾车

图 9-7 20t、25t 厢式运输车

三、东风有色金属铸件有限公司

1. 公司简介

东风有色金属铸件有限公司位于湖北省十堰市，是在 20 世纪 60 年代末原第二汽车制造厂（现东风汽车公司）唯一的压铸单元基础上，于 2003 年 12 月份成立的有限公司，隶属于东风汽车零部件（集团）有限公司下属的东风电子科技股份有限公司，是专业从事铝、镁合金压铸件生产的企业。

2. 主要产品

产品主要覆盖乘用车、商用车的发动机、变速箱、转向、车身、底盘等系统。
如图 9-8～图 9-10 所示。

图 9-8 离合器壳体

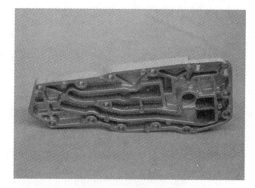

图 9-9 机油滤清器座

四、东风商用车有限公司发动机厂

1. 公司简介

东风商用车有限公司发动机厂位于中国湖北省十堰市武当山麓，汉水河畔，交通便利，环境优美。现有工业建筑面积 28 万平方米，各类设备 2300 多台（套），固定资产 4.69 亿元，是一家汽油、柴油并举，中、轻、农配套的多品种汽车发动机生产企业，具有年产 20 余万台发动机的综合生产能力。

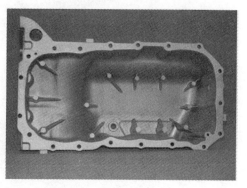

图 9-10 油底壳机油冷却器

2. 主要产品

现已形成 EQ6100、EQ6105、EQ491 汽油机和 EQD6102、EQ6105DD、EQ4105D 柴油机等六大系列产品，包括二十余种变型品种，如 EQ6100、EQ6105 及 EQ491 的 LPG 或 CNG 两用燃料发动机及 E091 电喷发动机。EQ491i 电喷发动机排放达到欧 II 标准，处于国内领先水平。如图 9-11、图 9-12 所示。

图 9-11　东风天然气发动机　　　　　　　　图 9-12　东风发动机

五、东风（十堰）汽车钢板弹簧有限公司

1. 公司简介

东风（十堰）汽车钢板弹簧有限公司为东风汽车公司下属的东风实业有限公司的子公司，是专业生产和销售汽车钢板弹簧产品的汽车零部件企业，公司始建于 1975 年。

2010 年 4 月 13 日与十堰市雄腾科工贸有限公司重新合资组建，注册资本 2200 万元。公司新址位于十堰市张湾工业新区风神大道 17 号。

为提高公司的总体实力，在十堰市工业园新区投资建厂，新厂总投资 1.6 亿元，固定资产投资 8000 余万元，占地约 50000m^2，建有四条汽车钢板弹簧生产线，年度产能达 6 万吨，产品覆盖重、中、轻、微、客车产品，拥有国内最先进的工艺技术和国内最先进、最齐全的板簧生产专用设备。

2. 主要产品

公司主要生产汽车钢板弹簧、螺旋弹簧。如图 9-13～图 9-15 所示。

图 9-13　集瑞重卡 6×2 后副簧

图 9-14　集瑞重卡 6×4 牵引车多片

图 9-15　东风军车多片后副簧

六、湖北大洋车轮制造有限公司

1. 公司简介

湖北大洋车轮制造有限公司位于湖北省十堰市，公司成立于 2007 年 6 月，总资产 2 亿元。公司专业生产载重车车轮，拥有 20 英寸、16 英寸型钢车轮生产线 2 条，高强度无内胎滚型车轮生产线 4 条，阴极电泳漆涂装线 2 条，酸洗线 1 条，年生产能力型钢车轮 60 万套，滚型车轮 100 万套。公司拥有各种设备 200 余台套，其中包括 WF 德国进口旋压机 2 台、1600t 及 1000t 油压机各 2 台。

2. 主要产品

汽车轮毂，如图 9-16 所示。

图 9-16　轮毂

七、十堰港汉实业有限公司

1. 公司简介

十堰港汉实业有限公司是国家特大型汽车生产基地。公司于 2004 年 12 月正式成立，主要经营汽车零部件生产、加工、电子产品研制开发。

2. 主要产品

如图 9-17 所示。

八、湖北巨隆锻造有限公司

湖北巨隆锻造有限公司建于 2012 年 7 月，厂区占地面积 4 万多平方米，总投资 1.5 亿元，是采用模锻工艺生产钢质模锻件以及精密加工和冷作冲压的专业化企业，是东风公司定点配套单位。

<table>
<tr><td>(a) 履带式底盘</td><td>(b) 变速箱</td></tr>
</table>

图 9-17　履带式底盘和自动变速箱

九、湖北凸凹模具科技股份有限公司

1. 公司简介

湖北凸凹模具科技股份有限公司（原十堰凸凹模具制造有限公司）成立于 2002 年 5 月，公司下设生产部、技术部、质量部、市场部、采购部等多个部门，经营机制灵活、严密、高效，生产现代化、专业化、信息化，是管理体系完整的股份制企业。

公司各种配套设施齐全，现拥有三坐标测量机、高精度数控加工中心等 41 台高精密的生产加工设备，充分保障模具等产品从设计、评审、加工、制作、检验及制造完成全部在本公司实现，实施了全过程质量追踪控制。

2. 主要产品

公司下属两个板块，一是以模具设计与制造为主体的制造板块，另一个是以汽年零件生产为主体的冲焊板块。目前已与神龙汽车公司、东风乘用车公司、东风商用车、陕汽重卡、江铃集团等厂家达成战略合作伙伴。产品如图 9-18、图 9-19 所示。

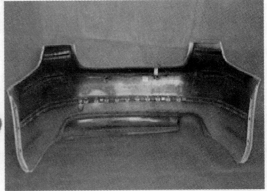

图 9-18　油底壳　　　　　　　　　　图 9-19　前挡围板前保险杆

十、东风车身部件有限责任公司

1. 公司简介

东风车身部件有限责任公司（原东风车身分公司）是东风实业公司的骨干企业。自1979 年创建以来，依靠先进的技术及全体员工的共同努力，建成了以东风汽车车身系列中小零部件、内饰软化件为主的生产阵地。主要生产汽车方向盘、仪表板、座椅总成、踏板支架系列总成以及车身中小型冲压件、焊接零部件等产品，是一家集车身部件生产、车身产品销售、对外联营加工及综合性商业服务于一体的综合性企业。公司下属的汽车电子电器厂（原东风汽车电子电器厂），主要生产汽车电子开关、电磁控制阀、电子传感器、继电器等系列产品，能够按需求独立设计开发电子电器产品。

2. 主要产品

产品如图 9-20～图 9-22 所示。

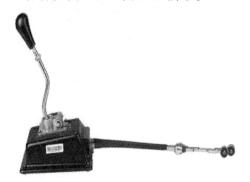

图 9-20 换挡机构

图 9-21 脚踏板系列

十一、湖北三环车身系统有限公司

1. 公司简介

湖北三环车身系统有限公司是由三环集团公司控股、东风汽车公司参股，专业从事汽车驾驶室总成、玻璃升降器总成和车身系统冲压零部件开发、生产与销售的国有中型企业。拥有冲压、金切、热处理、装配、焊接、涂装和动力设备 300 余台套。

公司拥有先进的 CAD 设计中心，较完善的开发和检测手段：建有理化试验室，配置了电子万能拉力试验机、调温调湿环

图 9-22 卡车保险杆

境试验箱、盐雾腐蚀试验箱，布、洛、维、邵尔硬度计以及电动、手动玻璃升降器综合性能试验台、车身防雨密封性试验装置等先进的试验检测设备。

2. 主要产品

汽车驾驶室总成、玻璃升降器总成和车身系统冲压零部件，如图 9-23、图 9-24 所示。

图 9-23 高顶双卧驾驶室

(a) 从动轮   (b) 制动蹄   (c) 盖

图 9-24　离合器系列产品

十二、东风汽车有限公司商用车车架厂

1. 公司简介

东风汽车有限公司商用车车架厂始建于 1969 年，隶属于东风汽车有限公司商用车公司。车架厂现有冲压、装配、焊接、油漆四大主要工艺，是目前国内规模最大的商用车车架总成生产厂和冲压件生产阵地。其主导产品保险杠、储气筒、后桥壳等 300 余种零部件长期为东风汽车配套。企业自行研发的车架总成、燃油箱总成覆盖了各类载货车、农用车、客车领域，已形成重、中、轻的全系列产品，配套于全国各大知名品牌汽车厂。

图 9-25　双桥车架

2. 主要产品

产品除车架、风扇、气筒等总成外，还生产提供汽车发动机、变速箱、车桥等总成及整车总装用的中小冲压零配件。产品覆盖轻、中、重、越野、客车五大系列 400 余种车型 3500 余种汽车零配件。如图 9-25 所示。

十三、天雄科技十堰有限公司

1. 公司简介

天雄科技十堰有限公司是湖北十堰张湾一家以生产汽车塑料零部件为主的汽配公司，主要从事汽车零部件、工程塑料的研发、制造、销售以发电机生产、销售及技术服务。

2. 主要产品

产品如图 9-26、图 9-27 所示。

十四、东风（十堰）林泓汽车配套件有限公司

1. 公司简介

东风（十堰）林泓汽车配套件有限公司总部位于十堰市。从事铁路物流运输、钢材储运、深度加工业务，主要为东风商用车有限公司、东风汽车股份有限公司、东风柳州汽车有限公司、东风神龙汽车有限公司、东风汽车集团股份有限公司乘用车公司、东风本田汽车有

图 9-26　尿素罐挡泥板计量电磁泵

图 9-27　电磁阀中冷油管金属防加满油罐

限公司、广州本田汽车有限公司等四十余家整车企业服务，提供的汽车配套件产品和服务，覆盖重、中、轻、微型商用车、乘用车、客车等汽车全领域。

2. 主要产品

主营业务为生产、销售汽车用内外后视镜、塑料零部件、金属结构件产品。如图 9-28、图 9-29 所示。

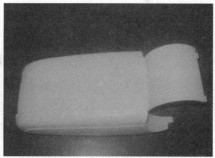

图 9-28　乘用车内饰塑料件

图 9-29　后视镜

十五、双星东风轮胎有限公司

1. 公司简介

双星东风轮胎有限公司是在 2005 年 3 月 17 日十堰市政府委托双星集团托管原东风轮胎

厂的基础上，于 2005 年 4 月 18 日正式注册成立的一家大型轮胎生产骨干企业。双星东风轮胎有限公司地处湖北省十堰市，隶属中国企业 500 强之一的双星集团。双星东风轮胎有限公司是国内最早生产全钢载重子午胎、半钢子午轿车胎、轻卡胎、越野军车胎的大型轮胎生产骨干企业。

2. 主要产品

公司现已具备年产全钢载重子午轮胎 500 万套、半钢轿车子午轮胎 600 万套、斜交载重轮胎 200 万套、农用轻卡轮胎 200 万套、巨型

图 9-30 双星轮胎

工程轮胎 10 万套、内胎垫带 800 万条，以及农业轮胎、工业轮胎、特种轮胎等 600 多个品种的生产能力。如图 9-30 所示。

十六、东风（十堰）发动机部件有限公司

1. 公司简介

东风（十堰）发动机部件有限公司位于湖北十堰武当山麓，主要为东风汽车提供系列发动机零部件，是集产品研发、生产销售和售后服务为一体的零部件企业。

2. 主要产品

主要产品有发动机部件配件、飞轮、飞轮壳、齿圈、离合器系列、离合器压轮轴、各种型号铸造件等。如图 9-31 所示。

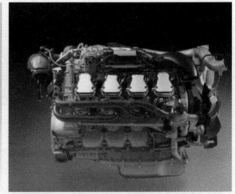

图 9-31 发动机配件

十七、湖北方鼎科技发展有限公司

1. 公司简介

湖北方鼎科技发展有限公司集高科技产品及汽车零部件的研发、制造、销售于一体。公司建有企业技术中心，不断开发前瞻性增值的汽车产品，拥有国内先进的冲压、焊接、阴极电泳及涂装和动力设备 300 余套，装配流水线 4 条（空中悬链，地拖链）以及完整的检测技术。

2. 主要产品

主要产品有各种汽车车身总成及其汽车零部件。如图 9-32 所示。

(a) D916V系列　　　　　　　(b) D913系列　　　　　　　(c) D912系列

图 9-32　汽车车身

十八、湖北东风佳华汽车部件有限公司

1. 公司简介

湖北东风佳华汽车部件有限公司是一家成立于 2010 年的主要生产经营汽车汽、柴油用发动机轴瓦、凸轮轴衬套、止推片及机械用衬套的汽车零部件企业。目前成为东风零部件集团下辖的专门生产经营轴瓦、止推片、止推瓦、衬套的唯一骨干企业。主要为东风系列汽油机、康明斯系列柴油机、神龙、朝柴、玉柴、南内、潍柴、锡柴等机型生产配套产品，覆盖重、中、轻、轿、微系列柴油机、汽油机，适用于排量 1.3～11L 的各类发动机。

2. 主要产品

轴瓦、止推片、止推瓦、衬套，如图 9-33 所示。

(a) 止推片　　　　　　　　　(b) 摇臂衬套

图 9-33　主要产品

十九、湖北大雁玻璃钢有限公司

1. 公司简介

湖北大雁玻璃钢有限公司创立于 1997 年，一直是东风汽车公司玻璃钢零件的主要供应商，主要为其生产汽车玻璃钢车身覆盖件（如轮罩、前围外侧板等），发动机周边零件（护风罩、进气管等）和车门加强板，此外，还为武汉神龙汽车公司生产轿车膨胀片及轻型车膨胀片、车架等各类零件六十多种产品，形成了重、中、轻、微、轿多系列的格局。在民用产

品方面开发了组合式玻璃钢高位水箱和快餐桌椅、建筑彩板、钢构等产品。

2. 主要产品

保险杠、玻璃钢导流罩等高强度汽车用玻璃钢制品，如图9-34、图9-35所示。

图9-34　保险杠

图9-35　玻璃钢导流罩

第八部分 ➲ 生产实习管理

一、生产实习管理条例

（1）实习前学院将说明实习要求和安排，并在实习之前对学生进行必要的思想教育和安全守纪教育。如果在学院开会说明期间，学生未经请假允许擅自离会或缺席，责任由学生承担。

（2）学生在实习期间，要自觉遵纪守法，遵守实习单位的一切规章制度，遵守工作纪律和工作程序，不迟到，不早退，有事按规定办理请假手续［请假超过三天（含三天），要经主管教学院长批准］。如有违反，除按实习单位的规定做出处理外，学院按管理规定给予相应的纪律处分。

（3）学生要增强安全意识，遵守安全规定，特别注意外出时的交通安全，不参与传销及其他违法活动，做好防火、防盗、防雷、防电等预防工作，因学生自身原因造成自身及他人伤害，给实习单位造成损失，责任均由学生承担。

（4）学生要爱护实习单位的一切财产，如有损坏或丢失，学生按实习单位相关规定赔偿。

（5）学生要遵守职业道德，尊重实习单位领导及同事，服从工作安排，发扬奉献精神和吃苦耐劳精神，文明处事，礼貌待人，虚心学习，维护学校利益及个人形象，圆满完成实习任务。

（6）学生要按时结束实习，返回学校，上交实习相关材料。对于未经请假允许，未按时返回学校或实习材料上交不全的同学，将取消其实习成绩。

二、本科生产实习工作实施办法

第一章 总 则

第一条 为了加强本科学生生产实习工作（以下简称生产实习），提高生产实习质量，根据材料科学与工程学院各专业培养计划，制定本办法。

第二条 生产实习是按照培养方案的规定，对学生进行工程能力基本训练的重要教学环节。生产实习的目的是：使学生通过接触社会，了解企事业单位的实际生产过程，把书本知识和生产实际有机结合起来，培养学生发现、分析和解决实际问题的能力。

第三条 本科生一般在完成"培养方案"规定的前三年课程后的暑期进行生产实习。生产实习时间要求为3周，各系（专业）根据"培养方案"和专业特点确定具体的生产实习时间。

第四条 生产实习采取集中方式进行。集中式生产实习是指学生在指导教师的带领下，按照生产实习大纲的要求。集中到一个单位或几个单位，按照统一的实习进度，统一进行的生产实习活动。

第五条 生产实习在学校的统一部署下，由学院、系（专业）具体落实生产实习单位（基地），审查实习单位（基地）是否与所学专业对口，派出生产实习指导教师，组织实施生产实习，并对生产实习的全过程进行指导和管理。各院、系（专业）可根据自己的专业特点采用集中式生产实习或分散式生产实习。

第二章 相 关 责 任

第六条 学院及各系（专业）的职责：

（一）各系（专业）按照培养方案中培养目标的要求编制生产实习大纲。各系（专业）制定的生产实习大纲经学院审核批准后实施，并由学院将实习大纲书面和电子版材料于每年6月初报教务处备案。

（二）各学院、系（专业）在每年四月份启动下一学年度的生产实习工作，并由学院将下一学年度的生产实习计划和指导教师信息报教务处（同时报送电子文档）。

（三）各学院、系（专业）应积极与相关企事业单位建立友好的合作关系，稳定并不断发展校外生产实习基地。每个专业固定的生产实习基地（两年以上）不得少于2个，并有规范的生产实习协议书和实习档案。各学院、系（专业）应调动师生及校友的积极性，鼓励他们为学校在企事业单位建立生产实习基地牵线搭桥。

（四）各学院、系（专业）应认真选择生产实习单位。生产实习单位需符合下列要求：

1. 专业基本对口，能满足生产实习大纲要求；

2. 就地就近，相对稳定，节约开支；

3. 生产运行较正常，且对学生生产实习较重视；

4. 生产工艺、装备及管理先进，在国内外具有较高的知名度；

5. 便于安排师生食宿。

（五）各学院、系（专业）要做好生产实习指导教师的选派工作。指导教师应由教学经验丰富、对生产实践环节较熟悉、责任心强的教师担任。集中式生产实习的指导教师一般按

1∶1教学班的比例配备。

（六）各学院、系（专业）要做好学生生产实习前的动员和安全教育工作。各系（专业）在进行生产实习动员时，还应讲明实习的目的、要求和任务，讲授实习中将涉及的专业课程的内容、实习报告的写作方法及注意事项，宣布生产实习纪律，并组织讨论。

（七）各学院、系（专业）要做好生产实习的总结工作。生产实习结束后，各学院要组织生产实习教学法专题研讨活动，听取指导教师及学生对生产实习的意见和建议，交流工作，总结经验，制订改进措施。各系（专业）要对生产实习工作进行全面总结，形成生产实习总结报告，报告经学院审核后，其书面和电子版材料由学院报教务处备案。

（八）各学院要做好生产实习资料的保管工作。生产实习结束后，各学院应将参加生产实习学生的"任务书""生产实习日记"和"生产实习报告"等实习记录资料及实习指导教师所填写的"校外生产实习指导教师工作总结"、实习单位的反馈意见表、实习计划表、实习名单以及各系（专业）的生产实习总结报告等保存完好，以备教学检查。上述资料保存期为五届学生。

第七条　生产实习指导教师的职责

（一）指导教师要在实习前与生产实习单位联系，了解和熟悉情况，根据生产实习大纲的要求拟订生产实习进度计划，并将实习大纲、实习进度计划提前一个月寄给生产实习单位，落实实习内容，保持与实习单位的沟通和联系。

（二）指导教师要加强对学生的指导，组织好各种教与学活动，引导学生面向实际生产学习：要布置一定量的思考题或作业，并及时督促、检查。

（三）指导教师要以身作则，言传身教，既教书又育人，全面关心学生的思想学习、生活、健康与安全。

（四）学生在生产实习期间违反校纪校规或生产实习单位的相关规定时，指导教师应及时给予批评教育。情节严重、影响恶劣者，指导教师应及时处理直至停止其实习，并向学院报告。

（五）指导教师应定期向实习单位领导汇报实习情况，争取实习单位的指导和帮助，在学校与生产实习单位之间起到桥梁作用。

（六）指导教师负责管理并合理使用生产实习经费。

（七）生产实习结束后，指导教师要在教学任务执行的学期结束前完成生产实习考核和总结工作，并将生产实习总结的书面和电子版材料在规定的时间内报学院，由学院统一报教务处。

（八）生产实习结束后，指导教师要将实习单位的反馈意见（含"鉴定表"）和填写的"校外生产实习指导教师工作总结"报所在系（专业），经系（专业）、院逐级审核后，由学院将书面和电子版材料报教务处备案。

第八条　分散式生产实习指导教师的职责

（一）指导教师要按照本专业生产实习大纲的要求，指导并协助学生尽可能地选择与本专业领域相关或相近的单位实习，并对学生联系的实习单位进行审核把关，避免发生实习内容与所学专业脱节的现象。

（二）指导教师要在实习前将实习大纲、任务书等资料发给学生。实习前一周，指导教师要对学生的实习准备情况进行检查，并办理领取实习经费的有关手续。

（三）生产实习结束后，指导教师要在生产实习教学任务执行的学期前完成生产实习考核和总结工作。指导教师是考核小组的成员之一，负责组织、落实实习学生的考核、答辩工作，并对实习工作进行全面总结，撰写书面总结报告。此外，指导教师需按考核要求对学生考核。

第九条 生产实习的组织工作

（一）生产实习期间，根据需要可按实习分组建立队委会，队委会由队长、副队长及干事若干人组成。队委会在教师指导下，分工负责本生产实习队的思想政治、学习、生活、保密、保健、文体及对外联系等工作。

（二）生产实习队的党、团组织和队委会要发挥应有作用，党、团员要起到模范带头作用，保证实习的顺利进行。

第十条 按照"培养方案"的规定，学生在生产实习中应做到以下几点。

（一）要按生产实习大纲、生产实习进度计划的要求，积极主动地完成实习任务，实习中要勤于思考，善于发现问题，注意培养自己解决实际问题的能力；要认真记"生产实习日记"，按时完成实习思考题或作业，并结合自己的体会撰写"生产实习报告"。

（二）要认真参加政治学习和文体活动。

（三）要尊重工程技术人员、工人，虚心向他们学习，主动协助实习单位做一些力所能及的工作（如帮助其开展技术革新，参加公益劳动等），密切保持与生产实习单位的关系。

（四）要加强组织性和纪律性，严格遵守如下规定。

1. 参与生产实习的学生往返实习场所应集体行动。生产实习结束后，需返家度假者应在出发前提出申请，由班长或队长统一报指导教师批准，并按学校要求填写行程信息登记表。

2. 采取集中式生产实习的学生因假期回家，个人前往生产实习地点者，必须在规定日期到达规定地点报到，迟到者按旷课处理。

3. 学生在生产实习期间一般不得请假，如有特殊情况需请假者，须持有关证明，经指导教师批准，否则按缺课处理。参与生产实习的学生在生产实习期间一般不得离开生产实习单位在外留宿，也不得擅自单独外出活动。

4. 要严格遵守生产实习单位的规章制度。

5. 要爱护公共财物，节约水电，保持公共卫生。

6. 生产实习期间，违反校纪校规者，给予相应的校纪处分，所造成的损失及其他后果由本人承担相应责任。

第三章 考 核

第十一条 生产实习考核既是对学生参加生产实习的全面总结，也是对实习效果的检验。考核内容及要求如下：

（一）学生必须完成实习的全部任务，并提交实习日记、实习报告，方可参加考核。考核可采用口试，也可采用笔试，或两者结合进行。

（二）实习成绩按优、良、中、及格、不及格五个等级记分评定，必要时可加评语。

（三）生产实习成绩参考下列标准评定

优：达到实习计划中规定的全部要求。实习报告能对实习内容进行全面、系统的总结，并能运用学过的理论对某些问题加以分析，在考核时能比较圆满地回答问题，并有某些独到见解，实习中无违纪行为。

良：达到实习计划中规定的全部要求。实习报告能对实习内容进行全面、系统的总结。在考核时能比较圆满地回答问题，实习中无违纪言行。

中：达到实习计划中规定的主要要求，实习报告能对实习内容进行比较全面的总结。在考核时能正确回答主要问题。实习中无违纪言行。

及格：达到实习计划中规定的基本要求，但不够圆满，能够完成实习报告，内容基本正确，但不够完整系统。在考核中能回答主要问题，但有某些缺陷或错误。实习中有违纪言行，经教育后能改正。

不及格：未达到实习计划中所规定的基本要求。实习报告内容有明显错误。在考核中主要问题不能回答，或有原则性，概念性错误。或者实习中有违纪言行，教育后不改正或严重违纪。

（四）生产实习不及格者，必须重新实习，经费自理。学生在实习期间缺席的时间超过全部实习时间的1/3以上者，根据情况令其补足或重新实习。

（五）生产实习成绩记入学生成绩档案。

第十二条　生产实习结束后，考核在系负责人领导下，由生产实习指导教师及相关专业教师组成考核小组。

第四章　附　则

第十三条　生产实习指导教师的工作量计算办法按照学校有关文件执行。

第十四条　本办法由教务处负责解释。

第十五条　本办法经学校教学委员会审议通过，自印发之日起施行。原《华东交通大学生产实习管理条例》废止。

三、本科生校外实习基地管理办法

第一章　总　则

第一条　本科生校外实习基地是承担本科生生产实习的主要场所，是学校与政府部门、企事业单位及研究机构等联系的纽带，是培养学生实践能力和创新能力的第二课堂，也是学生参加社会实践的重要场地。为进一步加强和规范本科生校外实习基地的建设和管理，制定本办法。

第二条　本办法适用于本科生校外实习基地（以下简称"校外实习基地"）的管理。

第二章　校外实习基地的设立原则

第三条　校外实习基地的依托单位必须具备下列条件：

（一）应有一定生产实习规模，并能相对稳定地接收相关专业的学生进行生产实习和社会实践，满足培养方案对人才培养的需求。

（二）应提供完成生产实习教学大纲所规定的各项内容的必要条件。

（三）应为参加生产实习和社会实践的学生提供必要的生活设施。

第四条　校外实习基地的依托单位应配备相应的生产实习指导人员，根据生产实习情况开设讲座，对学生的实习过程进行指导和管理，以保证实习质量。

第五条　校外实习基地的依托单位应与我校"互惠互利、双向受益"：学校利用校外实习基地的条件安排学生进行生产实习或者社会实践，培养学生的实践能力和创新能力；校外实习基地利用学校的教学、科研优势，加强技术人员的培训及与我校的教学、科研合作。

第六条　每个本科专业应建立2个以上（含2个）校外实习基地。

第三章　校外实习基地的设立程序

第七条　校外实习基地的设立程序

（一）各学院（系）对拟设立的校外实习基地进行初步考察与论证后，与校外实习基地依托单位达成建立校外实习基地的初步意向。

（二）填写校外实习基地建设申报表，经学院教学副院长审核后报教务处审批。

（三）经批准建立的校外实习基地，由有关学院（系）与校外实习基地依托单位正式签订"本科生校外实习基地协议书"（以下简称"协议书"）。"协议书"要明确实习目标、实习内容、实习基地与有关学院（系）的权利和义务及协议有效年限等。"协议书"一式 3 份，教务处、学院和校外实习基地各保存 1 份。

（四）"协议书"签订后，校外实习基地可悬挂"华东交通大学校外实习基地"铜质牌匾。

第八条 校外实习基地建设中的具体事宜由相关学院（系）负责。

第四章 校外实习基地的管理

第九条 校外实习基地的日常管理工作由基地依托单位和学院（系）共同负责。学院（系）应指派专人负责学院与校外实习基地依托单位的联络与沟通。

第十条 学校设立校外实习基地建设专项经费。专项经费的使用范围包括：制作校外实习基地牌匾，实习基地联络、签订协议、挂牌过程中所发生的差旅费及其他相关业务费用等。

第十一条 学校鼓励校外实习基地依托单位设立专项基金，加强校外实习基地建设。

第五章 附 则

第十二条 本办法由教务处负责解释。

第十三条 本办法经学校教学委员会审议通过，自印发之日起施行。

第十章 ▶▶
毕业设计（论文）实践

本科毕业设计（论文）是实现培养目标的重要教学环节，是学生学习深化与知识升华的重要过程，是学习与实践成果的全面总结，也是衡量高等院校教学质量和办学效益的重要评价内容之一。在工程教育认证思想的指导下，根据《华东交大毕业设计（论文）工作暂行规定》，并结合我院专业特点，特制定此本科毕业设计（论文）工作细则。

一、组织与领导

1. 学院毕业设计（论文）领导小组

由学院领导、教授、系（部）主任等为人选成立学院毕业设计（论文）领导小组（成员来自于院教学工作委员会），负责全院毕业设计（论文）工作的组织与协调工作。其主要职责如下：

（1）审定毕业设计（论文）题目；

（2）检查有关规章制度的落实情况；

（3）组织毕业答辩、审定毕业设计（论文）成绩；

（4）推荐校级"优秀毕业设计（论文）"等。

2. 学院毕业设计（论文）督导小组

由学院教授、副教授等为人选成立学院毕业设计（论文）督导小组（成员来自于院教学质量委员会），负责全院毕业设计（论文）的过程监控和质量监控。其主要职责如下：

（1）对审定的毕业设计（论文）题目进行分析，提出建设性的意见；

（2）定期抽查学生毕业设计（论文）工作进展情况，配合学校中期检查工作；

（3）对经验不足的指导教师提供辅导；

（4）研究毕业设计（论文）工作存在的问题并提供改进建议等。

3. 专业系（部）

各专业系（部）主任、副主任为相应专业毕业设计（论文）工作的具体负责人（下称负责人），负责本专业毕业设计（论文）的组织、协调工作。其主要职责如下。

（1）按照工程教育认证思想，制定符合本专业的毕业设计（论文）的有关条例；

（2）根据专业特点，提高培养目标吻合度，遵循工程应用性优先、可行性优先、交通特色优先、科研前沿性优先等原则，征集并组织本专业相关人员审查毕业设计（论文）题目；

（3）落实本专业毕业设计（论文）工作安排；

（4）督促指导教师及时下达设计任务并严格遵守学校、学院有关毕业设计（论文）的有关规定；

（5）检查本专业毕业设计（论文）开展情况，及时研究和解决发现的问题；

（6）安排小组答辩，审核小组答辩评语和成绩，推荐公开答辩和参评校优秀毕业设计（论文）人选等；

（7）按照学院要求，检查毕业设计（论文）档案完整性，负责毕业设计（论文）档案归档；

（8）各专业必须邀请企业（行业）专家参与毕业设计（论文）的审题、指导和评价工作，提高毕业设计（论文）的市场化、社会化和应用化程度。

二、指导教师

毕业设计（论文）指导教师原则上应该具有中级及中级以上职称或具有博士学位，且正在从事该专业相关的科研教学工作。每位指导教师指导的学生数原则上不超过 8 人。指导教师具有如下权利与职责。

（1）认真学习学校、学院有关毕业设计（论文）的规章制度并严格执行。

（2）专业教师有义务承担本专业的毕业设计（论文），每年必须指导与本人专业专长相适应的本科毕业设计（论文）。

（3）明确每位同学的毕业设计（论文）题目、任务、目的和要求，任务难度及工作量应适中。指导教师要及时向学生介绍毕业设计论文工作的具体要求，细节和程序，并在任务书中明确设计或研究要达到的目的。

（4）根据课题需要安排毕业实习地点，并确保学生人身安全、设备安全和毕业设计（论文）顺利进行。

（5）在校外企业进行的毕业设计（论文），教师须督促学生按学校要求办理校外毕业设计（论文）相关手续，保留毕业设计（论文）指导记录，且落实好校外企业副导师，保证学生的人身安全和毕业设计（论文）顺利进行。

（6）认真指导，每周指导不得少于一次，每周每生累计指导时间不少于 1 小时，并填写指导记录。指导毕业设计（论文）期间，出差时间超过四天，必须安排好毕业设计（论文）指导事宜，并经教学院长批准。

（7）在请长假、出国进修、挂职锻炼等期间不能当场指导学生毕业设计（论文）的教师，当年不允许指导学生毕业设计（论文）。

（8）认真批阅和审查学生提交的毕业设计（论文）等材料，确保毕业设计（论文）的质量。在保证内容完整、格式规范的同时，应及时发现和制止学生任何形式的作假行为（买卖、代写、伪造数据、剽窃他人成果等），一旦发现学位论文作假行为，按《华东交通大学学位论文作假行为处理办法》（华交研〔2013〕120）对学生和老师进行处理。

（9）学生答辩结束后，指导教师应按学校学院有关规定整理毕业设计资料并及时按系部提交院教学档案室统一保管。

（10）参加毕业设计（论文）工作的同学原则上应取得所有必修课程学分，并能保障有充足的时间和精力投入设计或论文工作。对于有不及格课程的学生，指导教师可以要求学生写出毕业设计（论文）工作详细时间计划，发现其不按计划工作，要责令其改正，拒不改正并影响正常设计工作的，指导教师有权终止其毕业设计工作。

三、学生

（1）严格执行学校、学院有关毕业设计（论文）的规章制度，根据学校、学院要求在学校相关系统中上传毕业设计（论文）的有关资料。

（2）根据任务书要求，主动积极地开展毕业设计（论文）工作，并定期与指导教师进行沟通。

（3）遵守国家法律法规，严格遵守学校、学院和实习企业的有关安全条例；按照设备仪器操作规范，安全有序地正确使用实验室相关仪器设备；根据国家和学校相关规定，正确使用和存放危险品等化学试剂，确保人身安全和实验室安全。

（4）根据科学行为规范，实事求是地处理实验数据，根据学校、学院的有关文件，规范撰写（绘制）毕业设计（论文）说明书、论文或图纸，如果有违反学术道德规范行为，将严格按照国家、学校有关规定严肃处理。

（5）严格遵守学校请假制度，请假在一天以内（含一天）需经辅导员和指导老师批准，请假在一天以上、五天以内（含五天）需经学工办主任、指导老师、系主任批准，请假在五天以上、十五天以内（含十五天）需经主管学生副书记、指导老师和主管教学副院长批准；学生请假最长期限原则上不超过十五天，如情况特殊，在不影响毕业设计（论文）进程的前提下，按学校《学生守则 2016》规定执行，学生请假离开学校，安全事宜按《学生守则2016》有关规定执行。

四、毕业设计（论文）内容和任务要求

在工程教育认证思想的指引下，根据我校"交通特色、轨道核心"的办学定位，培养高素质应用型工程技术人才的培养目标，结合我院实际情况，特对我院毕业设计（论文）题目、内容和任务要求作如下规定。

（1）毕业设计（论文）的题目必须和各专业的培养目标一致，毕业设计内容必须支撑各专业方向的毕业要求，我院的毕业设计（论文）主要包含工程设计和工程研究两大类型，其中研究型题目必须来自真实的科研或预研项目（费用由指导教师自行承担），且原则上不超过总题目的三分之一。毕业设计题目原则上一人一题，具有交通特色或来自企业实际需求的题目优先选用。

（2）各类型题目最低工作量要求如下。

① 工程设计类

工程绘图量折合成图幅为 A0 号图纸不少于 1.5 张，设计说明书的字数不少于 1.5 万字，译文字数不少于 2000 单词，并提倡应用计算机设计、计算与绘图。对设计的基本要求从实用性、综合性、经济性各方面考虑，并能有效地支撑毕业要求。

② 工程技术研究类

工程绘图量折合成图幅为 A2 号图纸不少于 1 张，测试报告与说明书的字数不少于 2.0万字，译文字数不少于 2000 单词，并应有软件使用说明，或应用计算机进行实验数据处理与实验结果分析。从理论性、严密性、逻辑性和创新性考虑研究的成功与否。软件类应附界面、源程序，不算正文字数。研究类可以不单独附图纸。

（3）所有设计图纸、说明书、论文必须按学院统一撰写规范打印和装订。所有毕业设计（论文）资料（老师撰写完评语和成绩）必须在学院规定的终稿截止日期之前统一交到系部，由系部组织专家评审，然后参加小组答辩。如没有特殊原因，资料不再返还给学生。

（4）毕业设计（论文）的最终成绩由三部分加权构成：指导教师（30%）、专家评审（20%）、小组答辩（50%）；参加公开答辩的学生最终成绩以公开答辩成绩为准。公开答辩学生主要由自荐学生（含学生按期提交材料，并经导师评阅后，不同意参加小组答辩者）、小组答辩不合格者、小组答辩合格且为专业的最后两名组成。

五、毕业实习

根据选题情况由指导教师决定是否安排学生毕业实习，有必要进行毕业实习时，指导教师应提出具体要求，学生应明确实习目的并事先提交调研提纲，实习结束后学生必须提交调研报告。

六、时间安排

毕业设计（论文）工作分两个阶段进行，第一阶段为准备阶段，时间为第四学年的上半学年；第二阶段为毕业设计（论文）实施阶段，时间为第四学年的下半学年，具体时间安排按学院当年安排为准。毕业设计（论文）工作主要进程为：题目征集、题目审定、学生选题、学生题目确定、任务书下达、开题、实验（设计）、终稿、指导老师评阅、终稿上交系部、专家集中评阅、小组答辩、公开答辩、校优推荐、学位委员会成绩审定、工作总结、资料移交。

七、总结工作

毕业设计结束后，学院将组织毕业设计指导工作的总结，主要包括：

（1）按系部对毕业生进行问卷调查，了解设计研究过程中存在的主要问题和改进意见。

（2）召开指导教师代表座谈会，总结经验，发现问题，提出改进措施。

（3）配合学校毕业设计检查工作，组织院专家组对毕业设计工作进行清查，评价，发现问题，提出改进措施。

（4）完善毕业设计工作的文献资料和有关规定。

八、其他

（1）国防生毕业设计（论文）工作时间安排按教务处通知进行。

（2）进度安排与教务处安排有冲突时，按教务处通知进行。

（3）未尽事宜按教务处有关文件执行。

（4）本细则的解释权归材料学院。

表 10-1　材料科学与工程学院毕业设计（论文）工作第一阶段安排（上半学年）

周次	工作内容	说　明	备注
9～12	指导老师命题:老师个人登录教学处实践教学管理系统申报题目,并在备注栏中提出具体任务要求	1. 专业系(部)的教师原则上指导本专业的学生 2. 鼓励非专业系(部)人员指导毕业设计(论文)或跨专业指导毕业设计(论文),但内容必须和专业方向的毕业要求吻合	
13	系部汇总题目并组织初审	结果报学院(包括题目和任务要求)	
14	学院集中审题	毕业设计(论文)领导小组全体成员	
15	题目完善工作	根据审题结果,老师修改题目和完善任务要求	
16	学生网上选题	每位老师、每个题目不限学生数,原则上一个题目一名学生,每位老师指导学生数不多于8人。最终任务分配表由专业负责人交院教务(纸质)	
17	学生动员大会	由各专业系组织,向学生宣讲有关规定和要求(学院规定、补充规定、答辩程序与规定、评分标准、补做规定)	
18	师生见面布置任务,下纸质任务书。系部总结毕业设计(论文)任务下达情况	老师上传电子稿至学校教务处网页中的实践教学管理系统。学生开始毕业设计(论文)准备工作 系部把毕业设计任务下达情况报送学院	

表 10-2　材料科学与工程学院毕业设计（论文）工作第二阶段安排（下半学年）

周次	工 作 内 容	说 明
1～2	各系检查,全院抽查指导教师、学生到位情况 学生网上提交开题报告及校外毕业设计申请,校外毕业申请打印稿签字后交学院存档	
7～9	院毕业设计领导小组集中检查各系毕业设计课题落实情况,抽查学生进行中期汇报	
14	星期五下班前学生必须完成所有设计论文工作,并将说明书或论文交给指导教师。电子稿以班级为单位汇总交学院进行查重检测(具体要求见教务处通知)	
15	指导教师评阅毕业设计(论文),填写评阅意见,并做出是否同意答辩的决定。星期五下午五点前将评阅意见、同意答辩、不同意答辩学生名报专业负责人,专业负责人汇总上述名单报学院。所有资料按专业统一保存,学生不得再作任何修改	
15～16	小组答辩;各组完成小组答辩评语和成绩评定;推荐公开答辩人选 1. 全院公开答辩时间。公开答辩学生主要由自荐学生(含学生按期提交材料,并经导师评阅后,不同意参加组内答辩而从未答辩者)、小组答辩不合格者、小组答辩合格且为专业的最后两名组成 2. 校优推荐,书面审查申报材料(材料规范性、工作饱满性、交通特色显著性、创新性),资料规范、工作量大的设计类优先 院学位评定分委员会会议:成绩审定和确定推荐校优人选	
17	完善并向学校提交校优申报材料 检查与归档毕业设计资料;总结毕业设计工作	

表 10-3　华东交通大学毕业设计（论文）任务书

姓名		学号		毕业届别		专业	
毕业设计(论文)题目							
指导教师		学历			职称		

具体要求:

进度安排:
可续页

　　　　　　　　　　　　　　　　　　　　　　　　　指导教师签字:
　　　　　　　　　　　　　　　　　　　　　　　　　　　年　月　日

系意见:

　　　　　　　　　　　　　　　　　　　　　　　　　系主任签字:
　　　　　　　　　　　　　　　　　　　　　　　　　　　年　月　日

题目发出日期		设计(论文)起止时间	

附注:

表 10-4 华东交通大学毕业设计（论文）开题报告书

题　　目						
课题来源		课题类型			导师	
学生姓名		学号			专业	

一、目的及意义

……

二、主要内容和重点工作

……

三、方法及预期目标

……

四、计划进度

……

五、参考文献

……

可续页

指导教师签名：　　　　　　　　　日期：

注：课题类型请填写相应代码，如 AY、BX 等，其中（1）A—工程设计；B—技术开发；C—软件工程；D—理论研究；（2）X—真实课题；Y—模拟课题；Z—虚拟课题。

表 10-5 毕业设计指导记录表

教师姓名：　　　　　　学生姓名：　　　　　　题目：

周次	内容	问题与改进	教师签字	学生登记

本科毕业设计（论文）说明书编写顺序

(1) 封面（时间，全部按格式要求打印，不得手写）

(2) 诚信声明（学生和老师签名/时间）

(3) 设计任务书（老师签名，系部意见和签名，任务时间）

(4) 开题报告（老师签名，系部意见和签名，开题时间）

(5) 指导教师审阅（成绩）

(6) 评阅人评阅评价（成绩）

(7) 小组答辩评议意见（成绩和答辩记录，小组成员签字，组长签字，记录人签字）最终成绩

(8) 公开答辩成绩，最终成绩（不参加公开答辩的没有该项）

(9) 中文摘要（题目和摘要）

(10) 英文摘要（题目和摘要）

(11) 目录

(12) 前言（绪论）

(13) 正文（视情况分几章编写）

(14) 总结（结论与展望）

(15) 参考文献

(16) 致谢

(17) 附录 A——资料翻译原文

(18) 附录 B——译文

(19) 毕业设计指导记录表（按周次指导内容，教师和学生签章）

(20) 封面［论文正文（包括前言）采用 A4 双面胶装］

本科毕业设计（论文）设计资料

(1) 档案袋（成绩/学生届别/学号/题目/明细名称，按学号顺序存放，小号在上）

(2) 论文初稿（老师指导记录/整改内容）

(3) 论文终稿（按学院文件要求）

(4) 图纸初稿（指导痕迹，学生和老师签名）

(5) 图纸终稿（学生和老师签名）

(6) 班级成绩（粘在最上面第一个档案袋上）

(7) 毕业设计（论文）专业工作总结（包括改进措施）

(8) 资料移交时，按规定办理移交手续，在相应表格中签字

附 录

附录一 ▷ 常用金相腐蚀剂

表 1 铁碳合金

序号	名称	成分	说 明
1	硝酸酒精	90～99mL 酒精 10～1mL HNO₃	适用于铁、碳钢、合金钢以及铸铁的常用腐蚀剂。显示 α 晶界及组织，特别适用于马氏体组织。最常用的是 2%浓度的溶液，5%～10%适用于高合金钢（不能储存），侵蚀后擦拭试样，最长 60s
2	苦醇	100mL 酒精 4g 苦味酸	用在铁素体和碳化物的组织结构。不能显示铁素体晶界。可添加 0.5%～1%氯化苄基以提高腐蚀效果和均匀性
3	Vilella's 腐蚀剂	100mL 酒精 5mL HCl 1g 苦味酸	适用于铁素体-碳化物组织结构。获得晶粒差反以便测量奥氏体晶粒粒度。用于 572～932℉(300～500℃)回火马氏体上的最好结果，偶然也能显示高合金钢中初生奥氏体晶界，显示不锈钢中组织轮廓。非常适用于工具钢和马氏体不锈钢
4	Bechet 和 Beaujard's 腐蚀剂	饱和苦味酸 少量润滑剂	多数情况下用于显示初生奥氏体晶界，非常适用于马氏体和贝氏体钢。润滑剂可以使用十三烷基苯酯钠，使用效果最好；也可使用十二(烷)基苯酯钠，该试剂容易获取，并且使用效果良好。一般在 20～100℃使用，侵蚀或擦拭试样 2～60min。在超声波清洗器内腐蚀，添加 0.5gCuCl₂/100mL 溶液或 1%HCl 以利于高合金钢的腐蚀，通常在室温下腐蚀，如果有灰，可以轻抛去除
5	改进 Fry's 腐蚀剂	150mL 水 50mL HCl 25mL HNO₃ 1g CuCl	用于含 18%镍的马氏体时效钢、马氏体和沉淀硬化不锈钢
6	碱性苦味酸	100mL 水 25g NaCl 2g 苦味酸	特别适合于 McQuaid-Eha 碳化试样，Darkens 碳化物。用沸腾溶液腐蚀 1～15min 或电解腐蚀 6V DC，0.5A/in²，30～120s 可以显示高碳钢奥氏体晶界，但没有明显的晶界出现
7	Glyceregia 腐蚀剂	3 份 HCl 2 份 甘油 1 份 HNO₃	适用于奥氏体不锈钢显示晶粒结构，相和碳化物的轮廓。现用现配，不能储存，擦拭试样
8	Kalling's 2 号腐蚀试剂	100mL 酒精 100mL HCl 5g CuCl₂	用于奥氏体和双相不锈钢，铁素体容易腐蚀，碳化物不易腐蚀，奥氏体被轻腐蚀。室温下擦拭或侵蚀，可以存储
9	草酸甘油	10mL 醋酸 15mL HCl 5mL HNO₃ 2 滴甘油	适用于高合金不锈钢，现用现配，不能储存

续表

序号	名称	成分	说明
10	Murakami's 腐蚀剂	100mL 水 10g $K_2Fe(CN)_6$ 10g KOH	适用于铁素体不锈钢而不是奥氏体不锈钢。20℃下腐蚀 7～60s 显示碳化物。腐蚀最长到 3min 可以隐约显示 α 相,80℃下沸腾 2～60min,可以使碳化物发黑,α 相发蓝(并不总是被侵蚀),铁素体发黄或棕黄,奥氏体不被侵蚀,并不总是能均匀腐蚀
11	6V DC	100mL 水 10g 草酸	用于不锈钢电解腐蚀,15～30s 显示碳化物,45～60s 显示晶界,6s 后显示 α 相轮廓,也可以用 1～3V 溶解碳化物,α 相被强腐蚀,奥氏体被中等腐蚀,铁素体不被腐蚀
12		100mL 水 20g NaOH	用于马氏体、沉淀硬化成双相不锈钢中铁素体的着色。3～5V DC,20℃,5s,不锈钢为阴极。显示铁素体轮廓和着色为棕褐色
13		40mL 水 60mL HNO_3	电解腐蚀显示奥氏体不锈钢(304,316 等),但不显示栾晶界。电压很关键,对不锈钢而言最好的是铂阴极,1.4V DC,2min

表2 铝和铝合金

序号	名称	成分	说明
1	Keller's 腐蚀剂	95mL 水 2.5mL HNO_3 1.5mL HCl 1.0mL HF	适用于铝和铝合金的腐蚀剂,但高 Si 铝合金除外。侵蚀试样 10～20s,温水冲洗。随后可侵入浓盐酸中,以增强所有组分的轮廓。当侵蚀时可显示某些合金的晶粒组织
2	通用腐蚀剂	0～100mL 水 0.1～10mL HF	主要侵蚀 $FeAl_3$ 及其他成分的轮廓。主要用浓度 0.5%HF
3	Graff 和 Sargent's 腐蚀剂	84mL 水 15.5mL HNO_3 0.5mL HF 3g CrO_3	适合 2XXX,3XXX,6XXX,7XXX 精炼合金晶粒度检查。侵蚀试样 20～60s,侵蚀时轻轻搅动
4	Barker's 阳极化	1.8%氟硼酸水溶液	用于检查晶粒结构。0.5～1.5A/in² ,30～45V DC。对大部分合金和回火后的合金,1A/in² 和 30V DC,20℃下 20s 就非常有效,不需搅拌。随后热水冲洗、烘干。偏振光下观察,着色有利于观察

表3 镁和镁合金

序号	名称	成分	说明
1	Glycol 腐蚀剂	25mL 水 75mL 3,5-乙二酸乙二醇 1ml HNO_3	适用于纯镁及镁合金。对 F 和 T6 回火镁合金,擦拭 3～5s;对 T4 和回火镁合金,擦拭 1～2min
2	乙酸 Glycol 腐蚀剂	19mL 水 60mL 乙二酸乙二醇 20mL 醋酸 1mL HNO_3	适用于纯镁及镁合金。对 F 和 T6 回火镁合金,擦拭 1～3s;对 T4 和 0 回火镁合金,擦拭 10s。显示固溶退火态的大多数的精炼合金和铸造合金晶界
3		100mL 酒精 10mL 水 5g 苦味酸	适用于镁和镁合金。使用时配制,侵蚀试样 15～30s。获得晶粒反差

表4 低熔点合金(Sb、Bi、Cd、Pb、Sn 和 Zn)

序号	名称	成分	说明
1	Glycol 腐蚀剂	100mL 水 30mL HCl 2g $FeCl_3$	适用于 Sb、Bi 及其合金,侵蚀试样时间可长到几分钟

序号	名称	成分	说　　明
2		100mL 水 25mL HCl 8g FeCl$_3$	用于 Sb-Pb、Bi-Sn、Cd-Sn、Cd-Zn 和 Bi-Cd 合金,侵蚀试样时间可长到几分钟
3		95～99mL 酒精 1～5mL HNO$_3$	适用于 Cd、Sn、Zn、Pb 及其合金,Bi-Sn 共晶合金和 Bi-Cd 合金可适当加几滴氯化苄基,侵蚀试样。对铝和铝合金,如有污染形成,则用 10% 的酒精 HCl 溶液冲洗
4	Pollacks 腐蚀剂	100mL 水 10g 钼酸铵 10g 柠檬酸	适用于铝和铝合金。侵蚀试样 15～30s;也可用其他的成分配比:100mL：9g：15g 和 100mL：10g：25g
5		100mL 水 2mL HCl 10g FeCl$_3$	适用于 Sn 基巴氏轴承合金。侵蚀试样,最长到 5min
6	Palmerton 腐蚀剂	200mL 水 40g CrO$_3$ 3g Na$_2$SO$_4$	适用于纯 Zn 及其合金。侵蚀试样,最长 3min,随后用 20% 的 CrO$_3$ 溶液冲洗
7	改进型 Palmerton 腐蚀剂	200mL 水 10g CrO$_3$ 1g Na$_2$SO$_4$	适用于 Zn 的模铸合金,侵蚀试样几秒钟,随后用 20% 的 CrO$_3$ 溶液冲洗

表5　难熔金属（Ti、Zr、Hf、Cr、Mo、Re、Nb、Ta、W 和 V）

序号	名称	成分	说　　明
1	Krolls 腐蚀剂	100mL 水 1～3mL HF 2～6mL HNO$_3$	适用于钛合金,擦拭 3～10s 或侵蚀试样 10～30s
2		200mL 水 1mL HF	适用于钛、锆及其合金,擦拭或侵蚀试样,可以使用高浓度的溶液,但有可能出现污染的问题
3		30mL 乳酸 15mL HNO$_3$ 30ml HF	适用于钛合金。擦拭最多 30s。容易分解,不易储存。非常适用于 α+β 钛合金
4		30mL HCl 15mL HNO$_3$ 30mL HF	适用于 Zr、Hf 及其合金。擦拭试样 3～10s,或侵蚀试样最长 120s
5	Cains 化学抛光和腐蚀剂	45mL H$_2$O 45mL HNO$_3$ 8～10mL HF	适用于 Zr、Hf 及其合金。化学抛光后可将溶液用 3～5 份的水稀释以对污染的组织擦拭,化学抛光和腐蚀过程应采用擦拭 5～20s 偏振光下观察
6		60mL HCl 20mL HNO$_3$	适用于铬及其合金,腐蚀或擦拭,最多 1min,应在通风柜里操作,腐蚀剂不能储存
7	改进型 Glyceregia 腐蚀剂	30mL HCl 45mL 甘油 15mL HNO$_3$	适用于铬及其合金。侵蚀,最长到几分钟
8	Murakamis 腐蚀剂	100mL 水 10mL 水 10g F$_3$Fe(CN)$_6$	适用于 Cr、Mo、RE、Ta-Mo、W 和 V 及其合金。现用现配。腐蚀时间最长到 1min

序号	名称	成分	说　明
9		70mL 水 20mL H_2O_2(30%) 10mL H_2SO_4	适用于钼合金,侵蚀试样 2min。用水冲洗后烘干,侵蚀可着色,擦拭可腐蚀晶界
10		10~20mL 甘油 10mL HNO_3 10mL HF	适用于钼钛合金,侵蚀试样最长到 5min
11		100mL 水 5g $K_3Fe(CN)_6$ 2g KOH	适用于 Mo-RE 合金,20℃下侵蚀
12		50mL 醋酸 20mL HNO_3 5mL HF	适用于 Nb、Ta 及其合金,擦拭试样 10~30s
13	DuPont 铌腐蚀剂	50mL 水 14mL H_2SO_4 5mL HNO_3	适用于 Nb-Hf 和铌合金
14		50mL 水 1mL HF 50mL HNO_3	适用于 Nb-Zr 和 Nb-Zr-RE 合金,擦拭试样
15		30mL 乳酸 10mL HNO_3 5mL HF	适用于和 W-RE 合金,擦拭试样
16		10mL HF 10mL HNO_3 10~30mL 甘油	适用于 V 及其金属,适合于 Ta 合金的晶界腐蚀,擦拭试样。等份的腐蚀剂用于 Ta 和高 Ta 合金

表 6　铜及其合金

序号	名称	成分	说　明
1	晶粒反差的通用腐蚀剂	25mL NH_4OH 25mL 水 50mL H_2O_2(3%)	(对某些合金会产生平腐蚀)现用现配,最后添加双氧水,擦拭 5~45s
2	晶粒反差的通用腐蚀剂	100mL 水 10g 过硫酸铵	浸入或擦拭 3~60s 显示晶界,但对晶界取向敏感
3	通用腐蚀剂	100mL 水 3g 过硫酸铵 1mL NH_4OH	特别适用于 Cu-Be 合金
4	通用腐蚀剂	70mL 水 5g $Fe(NO_3)_3$ 25mL HCl	可以很好地显示晶界,侵蚀 10~30s

表 7　镍及其合金

序号	名称	成分	说　明
1	Carapella' 腐蚀剂	5g $FeCl_3$ 2mL HCl 99mL 酒精	适用于 Ni 和 Ni-Cu(Momel)合金,侵蚀或擦拭

序号	名称	成分	说　明
2	Kalling's 2 号腐蚀剂	40～80mL 酒精 40mL HCl 2g CuCl$_2$	适用于 Ni-Cu 合金和超级合金。侵蚀或擦拭至多几分钟
3	Marble's 腐蚀剂	50mL 水 50mL HCl 10g CuSO$_4$	适用于 Ni 和 Ni-Cu 合金、Ni-Fe 合金和超级合金,侵蚀或擦拭 5～60s。显示合金的晶粒结构
4	Giyceregia 腐蚀剂	15mL HCl 10mL 甘油 5mL HNO$_3$	适用于 Ni-Cr 合金和超级合金。侵蚀或擦拭 5～60s。现用现配,不能储存,在通风柜下使用
5	改进型 Giyceregia	60mL 甘油 50mL HCl 10mL HNO$_3$	用于超级合金,显示沉淀相,通风柜下使用不能储存,最后加 HNO$_3$。如颜色呈现黑黄就报废。侵蚀或擦拭 10～60s

表 8　钴及其合金

序号	名称	成分	说　明
1		60mL HCl 15mL 水 15mL 醋酸 15mL HNO$_3$	适用于钴及钴合金。在使用前 1h 配制。侵蚀最长到 30s,不能储存
2		200mL 酒精 7.5mL HF 2.5mL HNO$_3$	适用于钴及钴合金的通用腐蚀剂。侵蚀 2～4min
3	Marble's 腐蚀剂	50mL 水 50mL HCl 10g CuSO$_4$	适用于钴基高温合金,侵蚀或擦拭最多 1min
4		8mL 乳酸 10mL H$_2$O$_2$(30%) 10mL HNO$_3$	适用于钴合金,擦拭试样

表 9　贵重金属

序号	名称	成分	说　明
1		60mL HCl 40mL HNO$_3$	用于金、银、铂及其他贵重金属合金,在通风柜下使用,侵蚀时间最多 60s,也可以用等份的酸
2	王水	60mL HCl 20mL HNO$_3$	适用于纯金、铂及其合金,某些 Rh 合金,沸腾 30min
3		100mL HCl 1～5g CrO$_3$	适用于 Au,Ag Pd 及其合金,侵蚀擦拭最多 60s
4		30mL 水 25mL HCl 5mL HNO$_3$	用于纯铂,加热侵蚀最多 5min
5		浓 HCl	用于 Rh 及其合金,5V AC,1～2min,石墨阴极,铂导线
6		50mL NH$_4$OH 20mL H$_2$O$_2$	用于纯银、银焊料和 Ag-Pd 合金,现用现配
7		100mL 水 40g NaCl 或浓 HCl	用于 Ru,1～2min,石墨阴极,铂导线

表 10　烧结碳化物

序号	名称	成分	说　明
1	Murakami's 腐蚀剂	100mL 水 10g KOH 10g K$_3$Fe(CN)$_6$	适用于 WC-Co 和复杂的烧结碳化物,侵蚀试样从几秒到几分钟。2~10s 可以鉴定 η 相,长时间侵蚀 η 相,显示相和晶界。通常在 20℃ 使用
2		97mL 水 3mL H$_2$O$_2$(30%)	适用于烧结碳化物中的 WC、Mo$_2$C、TiC 或镍。沸腾下最多 60s,针对粗大的碳化物或高钴相,腐蚀时间应短
3		15mL 水 30mL HCl 15mL HNO$_3$ 15mL 醋酸	适用于烧结碳化物中的 WC、TiC、TaC、Co,20℃ 下 5~30s
4		100mL 水 3g FeCl$_3$	加黑 Co(或镍)黏合剂相,现用现配,擦拭 10s

表 11　陶瓷和氮化物

序号	名称	成分	说　明
1		磷酸	适用于 Al$_2$O$_3$ 和硅 Si$_3$N$_4$。250℃ 下侵蚀,对 Al$_2$O$_3$ 最多几分钟,对 Si$_3$N$_4$ 最多 15min
2		100mL 水 15mL HNO$_3$	适用于镁、MgO,25~60℃ 下侵蚀几分钟
3		100mL 水 5g 氟化氢铵 4mL HCl	适用于 TiO$_2$,侵蚀几分钟
4		50mL 水 50mL H$_2$SO$_4$	适用于 ZrO$_2$,沸腾侵蚀最多 5min
5		HCl	适用于 CaO 或 MgO,侵蚀最多 6min
6		HF	适用于 Si$_3$N$_4$、BeO、BaO、MgO、ZrO$_2$ 和 Zr$_2$O$_3$,侵蚀最多 6min

表 12　塑料和聚合物

序号	名称	成分	说　明
1		100mL 水 60g CrO$_3$	适用于聚苯乙烯,70℃ 下侵蚀,最长几小时
2	硝酸	HNO$_3$	适用于聚苯乙烯,侵蚀最长几分钟
3	二甲苯	二甲苯	显示聚苯乙烯的小球粒,70℃ 下侵蚀最长几天。适用于聚酰胺和聚苯乙烯。70℃ 下 60s,对 Nylon 6,65~70℃ 下 2~3min
4		70mL 水 30mL HCl	适用于聚甲醛,侵蚀最长 20s

附录二 ▷ 第三届全国金相大赛部分金相图

1. 五彩斑斓

　　Ti6Al4V 合金钎焊接头织构,基体材料:(α+β) 双态锻造组织 Ti6Al4V 合金。钎料:自主设计成分并申请国防专利的钛基钎料。设备介绍:采用电子背散射衍射(Electron Backscattered Diffraction,简称 EBSD)技术对钎焊接头进行界面组织分析。设备为扫描电子显微镜,JEOLJXA 8200。作品描述:主要反映了钛合金钎焊接头织构和基体织构现象。照片中微观组织包括两部分:基体组织和界面组织,界面位于图片中心,宽度约为 200μm;

基体位于界面两侧。界面组织为完全魏氏体组织、界面组织均匀且晶粒尺寸细小（平均晶粒尺寸为 $55\mu m$）、且无金属间化合物；界面晶粒晶体结构包括 HCP 和 BCC 两种，其中 HCP 结构的晶粒体积分数为 93%。照片尤其反映了钎焊界面织构现象，如图中位于界面连续存在的绿色晶粒，其取向为［110］（BCC）即［10-20］（HCP）。［10-20］（HCP）为密排六方晶体的软取向，有利于缓解静载荷，特别是循环载荷下界面微区内力的传递，抑制接头脆断，提高接头强度和疲劳寿命。

专家点评：该作品图片大方、美观，作品描述清晰，组织分析有理有据，更为科学地评价了该材料，也为合理地使用该材料提供了可靠数据。EBSD 图片清晰，分辨率高，美观度较好。通过 EBSD 实验分析了钛合金钎焊接头织构和基体织构现象，对于理解该接头的力学性能有着较大的学术价值。科学性较强，画面较立体，但艺术性需进一步挖掘。图片很漂亮，有看万花筒的意境。有很大的想象空间！

2. 莲花盛开

水热法制备氧化锌纳米棒，自组装成花状三维结构，该结构性能稳定，比表面积较大。拍摄仪器：扫描电子显微镜，型号：QUANTA FEG 250 热场发射。

专家点评：图片拍摄效果好，充分显现出三维结构。氧化锌纳米棒呈花状结构，画面美丽。学术性较好，作品描述朴实。可进一步渲染，漂亮之花。

3. 逐日的大树

材料介绍：被 1mol/L NaOH 刻蚀后，PMMA 从 200nm SiO_2 层的 Si 片上剥离，Si 片表面留下的组织。仪器：OM。作品描述：200nm 的 SiO_2 层从边缘开始被腐蚀，逐步分叉，如同生长的大树。上方中央的杂质颗粒，使刻蚀过程变得不同，最后衬底显出红晕，如同太阳的光辉。明场下的照片，仿佛大树正茁壮生长，仿佛受到了中间太阳的吸引。

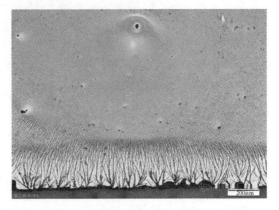

专家点评：作品拍摄效果良好，未经处理已非常美观，进行简要的组织分析效果更佳。霞光万道下，郁郁葱葱的大树，很有印象画的风格，画面唯美。作品描述能够反映金相形貌，想象力丰富。色彩饱满，层次分明，极具艺术性。金相图中 SiO_2 被腐蚀后形成的如树木的图像栩栩如生，衬底显现的如阳光普照的图像也非常自然。显微状态下，太阳普照，生活无处不在，我们的研究工作是充实的，色彩斑斓的。

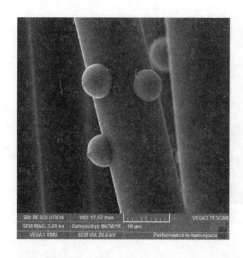

4. 春笋雨露

仪器设备型号：TESCANVega3 钨灯丝扫描电镜。作品描述：在扫描电镜二次电子下观察 SiC 纤维表面沉积产物形貌，观察到气相沉积法形成 SiC 小球生长在纤维表面，形成了与基体紧密结合的 SiC 小球，如雨后沾露的春笋，清丽莹润，暗育生机。

专家点评：作品拍摄精心细致，将 SiC 小球充分地展现给观者，图片清晰，美观度较好，立体感强，画面生动。作品描述活泼，很好地将 SEM 照片形貌与大自然现象对照，增加了艺术性。立意较好，但如能显示更多的小球生长，则美观性会更好。

5. 水墨山水

仪器：JEOL 6490 SEM，二次电子相，×500 倍。简介：CoCrPt-TiO$_2$-SiO$_2$ 为添加了氧化物的硬盘磁性存储层材料，其溅射靶材为粉末冶金方法制备，在磁控溅射过程中部分靶材材料会随磁力线返回到靶材的中心或周边沉积成层。本图显示部位为靶材边缘，其总体成分与靶材配比相当。由于各成分的密度相差悬殊，沉积到靶材会形成分层，其中衬度越亮的材料密度最大通常为富铂层，颜色最深为氧化物层。该二次电子相显微结构图里展现出一幅惟妙惟肖的中国山水画，有山有石，有林有木，微观世界与山水艺术并无二致，令人叹为观止。

专家点评：颇具中国风的金相图片让人眼前一亮，金相图制作精细，唯未描述分层对该种磁性储能材料性能或应用的影响。美观度高，令人过目难忘。沉积分层界面清晰，对于分析磁控溅射靶材沉积物形貌及成分分布有帮助，具有一定学术价值。作品描述贴合画面，点评恰到好处，是一个好的金相作品。层次感强，有意境，可进一步颜色渲染。犹如群山，的确像一副中国山水画，有山有石，错落有致，一幅充满想象的水墨画。

6. 微观世界的埃菲尔铁塔

材料：高锰钢。仪器：日立 S-3400N 扫描电子显微镜。描述：高锰钢在 1200℃（2% O$_2$+98% Ar 气氛）恒温氧化 30min 后的表面形貌，氧化物的晶须像矗立于微观世界的埃菲尔铁塔。

专家点评：图片拍摄视角独特，若稍加分析组织形貌与性能之间的关系会更完善。本作品生动体现了"妙手偶得"之美，微观世界巧夺天工，令人惊喜。高锰钢氧化物的晶须形貌跃然纸上，具有较好学术性。作品描述简明扼要。有一定新意，但缺少渲染，艺术性不够。犹如埃菲尔铁塔，漂亮，有趣。

7. 粗细有别

TA1 薄壁焊管组织。仪器：OM。描述：纯钛焊接接头组织，焊缝和母材组织清晰。

专家点评：作品中组织清晰可见，若分析组织与性能的关系效果更佳。金相质量较好，画面清晰，将焊缝和母材组织都很好地进行了表征，体现不同的微观结构，对于理解纯钛焊接头组织和性能有一定学术价值。作品描述简洁。有一定科学性，缺少艺术美观性。接头组织清晰，且有看万花筒时候明亮的感觉。

8. 纳米齿轮

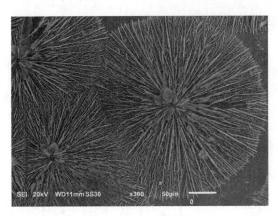

仪器：FESEM 扫描电镜，S-4800 Ⅱ。氧化法结合原位生长在铜箔表面制备的磷酸铜纳米片，在铜箔表面形成完美的圆盘状。他可能来自一名机械大师之手，让美记忆在这时间齿轮里，永恒下去！

专家点评：图片美观，作品描述稍加完善性能应用会更完善。微观世界的无形之手造就美丽的纳米齿轮，画面清奇，令人瞩目。磷酸铜纳米片形貌奇特，具有学术研究价值。作品描述简约而不简单。图片有一定震撼性和立体性，但如能都呈球状，美观性会更好。

9. 石板路

Cu90Ni10 合金（B10）的金相组织的原始照片（放大倍数 200 倍），使用蔡司显微镜拍摄，图中黄色的区域是由于晶粒非密排，用蚀刻剂腐蚀的时候被腐蚀的比较多，表面更加凹陷，故成像较暗，较亮的区域是由于密排面的缘故，腐蚀的比较少，表面更加凸起，故成像比较亮。图中的细条状是由于孪晶的缘故，图片整体像具有中世纪欧洲风情一条碎石铺成了石板路。

专家点评：作品拍摄效果良好，但未能充分体现金相组织的壮观之美。作品描述一般，图片质量较高，但艺术性未能凸显。图片技术解释很专业，但图片"美"的主题没有描述。该金相图的科学信息明确，但美观和意境略显不足。

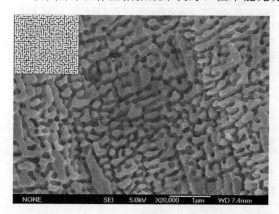

10. 迷宫

纳米多孔镍的 SEM 照片。仪器：Hitachi S-4800 场发射扫描电子显微镜。作品描述：该作品是快速凝固的 Al 20Ni 前驱体合金在浓度为 5%（质量分数）的 HCl 溶液中 75℃去合金化腐蚀 2 min 后得到。该材料由相互连通的类迷宫状纳米多孔结构构成。扫描电子显微镜 2 万倍下观察，其互连多孔微观结构极似黑白迷宫。

附录三 ⊙ 铁碳合金典型金相图谱

1. 铁素体（Ferrite）/（α-Fe）/（F）

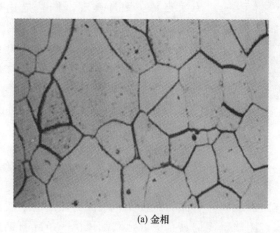

(a) 金相

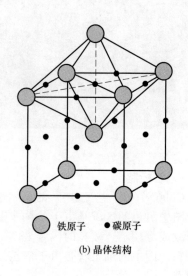

○ 铁原子　• 碳原子

(b) 晶体结构

图 1　铁素体

组织：碳在 α-Fe 中的固溶体，体心立方晶格。

特性：碳在 α-Fe 中溶解度极小，室温时仅为 0.0008％，在 727℃ 时达到最大溶解度 0.0218％。

性能：铁素体的力学性能特点是塑性、韧性好，而强度、硬度低。

铁素体的组织为多边形晶粒，性能与纯铁相似。

2. 奥氏体（Austenite）/（γ-Fe）/（A）

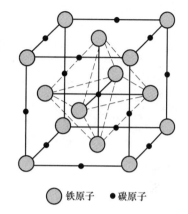

○ 铁原子　● 碳原子

(a) 金相　　　　　　　　　　　　　(b) 晶体结构

图 2　奥氏体

组织：碳溶于 γ-Fe 中的间隙固溶体，面心立方晶格。

特性：碳在 γ-Fe 中的溶解度要比在 α-Fe 中大，在 727℃ 时为 0.77％，在 1148℃ 时溶解度最大，可达 2.11％。

性能：具有一定的强度和硬度，塑性和韧性也好。

奥氏体组织为不规则多面体晶粒，晶界较直，钢材热加工都在奥氏体区进行。

3. 渗碳体（Cementite）/（Fe₃C）/（C）

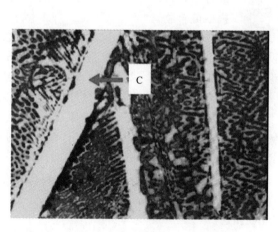

0.4515nm

0.6726nm

0.5077nm

○ — Fe
● — C

(a) 金相　　　　　　　　　　　　　(b) 晶体结构

图 3　渗碳体

组织：铁和碳的化合物（Fe_3C）。

特性：呈复杂晶格结构的间隙化合物。含碳量为 6.67%，Fe_3C 是一种介稳态相，在一定条件下会发生分解。

性能：硬度很高、耐磨，但脆性很大，塑性几乎为零。

渗碳体是钢中的强化相，根据生成条件不同渗碳体有条状、网状、片状、粒状等形态。

4. 珠光体（Pearlite）/（P）

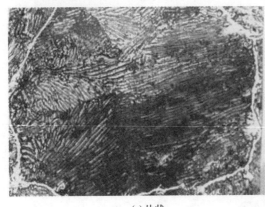

(a) 片状　　　　　　　　　　　　　　　　　　(b) 球状

图 4　珠光体

组织：由铁素体＋渗碳体组成的机械混合物。

特性：珠光体是过冷奥氏体等温转变产物，呈现珍珠般的光泽，根据转变温度不同珠光体分为：珠光体（P）、索氏体（S）和屈氏体（T），三者本质并无差别，转变温度逐渐降低，尺寸 P＞S＞T。

性能：力学性能介于铁素体与渗碳体之间，强度较高，硬度适中，塑性和韧性较好。

显微组织为由铁素体片与渗碳体片交替排列的片状组织，高碳钢经球化退火后也可获得球状珠光体（也称粒状珠光体）。

5. 莱氏体（Ledeburite）/（Ld/Ld'）

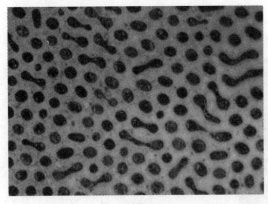

图 5　莱氏体

组织：莱氏体是奥氏体＋渗碳体的机械混合物，727℃以下时，是珠光体＋渗碳体机械混合物。

特性：铸铁合金溶液含碳量在 2.11% 以上时，缓慢冷却到 1147℃ 便凝固出共晶莱氏体；1148～727℃ 之间的莱氏体称为高温莱氏体（Ld）；727℃ 以下的莱氏体称为变态莱氏体或称低温莱氏体（Ld'）。

性能：莱氏体的力学性能与渗碳体相似，硬度很高，塑性极差，几乎为零。

金相组织整体呈蜂窝状，奥氏体分布在渗碳体的基体上。

6. 魏氏组织（Widmannstatten Structure）

组织：固溶体发生分解时第二相沿母相的一定晶面析出的常呈三角形、正方形或十字形分布的晶型。

铁素体魏氏组织：在亚共析钢中，当奥氏体以快冷速度通过 $A_{r3} \sim A_{r1}$ 温度区时，铁素体片插向奥氏体晶粒内部，这些分布在原奥氏体晶粒内部呈片状的先共析铁素体被称为铁素体魏氏组织。

渗碳体魏氏组织：在过共析钢中，奥氏体晶粒度和冷却条件合适时，渗碳体以针状或扁片状、条状出现在奥氏体晶粒内部，形成渗碳体魏氏组织。

性能：粗大的魏氏组织使钢材的塑性、韧性下降，脆性增加。

图6 魏氏组织

7. 贝氏体（Bainite）/（B）

组织：贝氏体是铁素体＋渗碳体的机械混合物，是介于珠光体与马氏体之间的一种组织。

上贝氏体：形成于550～450℃，基体为铁素体，条状碳化物于铁素体片边缘析出，呈羽毛状。

下贝氏体：形成于300℃，呈细针片状，针状铁素体上分布有小片状碳化物，片状碳化物于铁素体的长轴大致是55°～60°角。

粒状贝氏体：外形相当于多边形的铁素体，铁素体基体上分布有颗粒状碳化物（小岛组织原为富碳奥氏体，冷却时分解为铁素体及碳化物，或转变为马氏体或仍为富碳奥氏体颗粒）。

性能：上贝氏体的强度小于同一温度形成的细片状珠光体，脆性大；在低温范围内，通过贝氏体转变得到的下贝氏体具有非常好的综合力学性能。

(a) 上贝氏体

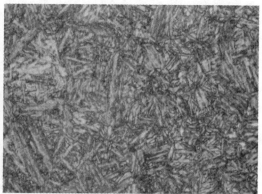

(b) 下贝氏体

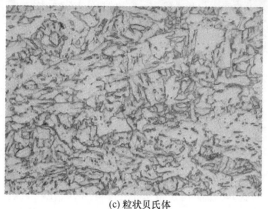

(c) 粒状贝氏体

图7 贝氏体

8. 马氏体（Martensite）/（M）

组织：碳在 α-Fe 中的过饱和固溶体称为马氏体，体心正方结构。

特性：马氏体是过冷奥氏体快速冷却，在 M_s 与 M_f 点之间的切变方式发生转变的产物，分为板条状马氏体（低碳）和针状马氏体。

性能：马氏体有很高的强度和硬度，但塑性很差，几乎为零，不能承受冲击载荷。

板条状马氏体：又称低碳马氏体，在低、中碳钢及不锈钢中形成，由许多成群的、相互平行排列的板条所组成的板条束。空间形状是扁条状的，一个奥氏体晶粒可转变成几个板条束（通常 $3\sim5$ 个）。

针片状马氏体：又称片状马氏体或高碳马氏体，片状马氏体常见于高、中碳钢及高 Ni 的 Fe-Ni 合金中；当最大尺寸的马氏体片小到光学显微镜无法分辨时，便称为隐晶马氏体。在生产中正常淬火得到的马氏体，一般都是隐晶马氏体。

(a) 板条状　　　　　　　　　　　　　(b) 针片状

图 8　马氏体

9. 回火马氏体

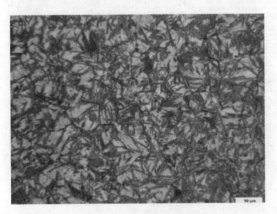

图 9　回火马氏体

回火马氏体：指淬火时形成的片状马氏体（晶体结构为体心四方）于回火第一阶段发生分解，其中的碳以过渡碳化物的形式脱溶，所形成的、在固溶体基体（晶体结构已变为体心立方）内弥散分布着极其细小的过渡碳化物薄片（与基体的界面是共格界面）的复相组织；这种组织在金相（光学）显微镜下即使放大到最大倍率也分辨不出其内部构造，只看到其整体是黑针［黑针的外形与淬火时形成的片状马氏体（亦称"α 马氏体"）的白针基本相同］，这种黑针称为"回火马氏体"。

10. 回火索氏体

回火索氏体：淬火马氏体经高温回火后的产物。其特征是：索氏体基体上分布有细小颗粒状碳化物，在光镜下能分辨清楚。这种组织又称调质组织，它具有良好的强度和韧性的配合。铁素体上的细颗粒状碳化物越是细小，则其硬度和强度稍高，韧性则稍差些；反之，硬度及强度较低，而韧性则高些。

11. 回火屈氏体

回火屈氏体：淬火马氏体经中温回火的产物，其特征是马氏体针状形态将逐步消失，但仍隐约可见（含铬合金钢，其合金铁素体的再结晶温度较高，故仍保持着针状形态），析出的碳化物细小，在光镜下难以分辨清楚，只有电镜下才可见到碳化物颗粒，极易受侵蚀而使组织变黑。如果回火温度偏上限或保留时间稍长，则使针叶呈白色；此时碳化物偏聚于针叶边缘，这时钢的硬度稍低，且强度下降。

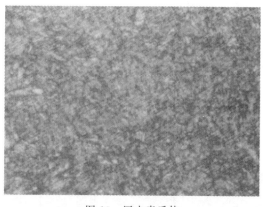

图 10　回火索氏体

12. 工业纯铁

工业纯铁室温下组织为：铁素体（F）＋三次渗碳体（Fe_3C_{III}）。

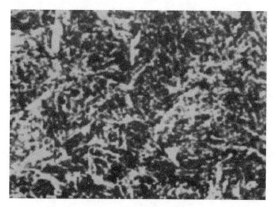

图 11　回火屈氏体

30μm

图 12　工业纯铁

13. 亚共析钢

亚共析钢结晶过程的基本反应为：匀晶反应＋包晶反应＋固溶体转变反应＋共析反应。亚共析钢室温平衡组织：先析铁素体（F）＋珠光体（P），P 的量随含碳量增加而增加。

14. 共析钢

共析钢结晶过程的基本反应为：匀晶反应＋共析反应。共析钢室温组织为：100％的珠光体（P），铁素体和渗碳体相的相对质量比为 8：1。

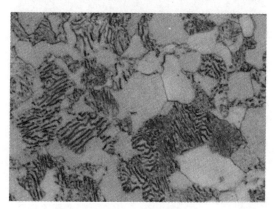

图 13　亚共析钢

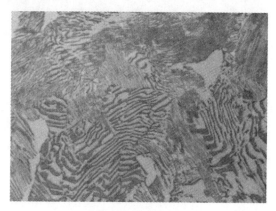

图 14　共析钢

15. 过共析钢

过共析钢结晶过程的基本反应为：匀晶反应＋二次析出反应＋共析反应。过共析钢室温组织为：珠光体（P）＋二次渗碳体（Fe_3C_{II}），Fe_3C_{II}沿奥氏体晶界呈网状析出，使材料的整体脆性加大。

16. 亚共晶白口铸铁

亚共晶白口铸铁结晶过程的基本反应为：匀晶反应＋共晶反应＋二次析出反应＋共析反应。亚共晶白口铸铁室温组织为：珠光体（P）＋二次渗碳体（Fe_3C_{II}）＋低温莱氏体（Ld'）。

图 15　过共析钢

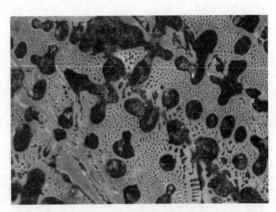

图 16　亚共晶白口铸铁

17. 共晶白口铸铁

共晶白口铸铁结晶过程的基本反应为：共晶反应＋二次析出反应＋共析反应。共晶白口铸铁室温组织为：低温莱氏体（Ld'）。

18. 过共晶白口铸铁

过共晶白口铸铁结晶过程的基本反应为：匀晶反应＋共晶反应＋二次析出反应＋共析反应。过共晶白口铸铁室温组织为：一次渗碳体（Fe_3C）＋低温莱氏体（Ld'）。

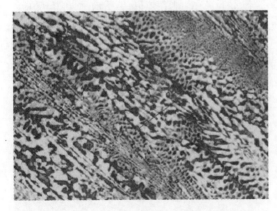

图 17　共晶白口铸铁

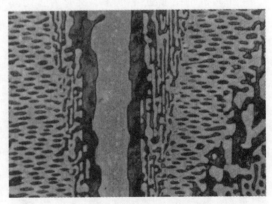

图 18　过共晶白口铸铁

参 考 文 献

[1] 刘芙，张升才. 材料科学与工程基础实验指导书 [M]. 杭州：浙江大学出版社，2011.

[2] 王志刚，刘科高. 金属热处理综合实验指导书 [M]. 北京：冶金工业出版社，2012.

[3] 刘天模，王金星，张力. 工程材料系列课程实验指导 [M]. 重庆：重庆大学出版社，2008.

[4] 葛利玲. 材料科学与工程基础实验教程 [M]. 北京：机械工业出版社，2008.

[5] 徐善国，于永泗. 机械工程材料辅导. 习题. 实验 [M]. 第2版. 大连：大连理工大学出版社，2003.

[6] 徐先锋，何柏林. 机械工程材料 [M]. 北京：化学工业出版社，2010.

[7] 王兆华，张鹏，林修洲等. 材料表面工程 [M]. 北京：化学工业出版社，2011.

[8] 张帆，周伟敏. 材料性能学 [M]. 上海：上海交通大学出版社，2009.

[9] 陈泉水，郑举功，刘晓东. 材料科学基础实验 [M]. 北京：化学工业出版社，2009.

[10] 张永康. 激光加工技术 [M]. 北京：化学工业出版社，2004.

[11] 程方杰. 材料成型与控制实验教程（焊接分册）[M]. 北京：冶金工业出版社，2011.

[12] 赵熹华，冯吉才. 压焊方法及设备 [M]. 北京：机械工业出版社，2005.

[13] 周家荣. 铝合金熔铸生产技术问答 [M]. 北京：冶金工业出版社，2008.

[14] 陆文化，李隆盛，黄良余. 铸造合金及其熔炼 [M]. 北京：机械工业出版社，2002.